烤烟生产均质化研究与应用技术

主编　蔡宪杰　刘巧真　吴照辉　王维超

郑州大学出版社

图书在版编目(CIP)数据

烤烟生产均质化研究与应用技术/蔡宪杰等主编.—郑州：郑州大学出版社，2023.1

ISBN 978-7-5645-8941-7

Ⅰ.①烤… Ⅱ.①蔡… Ⅲ.①烟草-栽培技术 Ⅳ.①S572

中国版本图书馆 CIP 数据核字(2022)第 139386 号

烤烟生产均质化研究与应用技术

KAOYAN SHENGCHAN JUNZHIHUA YANJIU YU YINGYONG JISHU

策划编辑	袁翠红	封面设计	苏永生
责任编辑	王红燕	版式设计	凌　青
责任校对	杨飞飞	责任监制	李瑞卿

出版发行	郑州大学出版社	地　　址	郑州市大学路 40 号(450052)
出 版 人	孙保营	网　　址	http://www.zzup.cn
经　　销	全国新华书店	发行电话	0371-66966070
印　　刷	新乡市豫北印务有限公司		
开　　本	787 mm×1 092 mm　1/16	彩　　页	8
印　　张	12.75	字　　数	328千字
版　　次	2023 年 1 月第 1 版	印　　次	2023 年 1 月第 1 次印刷
地图审图号	豫 S(2023 年)008 号		

书　　号	ISBN 978-7-5645-8941-7	定　　价	59.00 元

本书作者

主　编	蔡宪杰	刘巧真	吴照辉	王维超
副主编	郭芳阳	李俊营	左伟标	卢晓华
	韩会阁			
编　委	阎小毛	徐文正	陈广晴	李建华
	李　倩	王龙飞	程玉渊	孟智勇
	闫　伸	王　典	陈　龙	高　远
	许成悦	吴　疆	牛莉莉	刘　园
	刘　流	常　栋	阎海涛	李佳颖
	王孟孟	陈启龙	宋艳丹	王　炜
	李洪亮	何　冰	林智博	王兆双
	曾　超			

序　言

烤烟是收获叶片的经济作物，是卷烟加工的重要原料。就卷烟质量控制而言，最为重要的是烟叶原料质量，而烟叶质量均质化是提高卷烟产品均匀性与稳定性的基础。随着现代烟草农业与“中式卷烟”品牌发展，烟叶质量均质化生产越来越受到重视，田间均匀性生产不但能提高烟叶质量的均质性，还为生产过程信息化、智能化、农艺农机融合机械化作业提供支撑基础。烤烟均质化生产对提高卷烟品牌质量以及现代烟草农业发展具有十分重要的现实意义。

烟叶均质化生产就是实现烟叶农业生产出的烟叶质量均一稳定，烟叶质量由于受生产条件等多因素影响制约，常出现一定的差异性与波动性。为提高烟叶质量均质化程度，烟叶生产中进行了许多实践探索，20 世纪 60 年代河南襄城县曾总结提炼出“五均匀、三一致”生产经验并在烟区应用，21 世纪以来烟草行业不断推广烟叶生产标准化及规模化种植，为烟叶质量均质化起到了推动作用。近年来，随着卷烟品牌发展以及烟叶生产组织方式变革，提高烟叶质量均质化愈加重要，而技术要求亦有较大变化。为此从 2018 年开始，上海烟草集团有限责任公司联合相关科研单位及河南省部分市级烟草公司，开展了“提升河南烟叶均质化关键技术研究与应用”技术攻关，对提高烟叶均质化进行了研究与应用，传承并发展了烟叶均质化生产措施与技术方法，本书即是对其技术研究及应用实践的系统总结。

本书围绕烟叶生长均匀性与烟叶质量均质化指标，以研究创新为基础，以生产应用为重点，全面对烟叶均质化生产及技术应用进行了论述。本书共分五章，分别为烤烟生产均质化概述、烤烟生产均质化目标、烤烟生长与质量均匀性评价、烤烟生产均质化研究、烤烟生产均质化应用技术。本书的出版发行，以期为烟叶均质化生产与提高卷烟原料均匀性提供技术借鉴，促进烟叶均质化生产新技术、新方法在生产中的应用。

由于编者知识水平所限，书中若有错误与不妥之处，恳请广大读者批评、指正。

目　录

第一章
烤烟生产均质化概述

卷烟产品质量取决于烟叶原料质量与加工质量,而烟叶质量是影响卷烟产品质量的关键;烟叶质量均质化是提高卷烟产品质量均匀性与稳定性的基础。随着现代烟草农业与“中式卷烟”品牌发展,烟叶均质化生产越来越受到重视,其对农艺农机融合烟草机械化作业、信息化智能化生产以及提高卷烟品牌质量具有十分重要的现实意义。

第一节　均质化生产概念与内涵

均质化是对非特定物质、事物或对象内在联系或特殊性质均匀性描述的名词,如城市建设的均质化、社会文化发展的均质化、产品质量的均质化等。均质化对产品而言一般体现的是质量的均衡性与均匀性,产品均质化就是指不同批次产品或同一批次产品不同区段或不同企业生产出来的同一牌号同规格产品质量基本一致。而产品均质化生产就是围绕质量而采取的一致性生产方法、生产条件与相关措施进行的生产过程。

一、烤烟生产均质化概念

烤烟是以收获叶片为主要对象的特殊农产品,其主要用途为加工吸食卷烟的重要原料,卷烟产品质量的高低与稳定取决于烟叶原料的好坏与稳定,因此,烟叶均质化具有农业属性又具有工业属性,农业属性方面体现在烤烟生产的环境条件、种植管理、烘烤调制、储存保管、烟叶分级等方面,即烟叶生产均质化;工业属性方面体现在烟叶打叶复烤、烟叶醇化、模块配方、卷制加工等方面,即加工质量均质化。

烟叶生产均质化是指在烟叶农业生产环节生产出的烟叶质量均一稳定(即均衡性与均匀性)。烟叶农业生产质量均一稳定与工业产品生产过程不尽相同,烟叶生产受自然生态、生产条件等多种因素影响的制约,烟叶质量常常出现一定的差异性、波动性,因此烟叶生产均质化具有一定的地域性、年度性特征。不同地区气候、土壤、地形地貌等生态因子差异较大,加之年度间生产农艺操作与种植品种也会不同,很难通过栽培环节的调控完全消除生态条件与生产措施上的差异,难以实现一定年限内不同烟区烟叶质量完全一致。因此，烟叶生产均质化只有在相对稳定的生产区域内按照一定的生产技术标准组织生产才有实现之可能。就生产实践而言，由于气候与土壤原因，若以省为单位，很难做到烟叶生产质量均质化，而以生态条件较为接近的县区为单位，通过技术标准落实及生产环节的调控，实现烟叶的均质化生产则较为合理。

二、烤烟生产均质化内涵

内涵是一个所反映的事物的本质属性的总和，也就是概念内容包含的性质、范畴与特点。烤烟生产均质化的内涵广义上说包含其实质特征、表现特点、影响因素、应用需求等。

烤烟生产均质化的实质是烟叶质量，特征是质量的均一稳定。烟叶质量是一个综合性概念，主要包含物理性状、外观质量、化学质量、感官质量以及安全性、加工特性等，因此烟叶质量方面差异性小，基本趋于一致且比较稳定，烤烟生产的均质化水平就比较高。烟叶均质化生产就是采用基本相同或相似的手段与条件，实现一定区域一定年限内烟叶质量稳定，并达到质量性状趋于一致。烤烟生产均质化最根本的实质特征，就是理论上所达到的每片烟叶质量相同。

烟叶生产均质化的均一稳定程度或质量差异的波动性，需要利用能反映烟叶质量的指标来判定。随着烟叶生产的发展，卷烟配方的调整与改善，烟叶质量要求也随之变化，因此，对于不同时期不同地区的烟叶，人们对其质量认识与判定也有所不同，烟叶质量指标也会有适当变化，具有时间性、对应性和地域性特点。但是，总体而言，在一定年度一定生产区域，人们对烟叶质量的认识是基本稳定的。利用烟叶质量指标，分析判定烟叶质量集中程度、差异性与质量水平，可代表一定时期与生产区域内烟叶均质化生产水平。

烤烟生产是一个从种子萌发到出售烟叶商品的过程，此过程包含播种育苗、大田移栽、田间管理、采收烘烤、分级挑选与定级收购等多个环节，要实现烟叶均质化生产，就要使影响烟叶质量每个生产环节的因素达到基本相同或相似。烟叶质量的影响因素从大的方面可分为三类：一是固有的不可改变的，如自然生态条件（包含土壤类型、降雨、光照等）；二是可适当改变调控的，如土壤肥力、水分、生育期积温等；三是完全可控制的，如种植品种、移栽期、留叶数等。要完成烟叶均质化生产，减少烟叶质量的差异性，在农业生产中就要选择自然生态条件基本相同的区域，采用基本相同的农艺技术与调控措施，以期实现烟叶生产每个环节影响质量的因素趋于接近，达到烟叶营养水平、生长发育与生育期基本一致。

关于烟叶均质化生产，最早可以追溯到 20 世纪 60 年代河南省许昌市襄城县乔庄生产队总结出的乔庄经验“五匀三一致”，即“施肥匀、栽植匀、保苗匀、平顶匀、锄地匀，烟棵高矮一致、叶片大小一致、烟叶成熟一致”。此经验 20 世纪 60 年代曾在全国得到了推广应用，推动了我国烟草优质适产及生产均质化发展。随着烟叶生产技术的变革，烟叶均质化生产的要求也发生了改变，目前烟叶生产中的“施肥匀、移栽匀、中耕匀、打顶匀、浇水匀，烟苗大小一致、烟株高低一致、同部位烟叶成熟一致”，不但为烟叶均质化生产提出了新的生产技术目标，同时也促进了烟草农艺农机融合，一方面播种机、剪叶机的大面积应用，保证了培育烟苗的均匀一致，施肥起垄与移栽机械的应用，保证了烟株生长的整齐度，另一方面烟株整齐均匀也为中耕、喷药、打顶等机械田间作业创造了便利。

近年来，卷烟工业为保证卷烟品牌不同批次不同时间段产品质量稳定，加强了叶组配方前烟叶打叶复烤质量均质化的加工控制。国家烟草专卖局2006年对打叶复烤提出的“实施好均质化加工工艺策划，重点实现投料等级比例和烟叶均匀混配两个核心需求”推动了烟草行业打叶复烤均质化加工方法的进步。《打叶烟叶烤烟质量均匀性评价》YC/T 366—2010烟草行业标准规定，打叶复烤后片烟（成品）质量均匀性要求a等级结构均匀性（SQH_1）<5%，糖碱比均匀性（SQH_2）<8%，含水率均匀性（SQH_3）<4%；《烟叶打叶复烤工艺规范》YC/T 146—2010烟草行业标准规定了贮叶配叶后片烟烟碱的变异系数值小于10%。要实现打叶复烤片烟质量稳定，原料来源与混配是关键因素，只有从打叶复烤前提高烟叶原料质量的均质化，才能保证打叶复烤片烟质量的均匀性与均衡性。

卷烟是一种吸食的特殊产品，吸食者追求烟碱的满足感及香气的愉悦程度，消费者对卷烟产品质量与品牌风格稳定性要求较高，因此，卷烟企业为提高卷烟品牌市场占有率，卷烟加工的过程中高度重视烟叶原料质量、打叶复烤片烟质量与叶组配方的稳定，特别是从2010年以来，在烟草行业大品牌、大市场的形势下，市场竞争加剧，质量均质化逐渐得到认识与重视，各卷烟企业为保证卷烟产品质量，从原料使用、复烤加工、制丝卷接均采用了许多先进的质量控制与加工方法。随着烟草行业卷烟品牌竞争与质量均质化的不断发展，要求对不同批次、不同产地的产品执行统一的标准管理模式，保证同一品牌下的产品质量保持一致。在卷烟产品均质化生产中，烟叶原料均质化是最为关注的焦点，卷烟企业对烟叶原料的稳定性、均匀性的要求也越来越高，不断提升烟叶质量均质化生产水平，符合烟草行业高质量发展要求，也体现了烟叶生产提质增效的发展方向。

第二节　均质化生产评价要素

均质化是烟叶生产追求的质量均匀性目标，其均衡程度及差异性大小，需要多方面评价判定才能体现出其特征。形成烤烟质量的生产环节多，影响因素多，技术性较强，本节根据烟叶质量目标及生产不同阶段对烟叶均质化的影响作用，提出烤烟均质化生产评价要素。

一、生产方面

（一）烟株均匀性

同一烟田内烟株生长发育状态与生长状况是评价烟株间均匀性的重要内容，评价烟株均匀性一般用如下几个指标：①烟株农艺性状，采用烟草行业《烟草农艺性状调查方法》（YC/T 142—2010）技术标准，主要为株高、叶片数、叶片长、叶片宽、茎围、叶色、生育期、生长势等指标。②病虫害情况，按照《烟草病虫害分级及调查方法》（GB/T 23222—2008）技术标准，主要为黑胫病、根腐病、根结线虫病、烟草叶斑病、烟草普通花叶病（TMV）、烟草黄瓜花叶病（CMV）、烟草马铃薯病毒病（PVY）、白粉病以及蚜虫、烟青虫、棉铃虫、斜纹夜蛾等病虫害。③行株距均匀度，主要为烟田种植的烟株行距与株距大小及均匀性,代表了烟株空间与根系营养均衡性。④烟株成熟落黄情况,主要为上中下不同部位烟叶成熟落黄叶片颜色、成熟落黄一致性、成熟落黄特征差异以及叶片成熟后耐熟性与叶片的柔软度。

(二)地块均匀性

对于一定的生产区域内一般为一个县或一个乡镇,主要从能反映整体均匀性的一些指标方面来评价。根据烟叶生产特点与研究结果,评价一定区域内地块均匀性采用如下几个指标。①群体结构,主要为种植密度、行距株距配置、叶片群体数量、叶面积系数、优化下部叶数量、烟田整齐度与生长势等。②生育时期,主要为移栽期、返苗期、团棵期、旺长期、现蕾期、圆顶期、成熟期、收烤结束期及移栽到收烤结束全生育期的时间等。③营养状况,主要为叶色表现、开片程度、叶片大小、主脉粗细、下部通风透光程度、缺素表现、发育程度等。④株型特征,主要为上中下叶片分布的横向大小,叶片着生特征,株高、节距、顶叶与腰叶长宽大小,圆顶后烟株形态特征等。⑤病害虫情况,主要为烟田发生的主要病虫害、危害程度及产量损失等。

(三)烘烤均匀性

鲜烟叶经过烘烤调制成为干烟叶才能固定品质,烘烤是烟叶生产中重要的环节,直接影响烟叶产量与质量,烟叶烘烤也是评价烟叶均匀性的重要内容,主要采用如下方法:①采收后鲜烟叶素质状况,评价一定区域或一定种植面积内,成熟采收后鲜烟素质状况采用成熟度、叶片破损率、病虫害危害、叶片鲜干比、采收部位差异、叶片大小、叶片柔软性等。②一定区域内整体烘烤质量,一个县或一个乡镇全部烤房当年烟叶烘烤的基本状况,选择一定量的代表性烤房,统计黄烟率、含青率、含杂率及上中等烟占比等,反映一定区域内烟叶烘烤的均匀性。③单个烘烤工场烘烤效果,5 座以上烤房组成 1 个烘烤工场,在一个烘烤工场内评价整体烘烤的基本状况,选择 2~3 个代表性烤房,统计黄烟率、含青率、含杂率及上中等烟占比等,反映此烘烤工场烟叶烘烤的均匀性。

二、质量方面

依照国家烤烟 42 级分级标准(GB 2635—1992)及目前烟草行业对烟叶质量的共性认识,将烟叶质量均质化评价要素划分为五个方面。

(一)物理特性

物理特性是指影响烟叶质量及工艺加工的一些物理方面的特性。物理特性主要包括单叶重、叶片厚度、叶面密度、含梗率、填充性、弹性、吸湿性、燃烧性及平衡水率等, 是烟叶质量的重要组成部分。物理特性与烟叶内在质量密切相关,不但直接影响化学成分,还影响加工性能、产品风格、成本及其他经济因素,如含梗率、填充性、吸湿性、燃烧性等还是体现烟叶加工性能的重要指标, 直接影响卷烟制造过程。

(二)外观质量

烟叶的外观质量是指通过人们的感官可以判断的质量因素,是凭感官和经验来判定烟叶的等级质量的外观指标,判定方法通常为眼观、手摸、耳听、鼻闻。烟叶的外观质量是内在质量的外部反映,是烟叶收购过程中分级的主要依据。主要包括颜色、部位、成熟度、叶片结构、身份、油分、色度、长度、宽度、残伤和破损等;颜色分为柠檬黄、橘黄、红棕三个等次;部位分为上部、中部、下部三个部位;成熟度分为不熟、尚熟、成熟、过熟。

(三)化学成分

化学成分是对烟叶质量进行评价的重要指标之一,常用到的化学成分指标为烟碱、总糖、还原糖、总氮、蛋白质、钾、氯等。烟叶内在化学成分含量是烟叶生长发育及生理代谢的结果,与烟叶的物理、外观及感官质量有紧密的关系,但是每种化学成分对于烟叶质量影响的程度和方向是不同的,比如烟碱作为影响烟叶质量最为核心的指标因素,烟气的香味是通过烟碱来体现的。

(四)感官评吸质量

卷烟是以烟气质量来实现吸食者的满足感要求,烟气质量是直接判定卷烟质量与风格的重要指标,烟气质量受烟叶原料的影响,因此,烟叶评吸质量是最能反映烟叶质量与风格的一项质量指标。烟叶评吸质量是指烟叶在燃吸过程中产生的各种化学成分对吸烟者感官(嗅觉、味觉、生理刺激等)的综合作用,通过烟叶卷制后吸烟者的感官得出的优劣感。衡量烟叶评吸质量的因素很多,主要有香气、吃味、余味、劲头、杂气、刺激性等。

(五)质量安全性

烟叶安全性是指烟叶和烟气中的有害物质、烟叶生产过程中使用的农药与抗生素残留、重金属含量超标,以及混杂在分级交售烟叶中的污染、杂物、霉变等。烟叶的安全性是近年来非常重视的一个质量内容,与其他农产品一样,其主要影响到人类身体健康。在烟叶安全性方面,重要的是控制农药残留与铅、砷、镉、铬、汞等有害重金属含量不超过烟草行业相关技术标准的限定值。主要农药残留按照中国烟草总公司标准 YQ 50—2014 农药最大残留限量执行;重金属限量符合河南省烟草公司企业标准 Q/HNYC 039—2014。烟叶无任何可检测到的转基因成分。

第三节 均质化生产影响因素

烟叶均质化生产是一个受自然气候、土壤环境、种植品种、栽培与烘烤措施等诸多因素共同作用相互协调的过程,其影响因素分为可控、不可控、部分可控三个方面。烟叶均质化生产就是使这些影响因素尽可能趋于一致或基本相同,实现烟叶生产与质量的趋同性。本节围绕影响烟叶均质化生产主要因素,分析说明其影响作用与大小,为均质化生产调控技术提供参考。

一、生态环境

生态环境是指水资源、土地资源、生物资源以及气候资源数量与质量的总称,由许多生态因素综合而成,其中非生物因素有光、温度、水分、大气、土壤和无机盐类等,生物因素有植物、动物、微生物等。在自然界,生态因素相互联系、相互影响,共同对生物发生作用。对烟叶生产来说,生态环境就是烟叶生长发育过程中光照、温度、湿度、降雨、积温以及土壤质地、土壤类型、土壤养分、温度、水分等生态环境要素。这些要素的生态差异性是影响烟叶均质化生产的首要条件,也是决定烟叶生长与质量差异的主要原因。我国烟区分布十分广泛，各烟区的自然条件互不相同，气候生态环境的差异性、复杂性和多变性，也必然造成烟叶素质与烟叶质量差异以及多样性表现。根据我国不同地域生态环境及烟叶质量特点，王彦亭、谢剑平等 2010 年完成的《中国烟草种植区划》，把我国烟叶生产区域划分为 5 个一级烟草种植区与 26 个二级烟草种植区，每个生态区又根据不同生态特点划分为几个二级区。陈伟等选用在同一品种、同一农艺措施的栽培模式下，对7 个省 12 个县不同生态区域的烤烟烟碱进行统计分析，结果表明同年不同生态区域内，相同部位与等级的烟叶烟碱含量均存在不同程度的差异，说明同一年份不同生态区烟碱含量的差异是客观存在的；邹恩凯等对江西 8 个不同生态区的烟叶原料进行分析，结果证明不同生态区的烟叶原料风格差异显著；吴照辉等 2021 年在河南不同生态区，采用基本相同栽培措施种植 K326 品种，结果表明不但烟叶外观质量、化学成分存在明显差异，而且感官质量特别是烟叶的香韵发生了较大变化。大量研究已证明，生态条件是形成烟叶质量的基础，是影响烟叶均质化生产的主要因素，减小生态条件差异性是提高烟叶均质化生产的关键。

二、种植品种

烟草品种是烟叶产质量提高的内在因素，品种的选择种植对烟草的田间长势、株型、群体结构、产量及品质有着很大的影响。邱恩建等通过研究表明，不同品种之间的烟叶化学成分差异显著；孙学永等通过对烤后烟叶化学成分的分析发现，施氮量和品种的变化均能显著影响烟叶的化学成分；徐晓敬等通过烟草品质影响因素的研究表明，生态条件对于烟叶化学成分的影响要大于品种和栽培措施，但也不能否定品种对于烟叶质量的影响。不同烟草品种的特性不同，对于气候条件、土壤条件的要求也各不相同，只有根据烟草品种的特性选择适宜的种植环境，才能发挥优良品种的优势。烟叶质量的提高与均质化生产，品种是根本，只有种植优质的烟草品种才能保证有效提高烟叶质量，只有在一定的生产区域内种植农艺性状与产量质量性状基本相同的品种，才能保证烟叶质量的均匀性与均衡性。因此，在进行品种布局时，应根据当地的气候条件，进行一定的试验后，选择适宜的品种进行推广种植，才能保证生产出均匀稳定的优质烟叶原料。

三、土壤肥力

土壤肥力是决定烟叶生长发育均匀性与质量均衡性重要的土壤基础，即使在气候环境条件基本相同的生产区域内，烟田土壤肥力也会存在着一定的差别，这是影响生产区域内烟田生长均匀性的重要因素。

（一）土壤碳氮差异

对河南主要植烟土壤取样 213 份样品分析表明，土壤全碳含量均值 1.02%，变异系数（CV）为 33.25%、碳氮比（C/N）均值 9.39，CV 为 27.14%；土壤全碳与 C/N 比差异较大，土壤碳氮比总体上表现较低，按照雷宝坤等对土壤碳氮共济关系 3 种类型划分，河南植烟土壤 C/N 在 9～12 之间，属于土壤碳氮平衡类型，但处于下限水平。

（二）土壤有机质差异

河南植烟土壤有机质含量一般在 10.0～18.0 g/kg。根据全国第二次土壤普查，豫中烟区平均有机质含量为13.9 g/kg，范围3.2～28.9 g/kg，变异系数23.5%，适宜范围内占比57.5%；豫南烟区平均有机质含量为12.6 g/kg，范围5.4～27.3 g/kg，变异系数21.8%，适宜范围内占比72.1%；豫西南烟区平均有机质含量为12.0 g/kg，范围5.5～24.1 g/kg，变异系数19.1%，适宜范围内占比72.8%。土壤有机质含量代表了土壤潜在肥力，差异过大必然会造成基础肥力差别较大，烟叶质量的均衡性变差。

（三）土壤养分差异

1.区域间差异

土壤养分含量是体现土壤肥力的主要因素，河南烟区各地土壤的氮磷钾含量差别较大，其变异系数表示了各养分含量的差异性。碱解氮含量平均71.5 mg/kg，碱解氮≤60 mg/kg占15.6%，60～80 mg/kg占54.6%，碱解氮≥80 mg/kg占29.8%，其平均变异系数为33.5%；速效磷含量平均12.9 mg/kg，其平均变异系数为42.9%；速效钾含量平均142.3 mg/kg，其变异系数平均值为35.5%。根据豫中主要产烟县襄城、临颍、郏县的土壤养分测定，碱解氮平均72.45 mg/kg，变异系数为34.1%；速效磷含量平均13.05 mg/kg，变异系数为41.7%；速效钾含量平均134.5 mg/kg，变异系数为33.9%。由此说明土壤养分在不同产区、不同县域存在着明显差异，氮磷钾养分含量的变异性较大。

2.茬口间差异

烤烟前茬种植作物的施肥与作物特性直接影响着烟田土壤基础肥力差异，河南近年由于轮作制度及轮作前茬出现了许多新情况，造成土壤肥力差别较大。根据对襄城、临颍、郏县生产调查，在豫中平原区三年两头种轮作占当年烤烟种植面积的36.8%～50.8%，四年两头种轮作占当年烤烟种植面积在21.6%～34.1%，烤烟轮作面积每年占70%左右，连作面积占30%左右。近年随着种植结构调整，烤烟不适宜的前茬作物有玉米茬、大豆茬等。根据襄城、临颍和郏县烤烟种植面积300亩以上连片烟田调查，红薯茬（含烟薯套种）占28.3%，烟草茬占29.9%，玉米茬占32.4%，大豆和花生茬占9%，随着农业产业的发展，烤烟制度及轮作前茬发生了较大变化，这使得土壤残留氮素趋高风险加大，土壤养分平衡性变差，形成了烤烟种植土壤肥力的差异性。

不同作物由于其对养分吸收不同，以及施肥习惯不同，造成不同茬口土壤养分含量差异。根据调查测定，玉米茬口土壤pH值相对较低，大豆茬口土壤pH值相对较高；玉米茬土壤有机质和全氮含量明显高于红薯和大豆茬口，红薯茬口土壤速效氮含量低于玉米和大豆茬口；三种茬口土壤速效钾均相对较低；红薯茬口有效磷含量明显高于玉米和大豆茬口；水溶性氯含量玉米茬口土壤最高。

四、农艺措施

农艺措施包含烟田施肥、烟苗移栽、打顶留叶、中耕培土、烟田灌溉等多个环节，这些农艺措施对烟叶生产影响作用大小有所不同，但就烟叶均质化生产要求而言，这些因素综合效应既影响烟叶生长发育均匀性，又影响优质适产均衡性。以下仅就烟田施肥、烟苗移栽、打顶留叶及病虫危害等方面阐述其对烟叶生产均质化的影响。

（一）烟田施肥

在相同的环境条件下施肥多的烟田，烟叶生长旺盛，开秸开片，抗病性与抗逆性增强，施肥过剩烟株甚至棵大株高、叶片大深厚，成熟落黄缓慢，生育期延迟，采收烘烤困难；施肥少的烟田，生长势弱，叶片短小，抗病性与抗逆性减弱，烟株低矮，叶片颜色浅淡，不能正常成熟，生育期短，烘烤质量较差。施肥的多少主要影响了烟株养分的吸收与叶片干物质的积累，影响了叶片的生理代谢与光合作用以及叶片物质代谢合成，进而作用于烟叶产量与质量性状。郭芳阳等对豫中产区不同肥力下中烟 100 品种施肥量的研究结果表明，高肥力适当减少氮量可保证烟株适当发育，改善烟叶质量与浓香型风格，低肥力适当增加氮量可促进烟株生长发育，提高烟叶产量与质量，彰显浓香型特色，对不同肥力适当调控氮量，整体上能提高烟株发育状态及烟株的均匀性，进而提高不同肥力烟叶质量的均衡性；曹志洪等氮肥用量与形态对烤烟产量及烟叶化学成分的影响研究说明，随着氮量的提高，烟叶产量也相应提高，但产量的增加不是呈现直线比例，而是一种曲线关系，同时氮量及氮素形态对烟叶成熟落黄表现与烟叶化学成分有较大的影响；孟智勇等豫中产区中烟 100 品种试验研究说明，在中等肥力条件下氮量 3.5 kg/亩烟株长势强，抗病能力较高，烟叶生长良好，烤后烟叶结构疏松，含青、挂灰及杂色较少，提高了烟叶外观质量均质化程度。

现有大量的研究说明，在烟叶生产可控因素中，施肥对烟叶生长发育与产量质量的形成是农艺措施方面重要的影响因素，李天福等研究认为在一定的环境与品种条件下施肥是影响烟叶质量的核心技术；张福锁等试验研究认为烟田施肥对产量贡献率约 39%，对烟叶质量的贡献率约 47%，对烟叶香吃味贡献率达到 25%左右。在烟叶均质化生产中，应根据不同土壤肥力条件与栽培种植的品种，选择确定适宜的施肥量及不同形态肥料配比，在烟株能够正常生长发育的状况下，既要保证适当的烟叶产量又要实现烟叶质量的最优化，由此才能在一定的生产区域内实现烟叶田间生长大小一致，高低一致，成熟一致，烟叶烘烤质量较高，上等烟比例提升，烟叶质量基本均衡。

（二）烟苗移栽

单个叶片的质量取决于生长发育良好的烟株个体，整体烟叶质量取决于生产区域内良好的烟株群体，而烟苗是保证烟株个体与群体间均匀性的基础。移栽的烟苗能不能“一栽全苗”并及时“返苗动长”，烟苗健壮与否起着关键性的作用。目前烟叶生产中普遍采用工场化集约化方式育苗，生长环境与管理措施相对较好，但由于采用集约化格盘漂浮或湿润育苗，烟苗密度较高，以及种子萌发与填装基质等的差异，烟苗还不能达到完全整齐一致，尤其是经过断水与揭膜练苗，烟苗的根系数量、茎秆粗细、叶片干物质含量等个体间差别较大，一定程度上影响到烟苗移栽后成活与返苗。根据生产调查 200 穴格盘漂浮育苗壮苗率 70%~80%，不适宜移栽弱苗占 20%左右。因此，烟苗是否健壮也是影响烟田群体均匀性的重要因素，生产中如何进一步提高烟苗素质，提高壮苗率是烟叶育苗中需要解决的生产问题。

烟草是先育苗后移栽的作物，烟苗移栽包含定穴、挖穴、施肥、放苗、浇水、封土、盖膜等，每个农业生产操作均能影响到烟苗成活与移栽后返苗生长。目前烟苗移栽有人工移栽也有机械移栽，有小苗膜下移栽也有常规大苗移栽，不同的移栽方式烟苗的成活率有一定的差异，一般膜下小苗移栽成活率高于常规大苗移栽，人工移栽成活率高于机械移栽。就机械移栽而言，由于采用不同类型移栽机成活率也有所不同，郭芳阳等试验研究了五种不同类型的移栽机烟苗移栽效果，结果表明，五种机型的单株移栽稳定系数均大于98%，但在移栽频率、栽植精度、移栽成活率、移栽效率等方面有明显的差异性。根据田间生产调查，目前移栽后烟苗成活率一般在70%~95%，烟苗健壮移栽质量高成活率就较高，移栽质量差成活率就较低，甚至严重地块缺苗断垄，因此，移栽的烟苗能否及时成活动长是影响烟田群体均匀性的重要因素。生产中如何进一步提高移栽质量，提高烟苗成活率，保证烟苗及时"返苗动长"，减少群体差异性也是移栽环节需要解决的生产问题。

（三）打顶留叶

打顶留叶是烟叶栽培农艺中调节烟株营养的重要手段，是烟叶生产中一项基本农艺操作措施。正常情况下，适时打顶留叶，可增加上部烟叶面积，叶片舒展，厚薄适中，提高烟叶产量质量；打顶过早，上部叶细胞紧密，叶片厚大，粗筋暴梗，难以烘烤，质量下降；打顶过晚，营养消耗、上部叶小而薄，产量质量下降。黄一兰等研究表明，同一打顶时间不同留叶处理，株高与节距随着留叶数增加也呈逐渐增加趋势；杨宇虹等研究说明，随着留叶数增加烟株高度也增加，田间叶面积系数增大，烤后烟叶上部叶烟碱降低，糖碱比变化加大，烟叶化学成分更趋向于不平衡；江豪等对K326品种打顶留叶试验研究说明，初花期打顶留叶21~22片/株，上等烟比例最高，各部位烟叶烟碱含量适中，也最符合卷烟原料配方要求。

打顶留叶的大量试验研究文献表明，通过打顶留叶使生殖生长转变为营养生长，有利于叶片营养与干物质积累，调控叶片大小、烟株高度、烟株形态、营养状况及田间叶面积系数，改善烟田通风透光，促进叶片分层落黄。打顶留叶是影响烟叶产量质量与烟株形态、减少群体差异以及单株上中下烟叶质量的重要影响因素。通过打顶留叶对不同营养、不同栽期、不同肥力、不同地块烟田与烟株采用差异化打顶留叶措施，可适当调控烟田整齐均匀程度，调控烟株高低一致、大小一致、落黄成熟一致。目前在烟叶生产中，由于土壤肥力、烟田前茬、烟田施肥、移栽时间、农艺措施还不能做到完全一致，烟田群体与烟株个体仍然存在一定的差异性，因此在烟叶成熟采收之前，通过打顶留叶调控烟株的均匀性是烟叶生产环节中最后一项非常重要的农艺管理措施。

（四）病虫危害

烟田病虫危害常造成烟株死亡，缺苗断垄，大小高低不一致或叶片变形、叶片损伤、叶片病斑、叶片坏死等现象，影响到烟株个体与群体生长势、整齐度、生长发育及叶片大小的均匀性，是烟叶均质化生产潜在的危害因素。

1.虫害危害

河南烟叶产区虫害主要有地下害虫与地上害虫，地下害虫主要为金针虫、地老虎、蝼蛄等；地上害虫主要为烟蚜、烟青虫、烟粉虱、斑须蝽等。每一种烟叶害虫有其发生规律与危害特点，年度间与不同烟叶产区危害程度与主要害虫种类也有所差别。由于地下害虫啃食烟苗根系或幼茎，对整株烟苗危害性较大，发生危害常造成烟苗整株死亡，根据生产调查，常年情况下河南烟区地下害虫危害一般占3%~7%，是移栽后烟田缺苗少棵的主要原因，对烟田苗齐苗壮有着较大影响。

地上害虫主要危害叶片，蚜虫与烟粉虱吸食叶片营养造成叶片变形、叶片卷曲、分泌物污染等，影响叶片正常生长。烟青虫啃食幼嫩叶片，形成叶片残破不全，叶片孔洞甚至叶片只留主脉，斑须蝽主要危害是吸食嫩叶中的营养与水分，造成叶片萎蔫叶片干枯，烟青虫与斑须蝽危害对叶片群体结构的均匀性影响较大，根据生产调查，常年情况下河南烟区地上害虫危害一般占5%~10%，也是影响田间烟叶生长均匀性的一个原因。

2.病害危害

河南烟叶产区根茎类病害主要为黑胫病、镰刀菌根腐病、根黑腐病等；病毒病类病害主要有普通花叶病（TMV）、黄瓜花叶病（CMV）、蚀纹病（TEV）、马铃薯Y病毒病（PVY）等，危害叶片的叶斑病类病害主要有气候斑点病、赤星病、白粉病、蛙眼病等。这些病害在河南的不同产区不同年份对烟叶危害发生率有一定的差异性，危害程度也表现不同，如病毒病曾是河南烟叶生产中危害最为重要的病害，近年来得到了一定控制，而根茎类病害危害逐年加重，对烟叶产量损失危害占到10%左右，已经上升为危害烟叶生产的主要病害。豫中产区主栽品种为中烟100品种，该品种对叶斑病抗性较高，在烟叶成熟期该病的危害较小，而豫西、豫西南烟区主栽品种为云烟87品种，由于该品种对成熟期叶斑类病害抗性较差，成熟期该病危害较大。烟叶生产中无论哪种病害，对烟叶生产均匀性均有不同程度的影响，是烟叶均质化生产的制约因素，尤其是根茎类病害危害常造成整个烟株枯萎逐渐死亡，烟田烟株水分营养、通风透光供给不均，不但降低烟叶产量减少收益，还影响到烟株生长发育与叶片分布均匀性，降低烟叶质量均质化程度。

五、采收烘烤

（一）成熟度

田间采收的叶片成熟度、部位与大小、干物质含量等鲜烟素质均匀性是影响同炕次或不同烤房烘烤后烟叶质量均质化的一个重要因素。即使在同块烟田或生产条件基本一致的连片连方烟田，由于田间生产的不可控性，必然不可能长出鲜烟素质完全相同的烟叶，通过不同措施选择性采收叶片，最大化保证采收鲜烟质量基本一致，是烟叶生产中提高烟叶质量均质化的重要方面。

烟叶成熟度是影响烟叶质量的重要品质因素，包含田间鲜烟成熟度与烘烤后烟叶成熟度两个概念，前者是后者基础，后者是前者综合体现。田间成熟较一致且成熟度高，采收的烟叶成熟度均匀，烘烤后质量均质性就好；田间成熟度差别大且采收不熟或过熟的叶片占比高，采收的鲜烟成熟度不匀，烘烤后烟叶质量均质性就会变差。烟叶部位一般分为上中下三个部位，不同部位叶片由于光照、通风、生长期、营养水平等不同，鲜烟与烤后烟叶质量存在明显差异。采收的烟叶部位相同，鲜烟叶大小、组织结构、含水量基本一致，烘烤后烟叶质量就基本接近一致；如果采收的叶片部位不同或差异性较大，烟叶质量均衡性就很难保证一致。田间生产烟株的均匀性是保证采收鲜烟质量的均匀性的基础，在提高田间生产均匀性的前提下，采收环节做到采收“部位相同、成熟度一致”，使鲜烟质量较为均匀，才能为烘烤质量均匀提供保证。

（二）烘烤调制

鲜烟叶只有通过成熟采收后编烟装到特制的设备中烘烤调制，由鲜烟叶变为干烟叶，才能实现烟叶商品价值，烟叶烘烤的过程就是把大田条件形成的烟叶质量最大化地固定在干烟叶中，并在烘烤过程中实现淀粉、糖类、蛋白质等分解转化，化学成分含量达到适宜的范围，因此，田间质量是烘烤质量的基础。美籍华人左天觉博士曾提出“田间发育水平、采收成熟度、烘烤调制对烟叶质量的贡献率各占三分之一”，只有田间烟株发育适当，营养良好、及时成熟落黄，烟叶耐熟易烤性较高，才能为提高烟叶质量均质化创造条件。

目前烤烟生产中使用的烘烤调制设备为自控密集式烤房，使用的能源为煤炭或生物质燃料或电能源，在设定的温湿度、通风排湿烘烤工艺条件下实现烟叶变黄与脱水协调，最终将烟叶烤黄烤香烤干。烟草行业密集式烤房技术标准规定，装烟室平面温度差≤3 ℃、湿球温度差≤0.5 ℃，垂直温度差≤4 ℃、湿球温度差≤1.5 ℃。许昌烟叶产区多座热泵式密集烤房不同烘烤阶段温度湿度测定结果表明，变黄期平面温度差 2~2.8 ℃，垂直温度差 2.3~3.6 ℃；定色期平面温度差2.3~3.8 ℃，垂直温差 3.2~4.9 ℃；干筋期平面温度差 5.1~5.6 ℃，垂直温度差 6.3~6.7 ℃。由此说明，虽然烤房是一个密闭环境，但在烟叶变黄与定色过程中，仍然存在着平面与上下垂直温度湿度差，不同的烘烤温度湿度必然对烟叶烘烤质量产生一定的影响，形成全烤房内烟叶质量不能“同炕同质”。影响烤房内温度湿度差异的原因，一是编烟数量与装烟的均匀度，二是烤房密闭性，三是通风与热量传导因素。因此，就烘烤环节而言，烤房性能、装烟均匀度及烤房内平面、垂直温度差，是影响烘烤质量均质化程度的可控因素。

田间烟叶由于品种、营养、病害、生产管理等因素影响，烟叶成熟落黄与耐熟性易烤性存在一定的差别，在烘烤的变黄期、定色期、干筋期不同烘烤阶段，应采用不同的温度湿度配置与烘烤时间，保证烟叶及时变黄定色干筋，控制烟叶含青、挂灰、花片、阴筋、烤红。由于鲜烟叶以及装入烤房内整体烟叶质量素质客观上有差别，在烟叶烘烤调制中，不同的鲜烟需要采用不同的有针对性的烘烤工艺技术，即“根据烟叶定烘烤方法”，在生产实践中，烘烤操作人员技术水平高低以及烘烤技术灵活应变调整的能力是最为关键的，烘烤水平高的下低等级烟少，中上等级烟占比高。要提高烟叶质量的均匀性及烘烤质量，烘烤调制工艺的科学性及技术灵活应变的针对性，也是提高烟叶质量均质化程度不可忽视的重要内容。

六、分级收购

（一）烟叶分级

烟叶分级实质上就是将烟叶外观、物理、化学质量相近的烟叶通过“眼看手摸思想感”，以外观评判的方法人为划分不同的质量类型。我国的烟叶分级执行国家烤烟 42 级分级标准（GB 2635—1992）。依烟叶的部位、颜色分成 8 个正组和 5 个副组共 13 个组别，8 个正组分别为下部柠檬黄、下部橘黄、中部柠檬黄、中部橘黄、上部柠檬黄、上部橘黄、上部红棕、完熟叶组，5 个副组分别为中下部杂色、上部杂色、光滑叶、微带青、青黄等。对每个组别再根据叶片成熟度、叶片结构、油分、身份、长度、残伤和破损等 7 个外观品级因素分成 42 个等级。正确的烟叶分级有利于充分发挥资源优势，满足卷烟工业发展的需求，促进烟叶生产发展，提高烟农经济收入。

烟叶分级由种植主体或农户完成，把每片烟叶给予适当的等级，烟叶分级是一项技术很强的工作，烟叶分级等级质量高低与烟叶烘烤状况、分级者熟练程度、分级技术水平等有密切的关系。田间烟叶成熟较好,烟叶生长比较整齐,生育期基本相同,每次采收的叶位基本相同,烘烤后烟叶含青含杂少,外观质量比较均匀,则便于分级人员烟叶分级,反之,对正确分级不利。烘烤效果较好的烟叶,一般有 2~3 个等级,分级操作易于把握,等级纯度较高;烘烤效果较差的一般有 4~5 个等级,不利于烤后分级操作,烟叶等级纯度一般较差。对于烘烤后的烟叶,如何正确划分等级,提高等级质量与纯度,取决于分级者技术水平,分级技术高、分级快,烟叶质量均匀性也提高。

按照烤烟国家 42 级分级标准,上等烟 11 个小等级,纯度允差要求不超过 10%,破损率低于 10%,中等烟 19 个小等级,纯度允差要求不超过 15%,破损率低于 20%,下等烟 12 个小等级,纯度允差要求不超过 20%,破损率低于 30%。对不同等级烟叶在纯度与破损率等方面的规定,也可认为是烟叶质量均匀性限定指标。生产实际中,种植者与收购者由于经济利益不一致,种植者追求效益往往会出现分级等级低、混青混杂纯度差等现象,烟叶均质化程度受到影响。

(二)定级收购

烤烟国家 42 级分级标准(GB 2635—1992)执行状况及各等级合格率是衡量烟叶定级收购水平的重要指标,正确且适当确定收购烟叶的等级,实现烟叶分级的最终结果,不但是烟叶种植者生产与分级的“风向标”,影响着烟叶种植规模与发展趋势,而且关系到烟农的切身利益,关系到行业持续健康发展。加强对烟叶收购工作的管理指导,提高收购烟叶等级合格率,对于保证烟农收入、涵养国家税源、提高企业经营效益、确保烟叶原料质量均一稳定有着十分重要的意义。

在烟叶定级收购工作中,虽然有 42 级烤烟国家标准约束,由于受烟叶原料市场需求、收购计划限定、自然灾害等因素影响,以及收购者与种植者之间经济利益的不统一性,常存在定级人员分级标准“严”与“宽”把握程度的波动性,年度间或不同收购站点或不同收购时期,收购的烟叶等级质量有一定的差异性。就一定区域内一个县或乡镇收购的烟叶而言,这种差异性最终表现为收购烟叶等级纯度与总体的均衡性,因此,烟叶定级收购状况及等级合格率状况,也是影响产区收购烟叶整体质量均质化程度的一个因素。

第二章
烤烟生产均质化目标

烟叶均质化生产不但要保证不同烟田生长的均匀性，还应提高不同烟田产量质量的均衡性，也就是在烟株均匀一致的基础上最大化实现个体与群体协调从而保证优质适产。烟叶生长个体长相与群体结构两者之间始终存在着既统一又矛盾的关系，只有建立发育适当的个体形态，合理控制适当的群体结构达到个体群体协调，才能提高烟叶质量的均匀性与均衡性，实现优质烟叶均质化生产目标。

第一节　河南烤烟主栽品种生长发育特点

种植的烤烟品种由于内在遗传物质与基因型的不同，决定了其耐肥性、抗旱性、抗病性及生长发育特性、成熟易烤性等品种特性的差异。河南烟区目前主栽的烤烟品种主要为中烟 100 与云烟 87，这两个品种各有其生长发育特点与不同的适宜种植区域，了解掌握其品种的特征，有利于均质化生产技术配套。

一、中烟 100 品种

中烟 100 品种是目前豫中烟区烤烟主栽品种；该品种是采用优质品种 NC82 为中心亲本与多抗性互补亲本 9201 杂交，再用 NC82 回交 5 代后，用系谱法定向选择培育而成的优质多抗烤烟品种。该品种耐肥性较强，对氮量适应范围较宽，适应能力强，丰产性较好，产量潜力较高，尤其顶叶开片较大，叶片较宽，耐熟易烤性良好，上部优质烟叶产量占比较高。

中烟 100 品种田间前期开片稍慢、长势中等，中期转强，移栽至中心花开放 60 d 左右，大田生育期 120~140 d；着生叶 26~28 片，可采收叶 20 片左右，上部叶开片好，平顶后烟株圆顶呈筒型，叶型椭圆，叶面稍皱，叶尖渐尖，叶色绿，腰叶长 65~85 cm，宽 30~42 cm。烟叶成熟时，分层落黄明显；抗黑胫病、中抗普通花叶病（TMV）与黄瓜花叶病（CMV），气候斑点病较轻，后期高抗赤星病与叶斑病，田间烟叶产量一般为 170~200 kg/亩。

二、云烟 87 品种

云烟 87 品种目前为豫南、豫西南与豫西烟区种植的烤烟主栽品种。该品种是采用云烟 2 号为母本,K326 作父本杂交,经系谱选择而成的优质多抗烤烟品种。该品种耐肥性中等,适应能力较强,丰产性一般,产量相对稳定,尤其中部烟叶开片良好,耐熟性与易烘烤较好,中部优质烟叶产量占比较高。

该品种大田生长初期如果受环境胁迫(干旱等)影响,有 10~15 d 抑制生长期,注意加强田间前期管理,适当增加氮钾追肥,后期生长势强,不可打顶过低,否则留叶过少会形成伞型。烟株打顶圆顶后为筒型,自然株高 178~185 cm,打顶株高 110~135 cm,大田着生叶片数 25~27 片,可采收叶数 18~20 片;腰叶长椭圆形,叶片长 60~80 cm,叶宽 28~36 cm,叶面稍皱,叶色深绿,叶尖渐尖,叶缘波浪状;节距 5.5~6.5 cm,叶片上下分布均匀,大田生育期 110~135 d,种性稳定,变异系数较 K326 小。云烟 87 中抗黑胫病,中抗南方根结线虫病、爪哇根结线虫病及青枯病,易感赤星病与普通花叶病,田间烟叶产量一般为 150~175 kg/亩。

第二节　田间生长均匀性目标

烟叶均质化生产不但要求田间生产整体的均匀性,而且还要求烟株形态特征合理。理想的烟株应以“下部叶阳光充足、上部叶片展开、整株叶片厚薄适中”为总体原则,缩小同烟株部位间、不同烟田烟叶质量差异。烟叶生长发育状况是自然条件、品种和栽培管理措施等综合作用的结果,因此不同产区不同品种在烤烟不同生育期个体与群体长相均匀性目标也有所差别。在一定生产区域内为实现烟叶质量均质化,应明确不同生育期及不同品种个体与群体田间生产的均匀性目标。

一、各生育期形态指标

(一)团棵期

烟叶移栽 25~35 d,叶片数 12~15,株高 30 cm 左右,烟株所占空间的横向与纵向之比约为 2:1,近似球形,称为团棵。不管烟株田间长势长相强弱,团棵均是其生长发育必有的典型特征之一,所以,用团棵期烟株的个体与群体指标来衡量整块烟田的长势长相均匀性具普遍适用性。团棵是烟叶田间生长的重要时期,团棵后不久,叶芽分化停止,叶数固定,由营养生长转向生殖生长。团棵期烟株长势长相因品种、栽培措施的不同,表现差异较大。

团棵期烟株均匀性个体指标:生长健壮,叶片紧集,叶片平展,叶色绿或浓绿,心叶凹陷,无病无虫,株高 30 cm 左右,最大叶长 35~45 cm,最大叶宽 20~28 cm。

团棵期烟株均匀性群体指标:烟株叶片大小基本一致,高低基本一致,行与行间平行,株与株间均匀,整体均匀整齐;垄体大小均匀,土壤不板结、无杂草,群体结构合理,种植密度 900~1 100 株/亩,行距 1.2~1.3 m。

团棵期描述体现的是烟株或烟田处于生长发育过程中一个时期的形态特征，在说明团棵期的个体与群体均匀性目标时，由于其具有地域化、阶段化、品种化个性特点，还应说明特定生产区域、特定时期、特定品种的具体长相目标，如此可更全面，也更有针对性。根据项目组研究，表 2-1 列出了河南襄城县与内乡县两个代表性产区，移栽后 30 d 河南主栽中烟 100 与云烟 87 品种团棵期具体形态指标，形态特征见图 2-1 与图 2-2。

表 2-1 中烟 100 与云烟 87 移栽 35 d 团棵期烟株形态指标

品种	长势	株高/cm	叶片数/片	最大叶长/cm	最大叶宽/cm	第 6 叶位 SPAD 值	叶色
中烟 100（襄城）	较强	21.5~32.5	12~13	35~40	23~27	32.6~38.5	浓绿
	强	23.7~37.5	13~14	40~47	27~32	39.0~41.0	浓绿
云烟 87（内乡）	较强	23.2~31.8	11~13	32~39	18~22	32.5~36.5	浓绿
	强	25.3~36.5	12~14	35~45	22~28	36.0~38.0	浓绿

图 2-1 中烟 100 团棵期

图 2-2 云烟 87 团棵期

（二）旺长期

从团棵至现蕾称为旺长期，一般在移栽后的 35~65 d。旺长期水肥充足，茎叶生长速度快，一般 2~3 d 长出一片新叶。旺长期烟株叶片增大、含水多，与此同时，根系向纵深发展，根系嫩白，吸收能力强，至现蕾时根系基本定型。旺长期叶色浓绿，烟株不脱肥，达到旺长而不徒长，叶片开片充分，烟株水分适宜，无严重旱象。

现蕾期烟株均匀性个体指标：烟株长相清秀，发育良好，营养均衡，生长势较强，根系嫩白，须根较多。株高 125~155 cm，叶片数 24~26，叶片舒展，叶片无病斑，茎围 9~11.5 cm，最大叶长 65~80 cm，最大叶宽 32~42 cm。

现蕾期烟株均匀性群体指标：棵匀整齐，长势均衡，大小高低一致，过低与过高烟株占比低于 10%，叶色绿或浓绿，发育适当，开片充分，叶片柔软，行间基本封行，行间通风透光良好，下部烟叶不郁蔽，叶面积指数 2.5~3.0；烟田水分适宜，不积水无旱象。烟田无杂草、叶片与根茎病虫害较轻。

根据项目组研究，表 2-2 列出了河南襄城县与内乡县两个代表性产区，移栽后60 d 烟株现蕾期中烟 100 与云烟 87 品种烟株的形态指标，形态特征见图 2-3 与图 2-4。

表 2-2　中烟 100 与云烟 87 移栽 60 d 现蕾期烟株形态指标

品种	生长势	株高/cm	茎围/cm	叶片数/片	最大叶长/cm	最大叶宽/cm	第 12 叶位 SPAD 值	叶色
中烟 100	较强	120～130	9.0±0.5	26±2	60～65	30～35	41±2	浓绿
	强	130～155	10.0±0.5	26±2	65～75	32～37	43±3	浓绿
云烟 87	较强	120～130	8.5±0.5	25±2	55～60	25～27	38±2	浓绿
	强	130～145	9.5±0.5	25±2	60～70	25～29	39±2	浓绿

图 2-3　中烟 100 旺长期

图 2-4　云烟 87 旺长期

(三)成熟期

打顶后烟株能适时圆顶并进入成熟期，圆顶程度以顶叶略小于腰叶的“腰鼓型”或顶叶与腰叶长度基本相同的“筒型”，顶叶比腰叶大的大圆顶不是均匀性生产合理长相目标。烟株圆顶正常，营养均衡、叶片发育良好，水分适当，打顶后 10～15 d 下部叶开始成熟落黄。

圆顶期烟株均匀性个体指标：烟株整体上表现为优质适产或优质丰产株型，长相清秀，叶片自顶叶至下部叶颜色由绿至黄绿，分层落黄明显，叶色正常，不浓绿也不脱肥发黄；中部叶茎叶角度近似直角，不上伸也不下垂，中部叶片舒展，叶片柔软，透光均匀，叶面有明显胶质层，手摸有油腻感；上部叶叶基部呈 45 度角且叶前端水平，顶叶不下垂，不盖中部叶。烟株高度 110～130 cm，顶叶长 65～75 cm、最大叶宽不大于 40 cm，打顶留叶 20～23 片/株，优化下部叶片 4～5 片，有效采收叶 16～18 片；下部叶光照充足，中下部烟叶及时落黄，上部叶厚薄适中。烟株圆顶呈筒形或腰鼓形。

圆顶期烟株均匀性群体指标：圆顶后烟株下部透亮，通风透光不郁蔽，上部整齐平展，中部叶行间叶尖距 15～25 cm，上部叶行间叶尖距 20～30 cm。群体营养协调，适时成熟，分层落黄明显；烟田无花无杈，基本无病虫草害；叶片群体不大于 2 万片/亩，田间叶面积指数

2.2~2.7。烟田烟叶成熟一致,生育期一致,高低一致,同部位叶片大小一致;大田生育期110~135 d,群体结构合理,营养状态与光照条件良好,没有“伞型”或“塔型”烟株。

根据项目组研究,表2-3列出了河南襄城县与内乡县两个代表性产区,河南主栽的中烟100与云烟87品种移栽后90 d烟株具体形态指标,形态特征见图2-5与图2-6。

表2-3 中烟100与云烟87移栽后90 d圆顶期烟株形态指标

品种	长势	株高/cm	茎围/cm	叶片数/片	中部叶			上部叶			株型
					叶长/cm	叶宽/cm	SPAD值	叶长/cm	叶宽/cm	SPAD值	
中烟100	较强	121.2	11.8	19.9	67.0	39.1	37.2	61.7	31.1	41.9	腰鼓型
	强	132.0	12.7	21.0	73.9	42.1	40.5	67.3	38.3	44.2	筒型
云烟87	较强	116.8	10.7	20.6	65.9	32.5	35.9	58.9	27.6	40.8	腰鼓型
	强	130.1	11.6	22.3	70.6	35.7	38.2	65.8	32.7	42.7	筒型

注:中部叶为第12叶位叶片,上部叶为第18叶位叶片,下同。

图2-5 中烟100成熟期单株

图2-6 云烟87成熟期单株

图2-7 大田成熟期中烟100

图2-8 大田成熟期云烟87

二、田间长势长相均匀性目标

为实现烟叶物理特性、外观质量、化学成分的稳定,减少同部位烟叶质量的差异,提高烟株与烟株、地块与地块之间的农艺学性状、生育期一致性是实现烤后烟叶质量均质化的关键。根据河南多年田间烟叶生产调查与烤后烟叶质量跟踪评价，提出圆顶期田间烟叶长势长相均匀性相关目标。

（一）同块烟田烟株均匀性指标

超过或低于全田平均株高±5 cm 单株数占比≤15%，留叶数超过或少于全田平均留叶数 2 片烟株占比≤8%，最大叶片长度超过或低于全田最大叶片平均长度±10 cm 烟株占比≤20%；单个烟株顶叶长度大于 55 cm，圆顶后株型一致性≥90%；株与株间叶色基本一致，表现为浅绿色。同一烟田根部病害发病率低于 5%。

（二）不同地块烟田均匀性指标

平均株高 110~130 cm 的田块占比≥80%，平均留叶数 20~23 片田块占比≥90%，最大叶片长度 65~75 cm 田块占比≥90%，生育期 115~135 d 田块占比≥90%。田块间圆顶后株型基本一致，表现为筒型或腰鼓型，两者田块占比≥90%；群体营养协调，烟叶分层落黄，上部叶厚薄适中。

第三节　不同生育期营养均衡指标

矿质营养是烟叶生长发育最为关键的因素，均质化生产要求的适宜烟株形态只是外观反映，而矿质营养多少则能反映均质化生产烟株内在营养状况。适宜的烟株形态特征对应适宜营养水平，生产中可根据不同生育期营养状况调控营养实现烟株均匀性生长。烟叶矿质营养含量因气候、土壤及生产措施存在较大差异。以下根据豫中产区中烟 100 品种生长发育均匀性较好烟株多点测定结果，描述说明均质化生产叶片适宜的营养指标。

一、叶片氮磷钾营养指标

（一）全氮含量

氮素营养适量，烟株正常生长，产量较高，烤后烟叶颜色橘黄，质量较好。氮素不足，烟株瘦小，叶色黄绿，上部叶窄小，严重不足，下中部叶片黄化，烤后颜色淡，香气不足，吃味平淡，质量较差。氮素过量，烟株徒长高大，成为伞型，叶色浓绿，叶片下垂，下部遮阴，烟株黑暴，成熟延迟或不能正常成熟，下部叶薄，烤后黑糟，上部叶过厚，颜色深而灰暗，油分差，吃味辛辣，品质低劣。不同时期叶片适宜的全氮含量指标见表 2-4。烤后烟叶总氮含量一般在 12.7~29.8 g/kg，95%置信区间为 14.09~25.33 g/kg。

表 2-4　中烟 100 品种不同生育期叶片全氮含量

数据类型	团棵期/(g/kg)	现蕾期/(g/kg)			成熟期/(g/kg)	
		下部	中部	上部	中部	上部
范围值	28.4~35.1	19.0~25.0	20.2~39.5	29.0~45.0	17.0~23.0	18.5~25.0
平均值	25.8	21.6	29.1	35.4	18.5	21.6

（二）全磷含量

磷素营养不足，烟株生长发育不良，植株矮小，抗旱抗寒能力降低，叶片窄薄而上竖，下部叶出现褐色斑块缺磷症状,熟期推迟,质量较差。磷素营养充足,烟株根系发育良好,生长正常,干物质积累多,烟叶适时落黄成熟,叶片较厚,叶色鲜亮,油分充足。磷素营养过量,叶片主脉粗暴,组织粗糙,贪青难烤,烤后叶色暗,油分不足,易破碎。不同生育期叶片中适宜的全磷含量见表 2-5。烤后烟叶磷含量一般在 1.2~3.5 g/kg 之间,河南中部叶磷含量一般 1.5 g/kg 左右。

表 2-5 中烟 100 品种不同生育期叶片全磷含量

数据类型	团棵期/(g/kg)	现蕾期/(g/kg)			成熟期/(g/kg)	
		下部	中部	上部	中部	上部
范围值	2.4~3.9	1.9~2.4	1.9~2.8	2.7~3.5	1.1~1.6	1.4~1.7
平均值	3.13	2.06	2.45	3.10	1.35	1.52

(三)全钾含量

钾也是烤烟吸收量最多的营养元素,其含量是衡量烟叶好坏的重要指标之一;钾素营养与氮营养协调时,烟株生长健壮,病害少而轻,适时落黄易烘烤,烤后烟叶叶色橘黄,质量较好。钾素不足,烟株生长不协调,生长发育不良,叶片自下而上从叶尖叶缘逐渐向内失绿枯焦,抗逆性差,不耐成熟,烤后烟叶颜色浅淡,油分少,弹性差,难回潮,易破碎,香气不足。不同生育期叶片全钾适宜含量见表 2-6。烤后烟叶钾含量 8.0~25 g/kg,河南烟叶钾含量一般在 10~18 g/kg。

表 2-6 中烟 100 品种不同生育期叶片全钾含量

数据类型	团棵期/(g/kg)	现蕾期/(g/kg)			成熟期/(g/kg)	
		下部	中部	上部	中部	上部
范围值	22.0~42.0	23.0~44.0	17.0~40.0	29.0~43.0	14.5~17.7	15.9~19.8
平均值	35.7	31.6	31.4	32.9	15.6	17.8

二、叶片中微量营养指标

烤烟生长发育中大量元素钙、镁、硫、氯,微量元素铁、铜、锌、锰 、硼、钼等,参与烟株生长发育的生理生化物质代谢、酶促反应及光合作用过程,对烟叶抗病性、抗旱性、耐寒性及产量质量形成起到不同的生理作用。关于烤烟叶片中微量营养含量因品种、生态条件、施肥与栽培措施不同而有所差异。程显华等提出了烘烤后烟叶营养元素适宜含量范围及临界值,戴华鑫测定了 2011—2015 年 821 个样品,给出了烤后烟叶 95%置信区间中微量营养含量。2019—2021 年连续多点多个叶片样品测定,明确了河南中烟 100 品种叶片中微量营养含量状况。结合他人对烘烤后烟叶中微量营养含量测定,根据项目研究结论,表 2-7 列出了河南烟区中烟 100 品种不同生育期鲜烟叶片中微量营养含量范围及临界值指标。

表 2-7 中烟 100 品种不同时期中部叶中微量元素含量

时期	Cl/(g/kg)	Ca/(g/kg)	Mg/(g/kg)	S/(g/kg)	Fe/(mg/kg)	Cu/(mg/kg)	Zn/(mg/kg)	Mn/(mg/kg)	B/(mg/kg)
栽后 30 d	1.8	8.6	3.5	0.43	129	13.3	41.9	76.2	—
栽后 60 d	4.1	16.4	4.8	0.35	450	8.7	35.8	56.3	—
栽后 90 d	6.3	17.3	4.6	0.45	300	7.9	31.2	38.4	—
适宜值	3~8	15~25	3~8	2~7	200~500	5~20	30~60	40~150	15~30
临界值	1.0	12	2.0	1.5	50	3.0	20	20	10

第四节 均质化生产质量目标

烟叶均质化生产要确保产出的烟叶质量在年际间和区域间基本均一稳定，本节结合烟叶打叶复烤工艺规范、打叶烟叶烤烟质量均匀性评价等行业标准，以及原料质量均匀性相关研究成果，提出烟叶均质化生产质量目标。均质化生产既要有底线基本目标，也要有更高可实现的目标。为有助于烟叶产区开展烟叶均质化生产，考虑到生态差异的不可控性，本节所提出的均质化生产质量目标更适用于地市级及县级烟叶产区。

一、分级收购均质化目标

(一)本部位正组率

本部位正组率是指某等级烟叶抽样检验中，真正属于标识等级所在部位且为正组的烟叶数量占总抽样数量的比例，用百分比表示，本部位正组率具有很强的可操作性。对本部位正组率高的烟叶，跨部位及副组的烟叶比例低，意味着严重影响烟叶质量的不稳定因素低，更能代表本部位烟叶的质量，具有更高的质量集中度，因此，烟叶质量稳定性相对较高。

在实际生产中，为了使评价更具可操作性和简便性，可采用变异系数(CV)来评价质量均匀性，变异系数能代表质量波动程度。根据管孝艳等研究界定，通常认为 CV≤15%为弱变异，16%≤CV≤35%为中等强度变异，CV≥36%为强变异。本部位正组率高不仅是质量稳定的重要基础，而且对于年际间和区域间而言，本部位正组率的变异强度也是质量均一性的影响因素。当年际间和区域间的烟叶本部位正组率变异强度越弱时，原烟质量的均一性就会越高。鉴于实际需求，要求烟叶等级的本部位正组率≥90%，本部位正组率变异系数(CV)≤10%。

(二)等级合格率

烟叶等级合格率是指抽检等级烟叶样品的合格数量占抽检样品总数量的比例，用百分比表示，也可认为是烟叶质量稳定性的保障指标。烟草行业规定，烟叶工商交接等级合格率≥80%。当前烟叶收购中的等级合格率与目标值差距较大，鉴于均质化生产的要求，应在等级合格率的稳定性上多做工作，在等级合格率稳步提高的基础上，确定等级合格率的变异强度为弱变异；鉴于烟叶生产实际与工业原料质量需求，要求烟叶等级合格率变异系数（CV）≤10%。

（三）等级结构比例

烟叶收购中的等级结构比例直接影响着烟叶等级质量的高低，进而影响原烟来料质量的均匀性。有研究指出，根据42级烤烟国家标准规定，按部位和级别的界定推算，每株烟叶都在最理想状态下生产的上等烟比例最大极限为60%，而根据我国烟叶生产现状和烟农分级水平，实际生产中上等烟比例最多能达到理想比例的三分之二。目前个别产区过高的上等烟比例，意味着可能降低了收购质量标准，甚至降低了一个等级，其结果就是烟叶等级质量下降，收购的上等烟比例偏高。生产中要综合平衡工商农的质量和利益需求，合理控制上等烟、上中等烟占的比例。根据河南烟叶生产收购情况，上等烟比例60%~65%，中上等烟比例≥90%比较适宜。

二、化学成分均质化目标

化学成分是烟叶质量的内在物质基础，目前一般认为烟碱、糖碱比是化学成分及派生值中的核心指标，其变异系数常作为复烤后烟叶化学成分均匀性的评价指标。因此，参考打叶复烤指标要求提出了烤后烟叶化学成分的均质化指标。

（一）烟碱变异系数及合格率

1.烟碱变异系数

打叶复烤加工中贮叶配方后烟碱变异系数一般要求CV≤10%，成品片烟中重点等级的烟碱变异系数一般要求CV≤5%，实际可控制到约3%，甚至更低。结合烟叶生产情况，提出生产环节烟叶烟碱变异系数：中下部等级CV≤15%，上部等级CV≤12%，并以弱变异即变异系数CV≤10%为更高目标。

2.烟碱合格率

烟碱合格率指抽检的烟叶样品中，烟碱符合目标值的样品数量占总样品数量的比例，用百分比表示。烟碱合格率越高，能反映烟碱的波动性越小。烟叶生产中要求烟碱合格率≥80%。

（二）糖碱比变异系数

糖碱比反映了烟叶中的酸碱平衡关系，烟草行业相关标准中规定，糖碱比变异系数（CV）<8%为a级，而成品片烟的糖碱比变异系数一般可控制到2%~6%。结合烟叶生产情况，提出生产中糖碱比变异系数CV≤15%，并以弱变异即变异系数≤10%为更高目标。

本节综合行业标准、烟叶原料质量运行及相关研究等情况，提出了烟叶均质化生产的主要质量目标，烟叶均质化生产的其他质量目标，如物理特性、评吸质量、安全性等指标有待进一步分析研究。

第三章
烤烟生长与质量均匀性评价

烟叶均质化生产主要从田间生产与烟叶质量两个方面评价，本章针对河南烤烟分布区域及生产情况，以 2018—2020 年多样本烟田采集调查的农艺性状数据及上烟集团 2018—2020 年采购的河南烟叶原料质量评价数据为基础，运用数理统计方法，分析评价了近年来河南烤烟田间生长与烟叶质量的均匀性（评价指标为平均值、标准差、变异系数、整体均匀性）现状及存在的主要问题。

第一节　田间生长均匀性

实现烟叶质量均质化首先要达到田间生产的均匀一致，均衡的田间长势长相与基本趋同的烟株农艺指标，是实现烟叶生产均质化的基础。本节针对河南的豫中、豫西南和豫西三个主要烟区田间烟叶生产表现，分析比较了主要农艺性状的均匀性与差异性。

一、豫中烟区

豫中烟区包括许昌、漯河、平顶山三市，位于黄淮海平原西南边缘，是伏牛山到黄淮平原过渡地带，西部为山岗丘陵，中东部以平原为主；属亚热带湿润季风气候，四季分明，光照充足，雨量适中。土壤质地以壤土为主，土层较深厚，肥力中等至中等偏上，种植烤烟品种中烟 100 占比 98%以上，是河南省烟叶主要产区之一。2018—2020 年，在豫中产区烟株圆顶期随机选择了近 120 个烟田作为调查点，按照烟草行业标准（YC/T 142—2010）进行了株高、茎围、节距、留叶数、上中部叶长宽等田间农艺性状测定，完成了豫中烟区烟田均匀性评价分析。

（一）烟株株高

从图 3-1 中可以看出，2018—2020 年许昌、漯河、平顶山三个地区，同一地区年际间株高无显著差异，且地区间差异也不明显。豫中烟区 2018—2020 年三年株高均值为 115.94 cm。2018 年漯河、2019 年漯河、2019 年平顶山株高均值小于豫中烟区三年均值，

2020 年许昌、2020 年平顶山株高均值大于豫中烟区三年均值，其他年份及地区与豫中烟区三年均值相当。

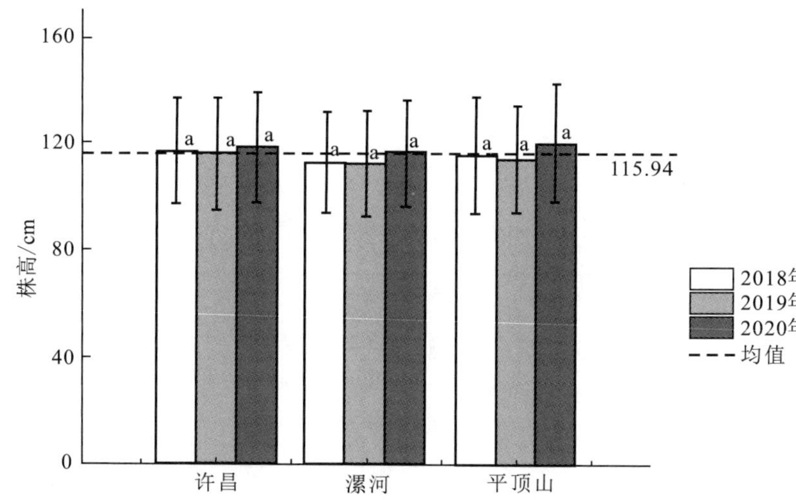

图 3-1　三个地区 2018—2020 年株高均值比较

2018—2020 年许昌地区烟株株高范围为 75.49～174.08 cm，均值为 117.47 cm，漯河地区株高分布范围为 66.8～153.58 cm，均值为 118.32 cm，平顶山地区株高分布范围为 67.8～156.61 cm，均值为 116.51 cm（见图 3-2）。许昌地区株高较均值上下浮动 10%以内占比 38.33%；漯河地区株高较均值上下浮动 10%以内的占比 49.17%；平顶山地区株高较均值上下浮动 10%以内的占比 29.17%。

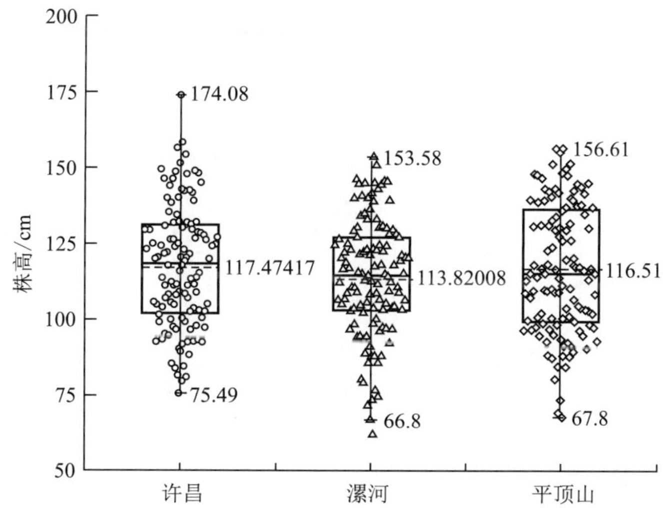

图 3-2　三个地区 2018—2020 年株高分布

对 2018—2020 年三个地区的株高调查数据分别计算均值及变异系数见表 3-1。豫中产区株高整体平均值为 115.94 cm（标准差 20.34），总体变异系数为 17.55%。根据管孝艳等变异系数界定研究，一般认为 CV≤15%为弱变异，16%≤CV≤35%为中等强度变异，CV≥36%为强变异。据此说明，豫中烟区株高指标属于中等强度变异，均匀性有待进一步提高。

表 3-1　2018—2020 年三个地区株高均值、标准差及变异系数比较

地区	2018 年			2019 年			2020 年		
	株高均值/cm	SD	CV/%	株高均值/cm	SD	CV/%	株高均值/cm	SD	CV/%
许昌	117.42	19.72	16.79	116.17	20.79	17.89	118.83	20.55	17.29
漯河	112.71	18.99	16.86	112.42	19.67	17.50	116.33	19.87	17.08
平顶山	115.57	21.95	18.99	113.99	19.88	17.44	119.98	22.17	18.47
平均值	115.23	20.18	17.51	114.20	20.01	17.52	118.38	20.76	17.54
豫中产区均值	株高/cm		115.94	标准差		20.34	变异系数/%		17.55

（二）打顶留叶数

图 3-3 结果说明，2018—2020 年许昌、漯河、平顶山地区叶片数同一地区在年际间无显著差异，且地区间差异也不明显。豫中烟区 2018—2020 年三年叶片数均值为 19.30 片。2018 年、2020 年许昌、2020 年漯河、2020 年平顶山均值大于豫中烟区均值；2018 年漯河、2019 年漯河、2019 年平顶山叶片数均值小于豫中烟区三年均值；2019 年许昌和 2018 年平顶山叶片数均值与豫中烟区均值相当。

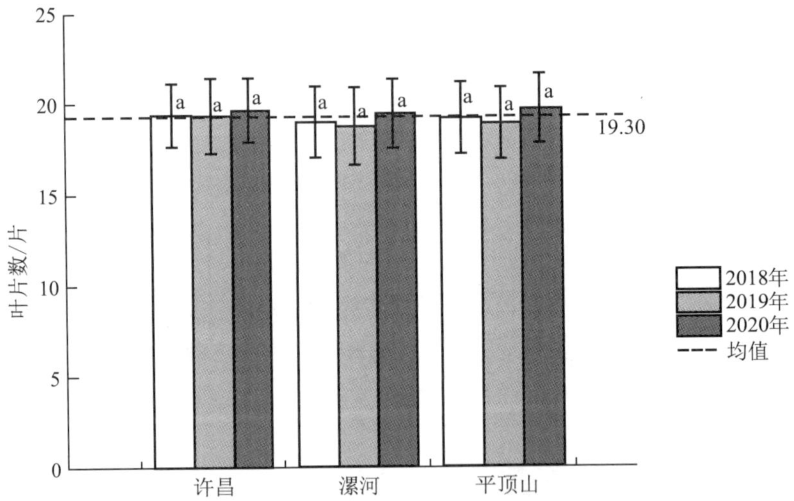

图 3-3　三个地区 2018—2020 年叶片数均值比较

图 3-4 可以看出，2018—2020 年许昌地区单株打顶留叶数范围为 16.2~23.8 片，均值为 19.5 片；漯河叶片数分布范围为 14.8~23.5 片，均值为 19.11 片；平顶山叶片数分布范围为 15~22.9 片，均值为 19.31 片。许昌地区叶片数较均值上下浮动 10%以内的占比 68.3%；漯河地区叶片数较均值上下浮动 10%以内的占比 64.17%，平顶山地区叶片数较

均值上下浮动10%以内的占比63.33%。

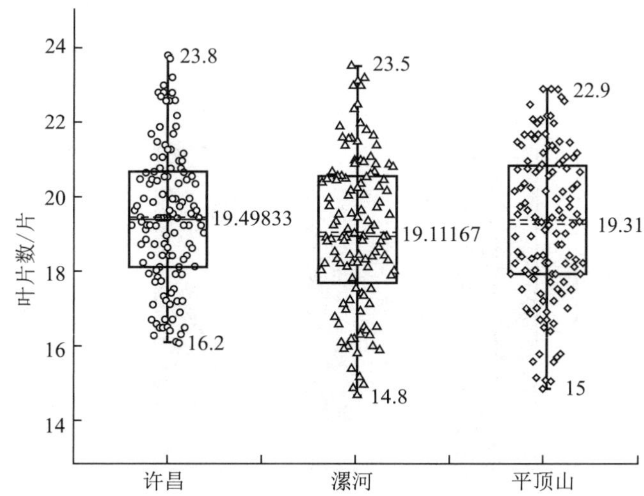

图3-4　三个地区2018—2020年叶片数分布

三个地区不同年份叶片数均值及变异系数见表3-2。根据三年三个地区叶片数数据计算，豫中产区单株叶片数总均值为19.31片（标准差1.94），变异系数为10.03%。就变异程度而言，叶片数变异系数小于15%，按照上述根据变异系数判定变异程度的方法，豫中烟区单株叶片数指标属于弱等程度变异。

表3-2　2018—2020年三个地区叶片数均值、标准差及变异系数比较

地区	2018年			2019年			2020年		
	叶片数均值/片	SD	CV/%	叶片数均值/片	SD	CV/%	叶片数均值/片	SD	CV/%
许昌	19.43	1.73	8.92	19.38	2.05	10.60	19.68	1.74	8.83
漯河	19.03	1.96	10.32	18.80	2.13	11.31	19.51	1.90	9.73
平顶山	19.24	1.98	10.29	18.95	1.97	10.38	19.74	1.91	9.67
平均值	19.23	1.89	9.85	19.04	2.05	10.76	19.64	1.85	9.41
豫中产区均值	叶片数/片		19.31	标准差		1.94	变异系数/%		10.03

（三）最大叶长宽

1.最大叶片长度

图3-5可以看出，2018—2020年许昌、漯河、平顶山三个地区最大叶长同一地区在年际间无显著差异，且地区间差异也不明显。豫中烟区2018—2020三年最大叶片长度整体均值为71.62 cm。2018年许昌、2020年许昌、2020年平顶山均值大于豫中烟区的均

值;2018 年漯河、2019 年漯河、2019 年平顶山烟株均值小于豫中烟区的均值;2019 年许昌、2020 年漯河和 2018 年平顶山的均值与豫中烟区均值相当。

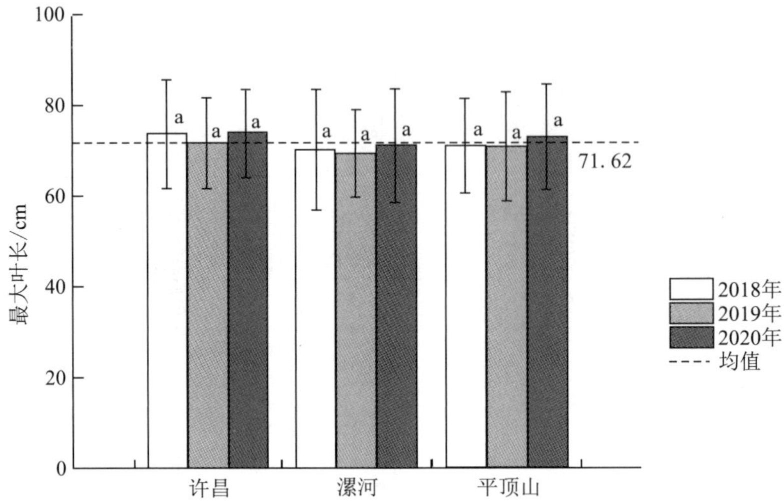

图 3-5　三个地区 2018—2020 年最大叶长均值比较

图 3-6 中可以看出,2018—2020 年许昌地区最大叶长范围为 48.7~95.7 cm,整体均值为 71.2 cm;漯河地区分布范围为 49.1~94.1 cm,均值为 72.7 cm;平顶山地区分布范围为 51.7~96 cm,均值为 71.23 cm。许昌地区最大叶长较均值上下浮动 10%以内的占比 36.67%;漯河地区最大叶长较均值上下浮动 10%以内的占比 39.17%;平顶山地区最大叶长较均值上下浮动 10%以内的占比 48.33%。

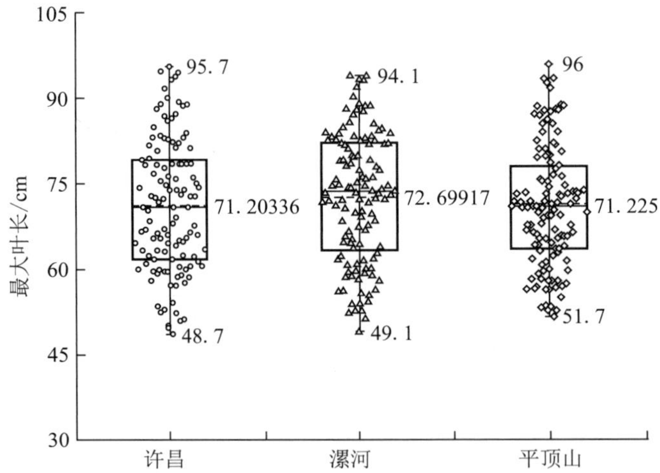

图 3-6　三个地区 2018—2020 年最大叶长分布

对 2018—2020 年三个地区最大叶长计算,均值及变异系数见表 3-3。三年豫中产区最大叶长整体均值为 71.43 cm(标准差 10.07),总体变异系数为 16.66%。就变异程度而言,最大叶片长度变异系数大于 15%,按照上述根据变异系数判定变异程度的方法,豫中烟区最大叶片长度指标属于中等程度变异,均匀性有待进一步提高。

表 3-3 2018—2020 年三个地区最大叶长均值、标准差及变异系数比较

地区	2018 年			2019 年			2020 年		
	最大叶长均值/cm	SD	CV/%	最大叶长均值/cm	SD	CV/%	最大叶长均值/cm	SD	CV/%
许昌	71.60	10.07	14.07	73.79	9.79	13.27	73.61	11.88	16.14
漯河	69.52	9.71	13.97	71.12	12.37	17.40	70.12	13.58	19.36
平顶山	70.70	12.05	17.05	73.03	11.58	15.86	71.13	10.51	14.78
平均值	70.61	10.61	15.03	72.64	11.25	15.51	71.62	11.99	16.76
豫中产区均值	最大叶长/cm		71.43	标准差		10.07	变异系数/%		16.66

2.最大叶片宽度

图 3-7 可以看出,2018—2020 年许昌、漯河、平顶山三个地区烟株最大叶片宽度,同一地区年际间无显著差异,且地区间差异也不明显。豫中烟区 2018—2020 年烟株最大叶宽度整体均值为 34.27 cm。

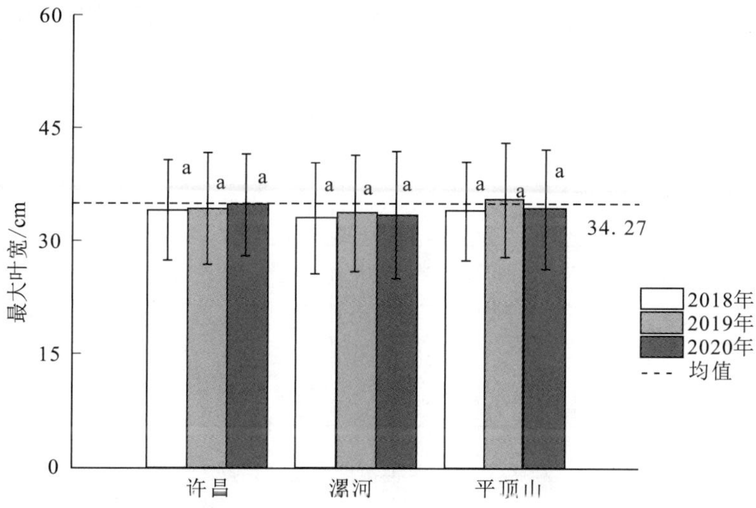

图 3-7 三个地区 2018—2020 年最大叶宽均值比较

图 3-8 可以看出,2018—2020 年许昌地区最大叶宽度范围为 18.5~49.2 cm,均值为 34.56 cm;漯河地区分布范围为 16.6~50.9 cm,均值为 33.53 cm;平顶山地区分布范围为 19.1~51 cm,均值为 34.72 cm。许昌地区最大叶宽度较均值上下浮动 10%以内的占比 41.67%;漯河地区最大叶宽度较均值上下浮动 10%以内的占比 35%;平顶山地区最大叶宽度较均值上下浮动 10%以内的占比 31.67%。

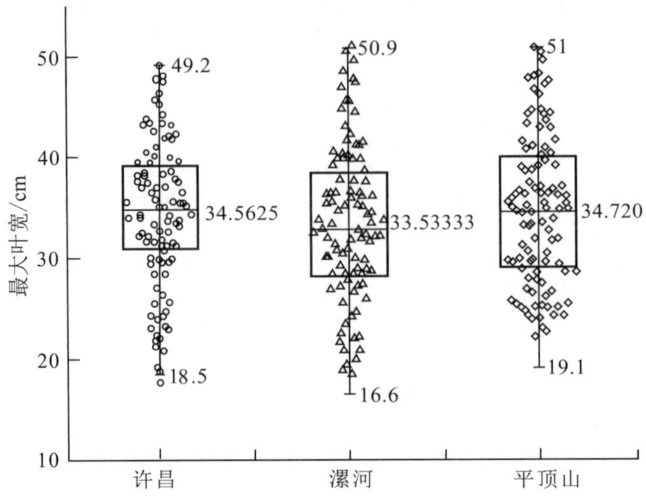

图 3-8　三个地区 2018—2020 年最大叶宽分布

对 2018—2020 年三个地区最大叶宽度数据计算，均值及变异系数见表 3-4。豫中产区最大叶宽度整体均值为 34.27 cm（标准差 7.37），总体变异系数为 21.52%。就变异程度而言，最大叶片宽度 CV 大于 15%，小于 35%，按照上述根据变异系数判定变异程度的方法，豫中烟区最大叶宽指标属于中等强度变异，需要进一步改进提升。

表 3-4　2018—2020 年三个地区最大叶宽均值、标准差及变异系数比较

地区	2018 年			2019 年			2020 年		
	最大叶宽均值/cm	SD	CV/%	最大叶宽均值/cm	SD	CV/%	最大叶宽均值/cm	SD	CV/%
许昌	34.29	6.73	19.63	34.42	7.46	21.67	34.98	6.75	19.30
漯河	33.15	7.38	22.25	33.86	7.73	22.83	33.59	8.49	25.28
平顶山	34.17	6.55	19.18	35.64	7.57	21.23	34.36	7.95	23.13
平均值	33.87	6.89	20.35	34.64	7.59	21.91	34.34	7.73	22.57
豫中产区均值	最大叶宽/cm		34.27	标准差		7.37	变异系数/%		21.52

（四）顶叶长宽

1.顶叶长度

图 3-9 可以看出，2018—2020 年许昌、漯河、平顶山三个地区烟株的顶叶长度同一地区年际间无显著差异，且地区间差异也不明显。豫中烟区 2018—2020 年顶叶长度整体均值为 57.3 cm。

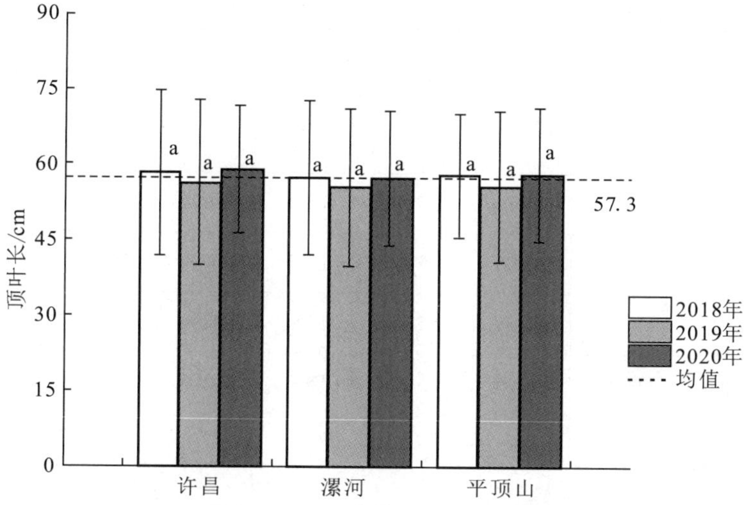

图 3-9　三个地区 2018—2020 年顶叶长度均值比较

从图 3-10 中可以看出，2018—2020 年许昌地区烟株顶叶长度分布范围为 25.6～86.2 cm，均值为 57.9 cm；漯河地区分布范围为 21.5～87.3 cm，均值为 56.76 cm；平顶山地区分布范围为 21～83.6 cm，均值为 57.23 cm。许昌地区顶叶长度较均值上下浮动 10%以内的占比 26.67%；漯河地区顶叶长度较均值上下浮动 10%以内的占比 25%；平顶山地区顶叶长度较均值上下浮动 10%以内的占比 29.17%。

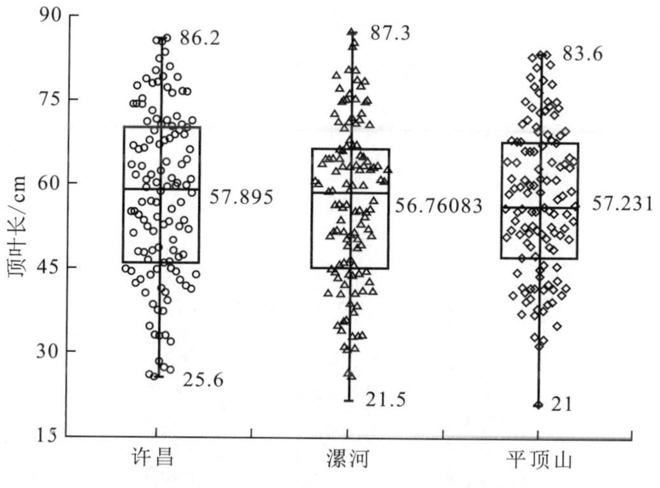

图 3-10　三个地区 2018—2020 年顶叶长度分布

对 2018—2020 年三个地区数据计算，均值及变异系数见表 3-5。豫中产区顶叶长度整体均值为 57.29 cm，标准差 14.39，总体变异系数值为 25.12%。就变异程度而言，CV 大于 15%小于 35%，按照上述根据变异系数判定变异程度的方法，豫中烟区顶叶长度指标属于中等强度变异，需要进一步提高。

表 3-5　2018—2020 年三个地区顶叶长均值、标准差及变异系数比较

地区	2018 年			2019 年			2020 年		
	顶叶长均值/cm	SD	CV/%	顶叶长均值/cm	SD	CV/%	顶叶长均值/cm	SD	CV/%
许昌	58.48	16.35	27.97	56.36	16.41	29.11	58.85	12.61	21.43
漯河	57.45	15.31	26.65	55.55	15.51	27.93	57.29	13.27	23.17
平顶山	57.94	12.08	20.84	55.73	14.99	26.91	58.02	13.32	22.96
平均值	57.95	14.58	25.15	55.88	15.64	27.98	58.05	13.07	22.52
豫中产区均值	顶叶长/cm		57.29	标准差		14.39	变异系数/%		25.12

2.顶叶宽度

从图 3-11 可以看出，2018—2020 年许昌、漯河、平顶山三个地区烟株的顶叶宽度同一地区年际间无显著差异，且地区间差异也不明显。豫中烟区 2018—2020 年烟株顶叶宽度整体均值为 32.68 cm。从图 3-12 中可以看出，2018—2020 年许昌地区顶叶宽度分布范围为 15.8～57.8 cm，均值为 34.55 cm；漯河地区分布范围为 15～58.5 cm，均值为 31.72 cm；平顶山地区分布范围为 15.3～55.8 cm，均值为 34.29 cm。许昌地区顶叶宽度较均值上下浮动 10%以内的占比 24.17%；漯河地区顶叶宽度较均值上下浮动 10%以内的占比 23.33%；平顶山地区顶叶宽度较均值上下浮动 10%以内的占比 23.33%。

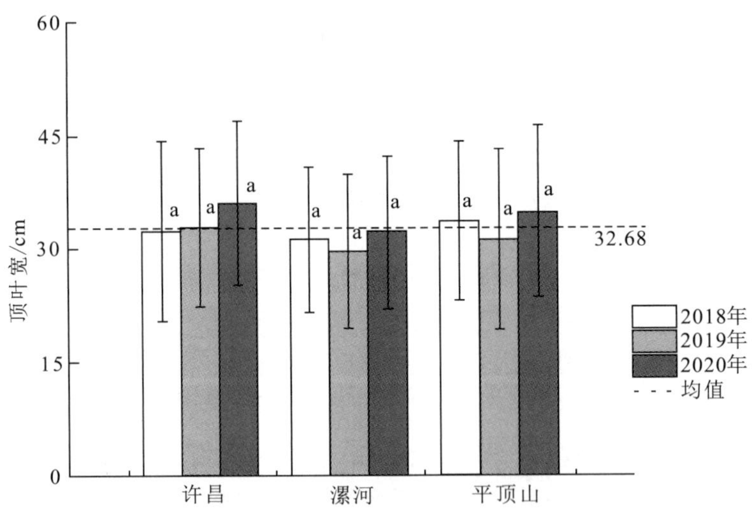

图 3-11　三个地区 2018—2020 年烟株顶叶宽度均值比较

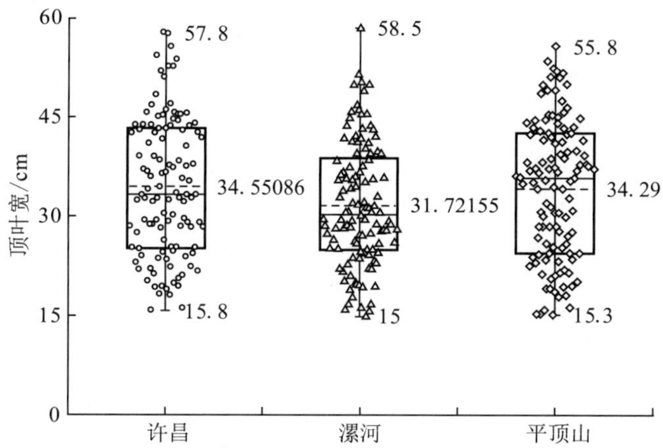

图 3-12 三个地区 2018—2020 年顶叶叶宽分布

对 2018—2020 年三个地区的数据计算,均值及变异系数见表 3-6。豫中产区顶叶长度整体均值为 32.68 cm,标准差为 10.83,总体变异系数为 33.14%。就变异程度而言,顶叶宽度变异系数接近 35%,按照上述根据变异系数判定变异程度的方法,豫中烟区顶叶宽度指标属于中等偏强程度变异,均匀性需要提高。

表 3-6 2018—2020 年三个地区顶叶宽度均值、标准差及变异系数比较

地区	2018 年			2019 年			2020 年		
	顶叶宽均值/cm	SD	CV/%	顶叶宽均值/cm	SD	CV/%	顶叶宽均值/cm	SD	CV/%
许昌	32.34	11.93	36.89	32.85	10.44	31.79	36.01	10.87	30.18
漯河	31.24	9.63	30.84	29.68	10.19	34.35	32.12	10.02	31.21
平顶山	33.71	10.49	31.14	31.25	11.89	38.06	34.96	11.41	32.63
平均值	32.43	10.69	32.96	31.26	10.84	34.73	34.36	10.77	31.34
豫中产区均值	顶叶宽/cm		32.68	标准差		10.83	变异系数/%		33.14

(五)豫中烟区总体评价

2018—2020 年许昌、平顶山、漯河三地区烟株农艺性状的统计结果见表 3-7 说明,豫中产区烤烟农艺性状各指标间均匀性存在较大差别,均匀性最好的指标为留叶数,变异系数(CV)为 10.03%,其次分别为最大叶长(CV 为 16.66%)、株高(CV 为 17.55%)、最大叶宽度(CV 为 21.52%)、顶叶长度(CV 为 25.12%)和顶叶宽度(CV 为 33.14%)。豫中产区农艺性状整体均匀性指标 K 值(K=所有样本标准差之和/所有样本平均值之和,数值越大均匀性越差,下同)为 19.27%。

表 3-7　2018—2020 年豫中地区烟株农艺性状均匀性分析

指标	平均值(M)/cm	标准差(SD)	变异系数(CV)/%	示范烟田(CV)/%
株高	115.94	20.34	17.55	10.93
茎围	10.92	1.04	9.54	11.70
叶片数/片	19.31	1.94	10.03	9.63
最大叶长	71.43	10.07	16.66	11.58
最大叶宽	34.27	7.27	21.52	15.85
顶叶长	57.29	14.39	25.12	13.77
顶叶宽	32.68	10.83	33.14	15.76
整体均匀性 *K*/%	19.27			

与产区内示范田的调查结果相比，豫中烟区烤烟的大田生长均匀性还具有较大的提升空间，特别是顶叶长度与宽度。示范田的结果表明，通过配套栽培措施的改进，可以显著提高当前生产中烤烟大田烟株生长的均匀性。

二、豫西南烟区

豫西南烟区主要分布在南阳全市及驻马店市西部，四季分明，气候温和，光照充足，热量丰富，降雨量充沛，土壤以黄棕壤为主，pH 值 5.8~7.9，有机质含量平均为 1.27%，碱解氮平均为 76.5 mg/kg，速效磷平均为 13.2 mg/kg，速效钾平均为 160.8 mg/kg。种植品种为云烟 87 占比 97%以上。2018—2020 年在烤烟圆顶期，分别随机选择代表性烟田，按照烟草行业标准(YC/T 142—2010)调查测定主要农艺性状，完成了豫西南烟区烟田均匀性分析评价。

(一)烟株株高

豫西南烟区云烟 87 品种 2018—2020 年株高年际间无显著差异(见图 3-13)。三年株高整体均值为 115.09 cm。从年度间株高均值大小来看，2020 年最高，2018 年次之，2019 年最低。

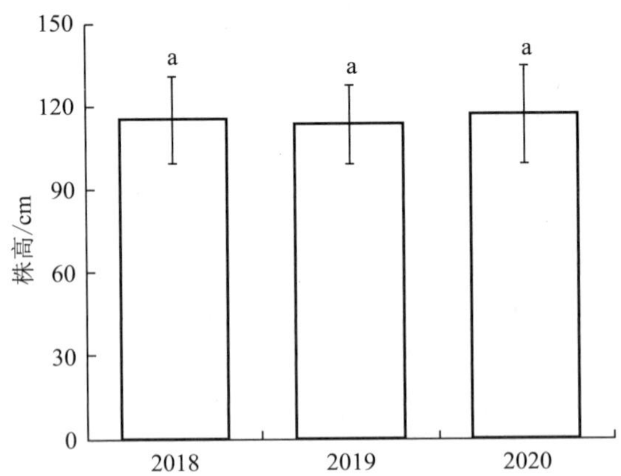

图 3-13　2018—2020 年豫西南烟区株高均值比较

株高数据分布见图 3-14，2018 年云烟 87 品种株高分布范围为 76.23～150.00 cm，均值为 115.13 cm；2019 年分布范围为 81.00～139.60 cm，均值为 113.53 cm；2020 年分布范围为 81.00～155.42 cm，均值为 116.61 cm。2018 年云烟 87 株高较均值上下浮动 10%以内的占比 54.67%；2019 年株高较均值上下浮动 10%以内的占比 50.0%；2020 年株高较均值上下浮动 10%以内的占比 48.0%。

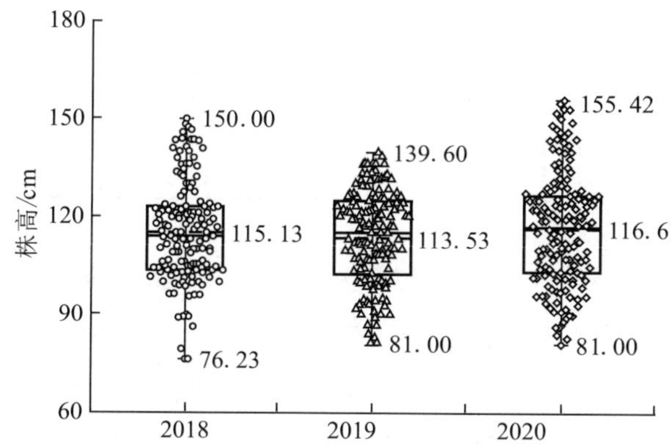

图 3-14 2018—2020 年豫西南烟区株高分布

2018—2020 年株高变异情况见表 3-8。三年间株高均值大小关系为 2020 年(116.61 cm)>2018 年(115.13 cm)>2019 年(113.53 cm)。从各年度均值与三年整体均值(115.09 cm)差距来看，2019 年最大，2020 年次之，2018 年最小。

表 3-8 2018—2020 年豫西南产烟区株高均值、标准差及变异系数

年度	株高均值/cm	标准差(SD)	变异系数(CV)/%
2018	115.13	15.63	13.58
2019	113.53	14.29	12.58
2020	116.61	17.69	15.17
豫西南产区	115.09	15.94	13.85

云烟 87 品种三年间株高平均值及其变异系数的大小有一定的变化，但均未达到显著水平，因此认为豫西南烟区云烟 87 株高总体均匀性较好。就变异系数而言，三年株高变异系数分布在 12.58%～15.17%，株高总体变异系数 CV 为 13.85%，按照上述根据变异系数判定变异程度的方法，变异系数小于 15%，豫西南烟区云烟 87 株高属于弱等程度变异。

(二)打顶留叶数

2018—2020 年豫西南烟区云烟 87 品种打顶留叶数年际间无显著差异(见图 3-15)。三年留叶数整体均值为 20.72 片。从年度均值大小来看，2018 年最高，2019 年次之，2020 年最低。

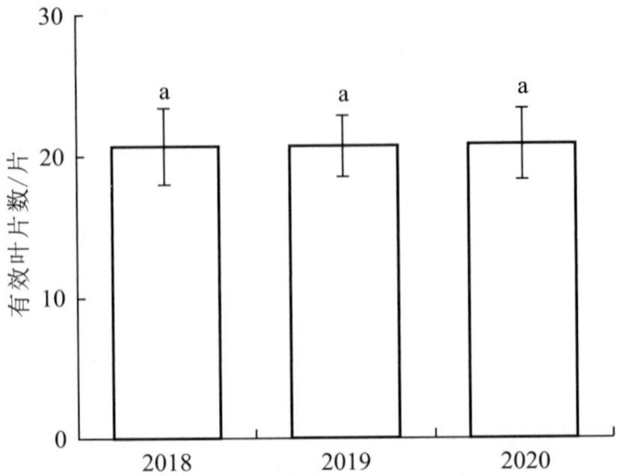

图 3-15　2018—2020 年豫西南烟区留叶数均值比较

留叶数分布情况见图 3-16，2018 年留叶数分布范围 12.60～25.30 片，均值为 20.68 片；2019 年留叶数分布范围为 12.5～25.8 片，均值为 20.69 片；2020 年分布范围为 15.20～25.20 片，均值为 20.82 片。2018 年留叶数较均值上下浮动 10%以内的占比 52.67%；2019 年留叶数较均值上下浮动 10%以内的占比 70.67%；2020 年留叶数较均值上下浮动 10%以内的占比 35.33%。

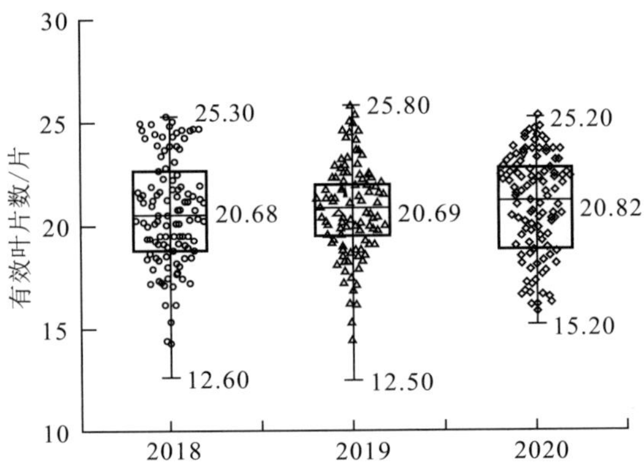

图 3-16　2018—2020 年豫西南产区留叶数分布

表 3-9 是 2018—2020 年豫西南烟区云烟 87 品种留叶数变异情况。留叶数年度间变异系数大小关系为 2018 年（12.84%）>2020 年（11.83%）>2019 年（10.49%）；从各年度变异系数与三年总体变异系数 11.74%对比来看，2020 年差异最小，2018 年次之，2019 年差异最大。

表 3-9　2018—2020 年豫西南烟区留叶数均值、标准差及变异系数

年度	留叶数均值/cm	标准差（SD）	变异系数（CV）/%
2018	20.68	2.66	12.84
2019	20.66	2.17	10.49
2020	20.82	2.46	11.83
豫西南烟区	20.72	2.43	11.74

三年留叶数整体均值为20.72片,标准差为2.43,三年间云烟87品种留叶数平均值无显著差异,留叶数的均匀性较好。就变异系数而言,三年留叶数变异系数分布在10.49%~12.84%,总体变异系数为11.74%,按照上述根据变异系数判定变异程度的方法,豫西南烟区云烟87留叶数属于弱等程度变异。

(三)最大叶长宽

1.最大叶长度

豫西南烟区2018—2020年云烟87品种最大叶长度年际间无显著差异(见图3-17)。三年最大叶长度整体均值为69.48 cm。从年度均值大小来看,2020年最高,2018年次之,2019年最低。

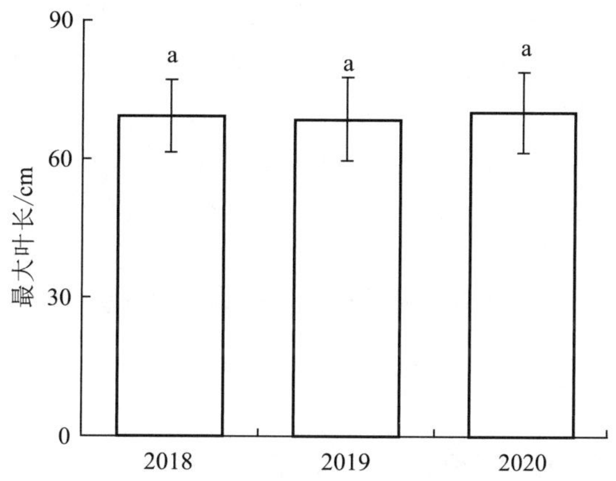

图3-17 2018—2020年豫西南烟区最大叶长度均值比较

最大叶长度分布情况见图3-18。2018年最大叶长度分布范围为49.10~86.90 cm,均值为69.31 cm;2019年分布范围为47.20~88.90 cm,均值为68.70 cm;2020年分布范围为49.00~89.60 cm,均值为70.44 cm。2018年最大叶长度较均值上下浮动10%以内的占比62.67%;2019年最大叶长度较均值上下浮动10%以内的占比52.67%;2020年最大叶长度较均值上下浮动10%以内的占比53.33%。

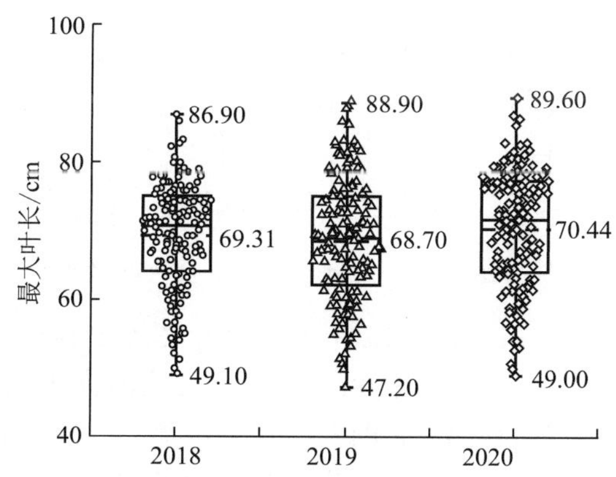

图3-18 2018—2020年豫西南烟区最大叶长度分布

2018—2020 年最大叶长度变异情况见表 3-10。从各年度均值与三年整体均值(69.48 cm)差距来看,2020 年最大,2019 年次之,2018 年最小。

表 3-10 2018—2020 年豫西南产区最大叶长度均值、标准差及变异系数

年度	最大叶长均值/cm	标准差(SD)	变异系数(CV)/%
2018	69.31	7.80	11.26
2019	68.70	8.85	12.89
2020	70.44	8.67	12.31
豫西南烟区	69.48	8.47	12.18

最大叶长度年度间变异系数大小关系为 2019(12.89%)>2020(12.31 %)>2018(11.26%);从各年度变异系数与三年总体变异系数 12.18%对比来看,2018 年差异最大,2019 年次之,2020 年差异最小。

豫西南烟区三年云烟 87 品种最大叶长度整体均值为 69.48 cm,标准差为 8.47,三年内云烟 87 品种的最大叶长度平均值无显著差异,说明豫西南烟区最大叶长度的均匀性较好。就变异系数而言,三年最大叶片长度变异系数分布在 11.26%~12.89%,总体变异系数为 12.18%,按照上述根据变异系数判定变异程度的方法,豫西南烟区云烟 87 品种最大叶长度属于弱等程度变异。

2.最大叶宽度

2018—2020 年豫西南烟区云烟 87 品种最大叶宽度年际间无显著差异(见图 3-19)。三年最大叶宽度整体均值为 30.31 cm。从年度均值大小来看, 2018 年最高,2020 年次之,2019 年最低。

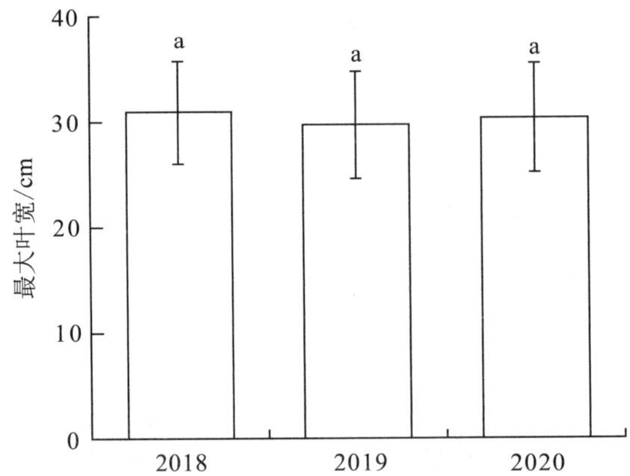

图 3-19 2018—2020 年豫西南烟区最大叶宽均值比较

最大叶宽度分布情况见图 3-20。2018 年最大叶宽度分布范围为 17.80~43.60 cm,均值为 30.89 cm;2019 年分布范围为 18.60~42.10 cm,均值为 29.69 cm;2020 年分布范围为 19.60~42.70 cm,均值为 30.36 cm。2018 年最大叶宽度较均值上下浮动 10%以内的占比 44%;2019 年最大叶宽度较均值上下浮动 10%以内的占比 40%;2020 年最大叶宽度较均值上下浮动 10%以内的占比 46%。

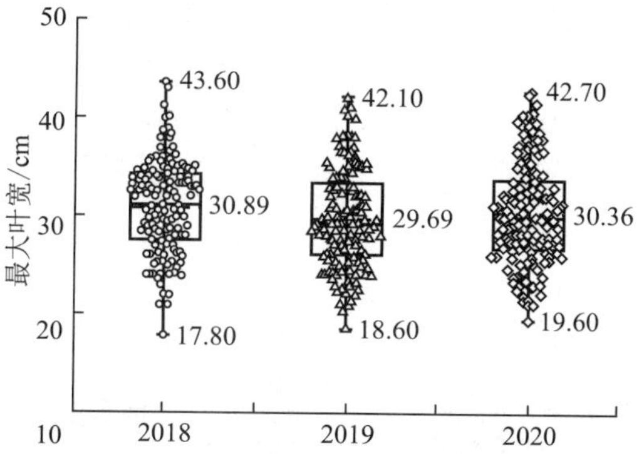

图 3-20　2018—2020 年豫西南烟区最大叶宽分布

2018—2020 年豫西南烟区最大叶宽变异情况见表 3-11。三年间最大叶宽均值大小关系为 2018 年(30.89 cm)>2020 年(30.36 cm)>2019 年(29.69 cm)。从各年度均值与三年总平均值(30.31 cm)差距来看，2019 年最大,2018 年次之,2020 年最小。

表 3-11　2018—2020 年豫西南产区最大叶宽均值、标准差及变异系数

年度	最大叶宽均值/cm	标准差(SD)	变异系数(CV)/%
2018	30.89	4.87	15.77
2019	29.69	5.04	16.96
2020	30.36	5.15	16.97
豫西南产区	30.31	5.03	16.60

豫西南烟区三年最大叶宽的总均值为 30.31 cm,标准差为 5.03,整体变异系数为 16.60%;就变异系数而言,三年最大叶片宽度变异系数分布在 15.77%~16.97%,总体变异系数为 16.6%,按照上述根据变异系数判定变异程度的方法,豫西南烟区云烟 87 品种最大叶片宽度属于中等程度变异,均匀性需要进一步提高。

(四)顶叶长宽

1.顶叶长度

2018—2020 年豫西南烟区云烟 87 顶叶长度年际间无显著差异(见图 3-21)。三年顶叶长总均值为 55.61 cm。从年度均值大小来看,2019 年最低,2018 年次之,2020 年最高。

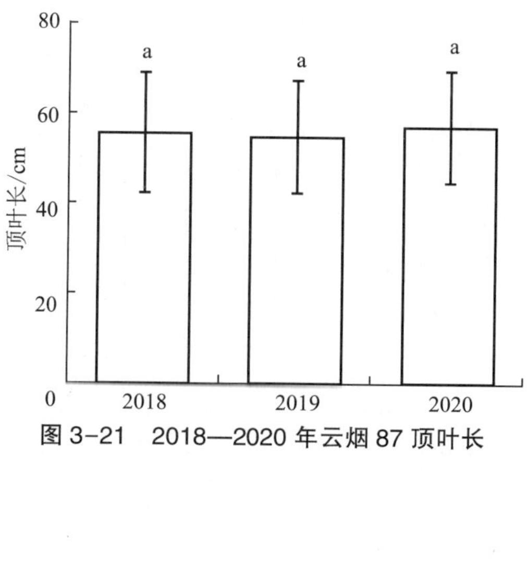

图 3-21　2018—2020 年云烟 87 顶叶长

云烟 87 顶叶长分布情况见图 3-22，2018 年顶叶长分布范围为 24.60~82.00 cm，均值为 55.34 cm；2019 年分布范围为 21.30~79.80 cm，均值为 54.63 cm；2020 年分布范围为 27.25~82.20 cm，均值为 56.88 cm。2018 年顶叶长上下浮动 10%的占比 32.00%；2019 年顶叶长度较均值上下浮动 10%的占比 30.67%；2020 年顶叶长度较均值上下浮动 10%的占比 32.00%。

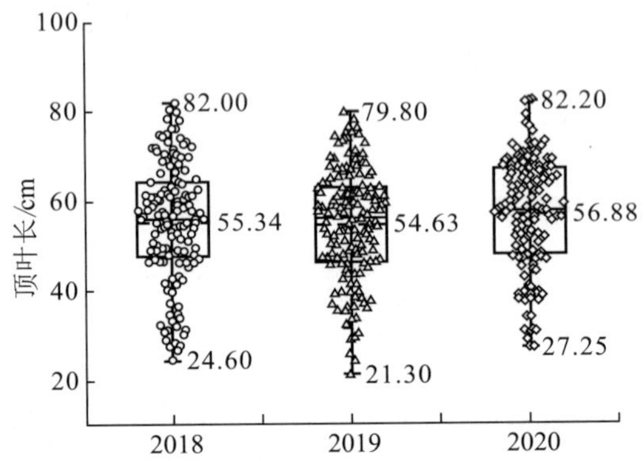

图 3-22　2018—2020 年云烟 87 顶叶长分布

表 3-12 是 2018—2020 年豫西南烟区云烟 87 品种顶叶长变异情况。三年顶叶长的总均值为 55.61 cm，标准差为 12.85，就变异系数而言，三年顶叶长度变异系数分布在 21.89%~24.28%，总体变异系数为 23.11%，按照上述根据变异系数判定变异程度的方法，豫西南烟区云烟 87 品种顶叶长度属于中等程度变异，均匀性有待提高。

表 3-12　2018—2020 年豫西南产区顶叶长均值、标准差及变异系数

年度	顶叶长均值/cm	标准差(SD)	变异系数(CV)/%
2018	55.34	13.43	24.28
2019	54.63	12.64	23.13
2020	56.88	12.45	21.89
豫西南产区	55.61	12.85	23.11

2.顶叶宽度

2018—2020 年豫西南烟区云烟 87 顶叶宽年际间无显著差异（见图 3-23）。3 年顶叶宽总均值为 25.53 cm。从年度均值大小来看，2020 年最高，2018 年次之，2019 年最低。

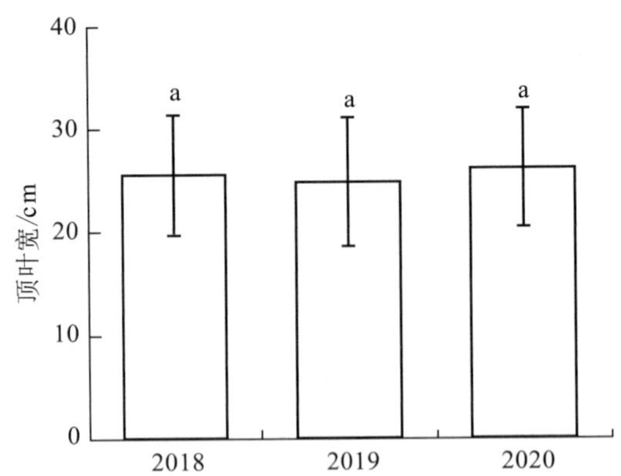

图 3-23　2018—2020 年云烟 87 顶叶宽

豫西南烟区云烟 87 顶叶宽分布情况见图 3-24，2018 年顶叶宽分布范围为 12.30~39.00 cm，均值为 25.56 cm；2019 年顶叶宽分布范围为 10.40~38.50 cm，均值为 24.85 cm；2020 年顶叶宽分布范围为 11.20~39.01 cm，均值为 26.19 cm。2018 年顶叶宽较均值上下浮动 10% 占比 43.33%；2019 年顶叶宽较均值上下浮动 10% 占比 30.67%；2020 年顶叶宽较均值上下浮动 10%的占比 35.33%。表 3-13 是 2018—2020 年豫西南烟区顶叶宽变异情况。从各年度均值与 3 年总均值（25.53 cm）差距来看，2020 年最大，2019 年次之，2018 年最小。从各年度变异系数与三年整体变异系数 23.29% 对比来看，2018 年差异最小，2020 年差异次之，2019 年差异最大。

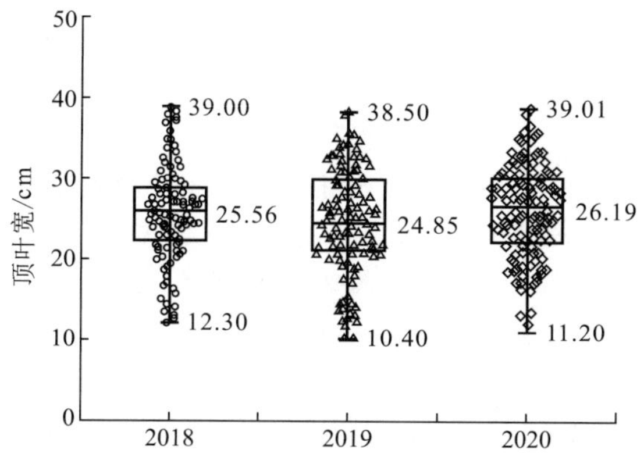

图 3-24 2018—2020 年云烟 87 顶叶宽分布

表 3-13 2018—2020 年云烟 87 顶叶宽均值、标准差及变异系数

年度	顶叶宽均值/cm	标准差（SD）	变异系数（CV）/%
2018	25.56	5.83	22.81
2019	24.85	6.25	25.14
2020	26.19	5.71	21.81
豫西南产区	25.53	5.95	23.29

三年顶叶宽总均值为 25.53 cm，标准差为 5.95，整体变异系数为 23.29%。就变异系数而言，三年顶叶宽度变异系数分布在 21.81%~25.14%，总体变异系数为 23.29%，按照上述根据变异系数判定变异程度的方法，豫西南烟区云烟 87 品种顶叶宽度属于中等程度变异，均匀性还需要进一步提高。

（五）豫西南烟区总体评价

2018—2020 年豫西南烟区云烟 87 品种烟株农艺性状总体统计分析结果见表 3-14，农艺性状各指标间均匀性存在较大差别，均匀性最好的指标为留叶数，变异系数为 11.74%，然后依次为最大叶长 12.18%、株高 13.85%、最大叶宽 16.60%、顶叶长 23.11%和顶叶宽 23.29%，顶叶宽度的均匀性最差。留叶数、最大叶长、株高指标为弱等程度变异，最大叶宽、顶叶长和顶叶宽为中等程度变异，其中顶叶长度与宽度均匀性相对较差。

表 3-14　2018—2020 年豫西南烟区烟株农艺性状均匀性比较

指标	平均值/cm	标准差(SD)	变异系数(CV)/%
株高	115.09	15.94	13.85
最大叶长	69.48	8.47	12.18
最大叶宽	30.31	5.03	16.60
顶叶长	55.61	12.85	23.11
顶叶宽	25.53	5.95	23.29
留叶数	20.72	2.43	11.74

三、豫西烟区

豫西烟区包含洛阳市、三门峡市及济源市烟叶产区，地貌复杂多样，有山地、丘陵、河谷、平原等，烟田以山地、丘陵和黄土塬为主；土壤类型主要为褐土和红黏土等，土层深厚，土壤保水保肥性能较好，pH 值为 7.2 左右，碱解氮含量平均为 65.7 mg/kg，速效磷含量平均为 12.6 mg/kg，速效钾含量平均为 189.4 mg/kg；光照充足，降水适中，无霜期较长，昼夜温差较大。常年种植烟叶 35 万亩左右，主栽品种为云烟 87 品种，烟叶颜色鲜亮，结构疏松，化学成分协调。以下以三门峡市 2018—2020 年在烤烟圆顶期随机选择多点调查测定的株高、有效叶片数、最大叶长宽、顶叶长宽等农艺指标为代表，分析评价豫西烟区烟株均匀性状况。

(一)烟株株高

对 2018—2020 年豫西烟区种植的云烟 87 品种株高调查结果，按照年度分别计算其均值及变异系数见表 3-15。2018 年株高相较于其他两个年度，变异性稍大，而 2019 年变异系数与豫西烟区三年总体变异系数最为接近。

根据三年数据计算豫西产区株高的总均值为 113.02 cm，标准差为 14.89；就变异系数而言，三年株高变异系数分布在 12.14%~13.61%之间，总体变异系数为 13.18%，按照上述根据变异系数判定变异程度的方法，豫西烟区云烟 87 品种株高属于弱等程度变异。因此认为豫西烟区年度间烤烟株高的均匀性表现较好。

表 3-15　2018—2020 年豫西烟区株高统计分析

年度	最小值/cm	最大值/cm	平均值/cm	标准差(SD)	变异系数(CV)/%
2018	85.40	132.50	112.72	15.34	13.61
2019	85.80	135.40	114.17	14.78	12.95
2020	82.90	134.30	112.16	14.74	12.14
豫西烟区	84.7	135.40	113.02	14.89	13.18

(二)打顶留叶数

2018—2020 年豫西烟区种植的云烟 87 品种打顶留叶数，按照年度分别计算其均值及变异系数见表 3-16。豫西产区云烟 87 品种留叶数总均值为 17.9 片，标准差为 2.79；

就变异系数而言，三年留叶数变异系数分布在 15.2%~16.0%之间，总体变异系数为 15.5%，按照上述根据变异系数判定变异程度的方法，豫西烟区云烟 87 品种留叶数属于中等程度变异。

表 3-16 2018—2020 年豫西烟区留叶数统计分析

年度	最小值/片	最大值/片	平均值/片	标准差(SD)	变异系数(CV)/%
2018	15.2	23..2	18.1	2.89	16.0
2019	14.3	21.6	17.7	2.69	15.2
2020	13.9	21.8	17.8	2.72	15.3
豫西烟区	14.5	22.2	17.9	2.79	15.5

(三)最大叶长宽

1.最大叶长度

2018—2020 年豫西烟区种植的云烟 87 品种最大叶长，按照年度分别计算其均值及变异系数见表 3-17。根据三年数据计算最大叶长的总均值为 64.6 cm，标准差为 7.98；就变异系数而言，三年最大叶长变异系数分布在 11.6%~12.5%之间，总体变异系数为 12.2%，按照上述根据变异系数判定变异程度的方法，豫西烟区云烟 87 品种最大叶长变异属于弱等程度变异，总体上表现相对较好。

表 3-17 2018—2020 年豫西烟区圆顶期最大叶长统计分析

年度	最小值/cm	最大值/cm	平均值/cm	标准差(SD)	变异系数(CV)/%
2018	55.8	80.3	65.3	7.77	11.9
2019	53.1	79.6	64.4	8.05	12.5
2020	55.6	76.9	64.0	7.43	11.6
豫西烟区	53.1	80.3	64.6	7.98	12.2

2.最大叶宽度

豫西烟区 2018—2020 年云烟 87 圆顶期最大叶宽，按照年度分别计算其均值及变异系数见表 3-18。根据三年数据计算所得豫西产区最大叶宽的总均值为 30.3 cm，标准差为 4.47；就变异系数而言，三年最大叶宽变异系数分布在 13.8%~15.6%之间，总体变异系数为 14.8%，小于 15%，按照上述根据变异系数判定变异程度的方法，豫西烟区云烟 87 最大叶宽变异属于弱等程度变异，但基本接近到中等程度变异。

表 3-18 2018—2020 年豫西烟区圆顶期最大叶宽统计分析

年度	最小值/cm	最大值/cm	平均值/cm	标准差(SD)	变异系数(CV)/%
2018	27.6	34.8	30.7	4.23	13.8
2019	24.9	40.9	30.3	4.72	15.6
2020	26.2	42.1	29.7	4.48	15.1
豫西烟区	24.9	42.1	30.3	4.47	14.8

（四）顶叶长宽

1.顶叶长度

按照三年顶叶叶长调查结果，分别计算年度均值及变异系数见表3-19。三年顶叶叶长的均值为58.1 cm，标准差为10.98。就变异系数而言，三年顶叶长度变异系数分布在18.1%～19.5%之间，总体变异系数为18.9%，大于15%，按照上述根据变异系数判定变异程度的方法，豫西烟区云烟87品种顶叶长度变异属于中等程度变异。

表3-19　2018—2020年豫西烟区顶叶长统计分析

年度	最小值/cm	最大值/cm	平均值/cm	标准差(SD)	变异系数(CV)/%
2018	47.1	64.3	59.6	10.78	18.1
2019	47.2	63.2	57.4	11.19	19.5
2020	46.5	62.8	57.1	10.96	19.2
豫西烟区	46.5	64.3	58.1	10.98	18.9

2.顶叶宽度

对2018—2020年顶叶宽结果按照年度分别计算其均值及变异系数，见表3-20。三年顶叶叶宽的均值为25.9 cm，标准差为5.1；三年顶叶宽度变异系数分布在17.6%～21.4%之间，总体变异系数为19.7%，大于15%，按照上述根据变异系数判定变异程度的方法，豫西烟区云烟87品种顶叶宽度变异属于中等程度变异。

表3-20　2018—2020年豫西烟区顶叶宽统计分析

年度	最小值/cm	最大值/cm	平均值/cm	标准差(SD)	变异系数(CV)/%
2018	20.7	28.8	26.3	4.63	17.6
2019	21.2	28.6	26.0	5.56	21.4
2020	20.7	27.9	25.6	5.15	20.1
豫西烟区	20.7	28.8	25.9	5.10	19.7

（五）豫西烟区总体评价

根据2018—2020年豫西烟区烟株农艺性状指标的统计结果（见表3-21）对比说明，烤烟农艺性状指标中，最大叶长（CV为12.2%）与株高（CV为13.2%）均匀性较好，其次为最大叶宽（CV为14.8%），此三项指标变异性均为弱等程度；打顶留叶数（CV为15.5%），顶叶长（CV为18.9%）、顶叶宽（CV为19.7%）均匀性较差，此三项指标变异性均为中等程度。综合分析认为，豫西烟区烤烟大田生长整体均匀性仍需在最大叶长宽与株高方面继续保持，而对于顶叶长宽与打顶留叶数三项农艺指标方面，还需要进一步减少差异提高其均匀性。

表 3-21 2018—2020 年豫西烟区烟株农艺性状均匀性比较

指标	平均值/(cm 或片)	标准差/(SD)	变异系数(CV)/%	95%置信区间下限/(cm 或片)	95%置信区间上限/(cm 或片)
株高	113.0	14.89	13.2	108.1	119.9
最大叶长	64.6	7.98	12.2	62.3	72.2
最大叶宽	30.3	4.47	14.8	28.7	35.8
顶叶叶长	58.1	10.98	18.9	54.8	62.3
顶叶叶宽	25.9	5.10	19.7	22.5	26.4
留叶数	17.9	2.79	15.5	16.4	20.1

第二节 烤烟质量均匀性

参考相关科研成果、烟草行业标准及工业企业均质化生产标准，选用平均值(M)、标准差(SD)、变异系数(CV)及整体均匀性(K 值)等作为指标，对上海烟草集团调拨的河南省许昌、平顶山、漯河、驻马店及南阳等五个地市产区(以下简称“五产区”)2016—2020 年(以下简称“五年”)烤烟质量评价相关数据进行统计分析，并采用 GIS 技术制作分布图，展示烤烟质量指标变异性。

一、外观质量均匀性

(一)叶片颜色

五产区烤烟颜色分值平均值 M 在 8.41~8.61 分之间，在产区间差异较小。五产区烤烟颜色分值 SD 在 0.16~0.36 分之间，CV 在 1.94%~4.20%之间(见附图 1)，说明五产区烤烟叶片颜色在年度间的表现均稳定。

(二)成熟度

五产区烤烟成熟度分值平均值 M 在 8.29~8.46 分之间，在产区间差异较小。五产区烤烟成熟度分值 SD 在 0.21~0.30 分之间，CV 在 2.52%~3.63%之间(见附图 2)，说明五产区烤烟成熟度在年度间的表现均稳定。

(三)叶片结构

五产区烤烟叶片结构分值平均值 M 在 8.34~8.62 分之间，在产区间差异较小。五产区烤烟叶片结构分值 SD 在 0.14~0.31 分之间，CV 在 1.67%~3.72%之间(见附图 3)，说明五产区烤烟叶片结构在年度间的表现均稳定。

(四)叶片身份

五产区烤烟身份分值平均值 M 在 8.50~8.81 分之间，在产区间差异较小。五产区烤烟身份分值 SD 在 0.21~0.53 分之间，CV 在 2.39%~6.15%之间(见附图 4)，说明五产区烤烟身份在年度间的表现均稳定。

(五)叶片油分

五产区烤烟油分分值平均值 M 在 6.27~6.66 分之间,在产区间差异较小。五产区烤烟油分分值 SD 在 0.23~0.31 分之间,CV 在 3.50%~4.86%之间(见附图 5),说明五产区烤烟油分在年度间的表现均稳定。

(六)叶片色度

五产区烤烟色度分值平均值 M 在 6.41~6.71 分之间,在产区间差异较小。五产区烤烟色度分值 SD 在 0.11~0.29 分之间,CV 在 1.65%~4.54%之间(见附图 6),说明五产区烤烟色度在年度间的表现均稳定。

(七)外观质量整体均匀性

五产区烤烟外观质量的整体均匀度 K 在 3.73%~6.70%之间(见附图 7),说明烤烟外观质量的整体均匀性尚好,其中南阳烤烟外观质量的整体均匀性最高。

二、物理特性均匀性

(一)叶片长度

五产区烤烟长度平均值 M 在 60.76~66.50 cm 之间,在产区间差异稍大。五产区烤烟长度 SD 在 1.63~4.94 cm 之间,CV 在 2.56%~8.13%之间(见附图 8),说明五产区烤烟长度在年度间总体稳定。

(二)叶片宽度

五产区烤烟宽度平均值 M 在 25.38~29.81 cm 之间,在产区间差异稍大。五产区烤烟宽度 SD 在 1.16~3.23 cm 之间,CV 在 4.13%~10.85%之间(见附图 9),说明平顶山、南阳、许昌烤烟宽度在年度间总体稳定,漯河、驻马店烤烟宽度在年度间的稳定性略低。

(三)单叶干重

五产区烤烟单叶重平均值 M 在 13.00~16.57 g 之间,在产区间差异较大。五产区烤烟单叶重 SD 在 2.23~4.50 g 之间,CV 在 13.43%~27.70%之间(见附图 10),说明五产区烤烟单叶重在年度间的稳定性均偏低,并且稳定性在产区间差异较大。

(四)含梗率

五产区烤烟含梗率平均值 M 在 28.16%~30.85%之间,在产区间差异稍大。五产区烤烟含梗率 SD 在 1.59%~4.28%之间,CV 在 5.16%~14.70%之间(见附图 11),说明漯河、驻马店、南阳烤烟含梗率在年度间均相对稳定,许昌、平顶山烤烟含梗率在年度间的稳定性偏低,并且稳定性在产区间差异较大。

(五)叶面密度

五产区烤烟叶面密度平均值 M 在 64.55%~88.64%之间,在产区间差异较大。五产区烤烟叶面密度 SD 在 7.86~16.39 g/m^2 之间,CV 在 12.18%~20.15%之间(见附图 12),说明五产区烤烟叶面密度在年度间的稳定性总体偏低,并且稳定性在产区间差异较大。

(六)物理特性整体均匀性

五产区烤烟物理特性的整体均匀性 K 在 8.44%~13.51%之间(见附图 13),说明烤烟物理特性的整体均匀性偏低,其中漯河、驻马店烤烟物理特性的整体均匀性相对略高。

三、化学成分均匀性

（一）烟碱含量

五产区烤烟烟碱含量平均值 M 在 2.37%～2.83%之间，在产区间差异较大。五产区烤烟烟碱含量 SD 在 0.17%～0.27%之间，CV 在 6.33%～10.89%之间（见附图 14），说明南阳烤烟烟碱含量在年度间的稳定性略低，其余四产区烤烟烟碱含量在年度间总体稳定。

（二）总糖含量

五产区烤烟总糖含量平均值 M 在 21.17%～24.61%之间，在产区间差异稍大。五产区烤烟总糖含量 SD 在 1.07%～2.07%之间，CV 在 4.34%～9.77%之间（见附图 15），说明五产区烤烟总糖含量在年度间总体稳定。

（三）还原糖含量

五产区烤烟还原糖含量平均值 M 在 17.66%～21.43%之间，在产区间差异较大。五产区烤烟还原糖含量 SD 在 1.16%～1.80%之间，CV 在 5.43%～10.19%之间（见附图 16），许昌、驻马店、平顶山、南阳烤烟还原糖含量在年度间总体稳定。

（四）总氮含量

五产区烤烟总氮含量平均值 M 在 2.02%～2.23%之间，在产区间差异较小。五产区烤烟总氮含量 SD 在 0.08%～0.15%之间，CV 在 3.75%～6.94%之间（见附图 17），说明五产区烤烟总氮含量在年度间均稳定。

（五）钾含量

五产区烤烟钾含量平均值 M 在 1.15%～1.37%之间，在产区间差异较小。五产区烤烟钾含量 SD 在 0.17%～0.30%之间，CV 在 14.48%～22.90%之间（见附图 18），说明五产区烤烟钾含量在年度间的稳定性均偏低，并且稳定性在产区间差异较大。

（六）糖碱比

五产区烤烟糖碱比平均值 M 在 6.77～9.77 之间，在产区间差异较大。五产区烤烟糖碱比 SD 在 0.58～1.68 之间，CV 在 8.31%～23.79%之间（见附图 19），其中许昌烤烟糖碱比在年度间相对稳定，其余四产区烤烟糖碱比在年度间的稳定性总体偏低，并且稳定性在产区间差异较大。

（七）两糖比

五产区烤烟两糖比平均值 M 在 0.81～0.87 之间，在产区间差异较小。五产区烤烟两糖比 SD 在 0.02～0.03 之间，CV 在 1.94%～3.60%之间（见附图 20），说明五产区烤烟两糖比在年度间均稳定。

（八）氮碱比

五产区烤烟氮碱比平均值 M 在 0.79～0.88 之间，在产区间差异较小。五产区烤烟氮碱比 SD 在 0.01～0.11 之间，CV 在 1.71%～13.72%之间（见附图 21），说明许昌、平顶山、驻马店烤烟氮碱比在年度间总体稳定。

（九）钾氯比

五产区烤烟钾氯比平均值 M 在 1.04～2.30 之间，在产区间差异较大。五产区烤烟钾氯比 SD 在 0.24～1.07 之间，CV 在 16.63%～46.37%之间（见附图 22），说明五产区烤烟钾氯比在年度间的稳定性总体偏低，并且稳定性在产区间差异较大。

（十）化学成分整体均匀性

五产区烤烟化学成分的整体均匀性 K 在 7.66%~11.88%之间（见附图 23），说明烤烟化学成分的整体均匀性略低，其中驻马店、许昌烤烟化学成分的整体均匀性相对略高。

四、感官质量均匀性

（一）香韵

五产区烤烟香韵分值平均值 M 在 11.60~12.54 分之间，在产区间差异较小。五产区烤烟香韵分值 SD 在 1.21~2.30 分之间，CV 在 10.23%~18.61%之间（见附图 24），说明五产区烤烟香韵在年度间的稳定性总体偏低，并且稳定性在产区间差异较大。

（二）香型

五产区烤烟香型分值平均值 M 在 2.74~3.12 分之间，在产区间差异稍大。五产区烤烟香型分值 SD 在 0.23~0.50 分之间，CV 在 7.65%~17.36%之间（见附图 25），说明许昌、漯河、南阳烤烟香型在年度间相对稳定，平顶山、驻马店烤烟香型在年度间的稳定性偏低，并且稳定性在产区间差异稍大。

（三）香气特征

五产区烤烟香气特征分值平均值 M 在 20.90~21.30 分之间，在产区间差异小。五产区烤烟香气特征分值 SD 在 0.12~1.38 分之间，CV 在 0.58%~6.60%之间（见附图 26），说明五产区烤烟香气特征在年度间均稳定。

（四）浓度

五产区烤烟浓度分值平均值 M 在 5.74~6.06 分之间，在产区间差异较小。五产区烤烟浓度分值 SD 在 0.19~0.36 分之间，CV 在 3.22%~6.14%之间（见附图 27），说明五产区烤烟浓度在年度间均稳定。

（五）劲头

五产区烤烟劲头分值平均值 M 在 5.14~5.46 分之间，在产区间差异较小。五产区烤烟劲头分值 SD 在 0.19~0.41 分之间，CV 在 3.53%~7.68%之间（见附图 28），说明五产区烤烟劲头在年度间均稳定。

（六）烟气特征均匀性

五产区烤烟烟气特征分值平均值 M 在 11.24~12.12 分之间，在产区间差异较小。五产区烤烟烟气特征分值 SD 在 0.36~0.84 分之间，CV 在 3.04%~7.04%之间（见附图 29），说明五产区烤烟烟气特征在年度间均稳定。

（七）感官质量整体均匀性

烤烟感官质量的整体均匀性涵盖各感官质量指标的均匀性，五产区烤烟感官质量的整体均匀性 K 在 5.12%~7.89%之间（见附图 30），说明烤烟感官质量的整体均匀性尚好，其中漯河、许昌烤烟感官质量的整体均匀性相对略高，平顶山相对略低。

五、质量均匀性总体评价

河南烤烟质量在年度间的稳定性和产区间的一致性上有较为鲜明的特点。对于产区而言，烤烟质量各指标在年度间的稳定性表现各异，部分指标稳定性偏低；对于质量指标而言，其稳定性在产区间各异，在部分产区间的一致性较低。总体上，对于变异系数在5%以下的指标，稳定性好可继续保持其均匀性；对于变异系数在5%~10%以内的指标，应引起注意，需要进一步提高稳定性；对于变异系数在10%以上的指标，说明变异性相对较高，需要高度重视，加大力度解决。本节分析结果，总体上说明了河南许昌、平顶山、漯河、驻马店、南阳五个地市产区2016—2020年烤烟质量的稳定性与变异性，可为产区技术与管理人员提高烤烟质量水平，提高烟叶均质化程度提供参考。

第三节 均质化生产存在的问题

根据以上河南不同产区烟叶田间生长均匀性现状与烟叶质量均质化现状分析，结合河南烟叶生产情况，以下就河南烟叶生产均匀性方面存在的问题简要说明，为烟叶均质化生产提出主攻方向。

一、田间生长均匀性存在的问题

（一）整体烟田均匀性有待提高

河南三个烟叶主要烟区烟田均匀性调查结果表明，烟株高度平均值为114.7 cm，整体变异系数平均值为14.9%，株高总体上变异相对较大，基本上接近中等程度变异；打顶留叶数平均值为19.3片，整体变异系数均值为12.4%，变异程度为弱变异，留叶数均匀度整体上相对较好；最大叶长平均值为68.5 cm，整体变异系数为13.7%，变异程度为弱等变异接近中等变异，均匀度整体上一般；最大叶宽平均值为31.6 cm，整体变异系数为17.6%，属于中等变异，均匀性相对较差；顶叶长宽平均值分别为56.9 cm、28 cm，顶叶长宽变异系数均大于24%，变异程度为中等偏高变异，顶叶长宽均匀性较差。

（二）同区内烟田均匀性有待提高

豫中、豫西或豫西南同一产区内，烟株高度、留叶数、最大叶片长宽、顶叶长宽均匀性存在相当大的差异性；以豫中烟区农艺性状调查数据结果为例，株高变异系数平均为17.5%，打顶留叶数变异系数为10.0%，最大叶长宽变异系数分别为16.6%、21.5%，顶叶长宽变异系数分别为25.1%、33.1%，豫中烟区除打顶留叶均匀性相对较好外，其余4项农艺指标的变异系数均大于15%，均匀性相对较差。豫中烟区种植品种为中烟100，该品种耐肥性较高，不少烟田土壤肥力高施肥又多，烟株发育较大，中部叶片与顶叶大而宽；同时豫中烟区农业生产条件较好，烟叶前茬作物比较乱，有玉米、大豆、花生、芝麻、红薯等，土壤肥力差别较大，也是造成烟田均匀性变差的主要原因。

（三）地块间整齐度有待提高

根据三个不同烟区不同地块烟田农艺性状调查，地块与地块间烟田的整齐度差别相对较大；如豫中烟区地块间株高最大差值为72.3 cm，打顶留叶数最大差值为8.2片、最大叶片长最大差值为45.6 cm，顶叶长最大差值为34.8 cm，如豫西烟区地块间株高最大差值为56.7 cm，打顶留叶数最大差值为9.1片、最大叶长最大差值为32.6 cm，顶叶长最大差值为30.1 cm。地块间农艺性状指标极差值较大，仍有不少烟田的株高、留叶数、最大叶片长、顶叶长的分布区间不在平均值上下 10%范围内；还远未达到同块烟田超过或低于平均株高±5 cm 单株数占比≤15%，留叶数超过或少于全田平均留叶数 2 片烟株占比≤8%，最大叶片长度超过或低于全田最大叶片平均长度±10 cm 烟株占比≤20%的均匀性指标。

产区间烟田均匀性的差异主要是地形地貌、种植品种、灌溉条件、土壤肥力等因素造成的；同一烟区内的差异主要是土壤肥力、施肥多少、病虫危害、移栽时间、打顶时期等因素造成的；地块间的差异主要是基础肥力、施肥量、烟苗素质、打顶时期、施肥匀度等原因造成的；就气候生态条件基本相同的一定区域内影响烟田均匀性的共性农艺措施而言，株高均匀性程度主要取决于打顶时间集中度，未现蕾早打顶常使得烟株较低，盛花打顶烟株一般较高，从现蕾到开花是打顶适宜期；留叶数的多少主要取决于烟田打顶早晚、移栽时间、烟株营养等，提高留叶数均匀度需要根据烟株发育状态多措施协同；最大叶片均匀性取决于旺长期水热同济及营养条件均衡等，旺长期发育良好、开秸开片，水肥调控是关键；顶叶均匀性与打顶时期、留叶多少、圆顶期营养关系密切，保证顶叶适度开片是提高顶叶生长均匀性的重要措施。因此，要提高一定区域内烟田的均匀性需要合理规划布局烟田、加强基础肥力调控、提高栽培措施的科学性与统一性。

二、质量均匀性存在的问题

（一）外观质量方面

烤烟叶面组织结构、柔韧性、光泽等 3 项区域特征指标的稳定性总体偏低，并且在产区间差异较大。具体而言，区域特征指标在南阳表现相对稳定，在许昌、平顶山、漯河、驻马店等 4 个产区的稳定性较低。

（二）物理特性方面

烤烟单叶重、叶面密度、拉力等 3 项物理特性指标的稳定性总体偏低，含梗率指标在部分产区的稳定性偏低，并且上述 4 项指标的稳定性在产区间差异较大。具体而言，上述 4 项指标在许昌、平顶山的稳定性总体较低；此外，南阳烤烟叶面密度和驻马店烤烟拉力的稳定性也较低。烤烟物理特性的整体均匀性以许昌、平顶山相对较低。

（三）化学成分方面

烤烟钾含量、氯含量、糖碱比、钾氯比等 4 项化学成分指标的稳定性总体偏低，烟碱、还原糖、氮碱比等 3 项指标在个别产区的稳定性略低，即南阳烤烟烟碱、漯河烤烟还原糖及两产区烤烟氮碱比的稳定性略低；上述 7 项指标的稳定性在产区间差异较大。烤烟化学成分的整体均匀性以漯河、南阳相对较低。

（四）感官质量方面

烤烟香韵的稳定性总体偏低，香型、香气状态等 2 项指标在部分产区的稳定性偏低，上述 3 项指标的稳定性在产区间差异较大。具体而言，上述 3 项指标在平顶山、驻马店的稳定性最低；此外，许昌烤烟香韵和漯河烤烟香气状态的稳定性也较低。

针对上述烟叶质量方面均匀性问题，建议：①分析症结，分类管理。产区在充分了解烟叶所存在的均匀性问题后，可具体分析全区和下辖区问题的症结，按症结将辖区进行分类，从生产切入，分类施策。②强化基础，提升纯度。要发挥高纯度对烤烟质量稳定性的保障作用，建议产区在烟叶分级工作中坚持烟农分级与合作社分级等不同模式的协作，灵活配置人力、财力等资源，强化烟农分级的基础功能，挖掘烟农的战斗堡垒功能，为后续系列工作铺好道路。③县区联动，平衡收购。产区内县区之间收购烟叶的等级纯度不一致甚至存在较大差异是造成产区年度间烤烟质量稳定性偏低的重要原因，建议产区在现有工作成效的基础上，更加强化收购阶段县区间常态化的人员互动、尺度互动、管理互动、质量互动、调拨结果互动等，通过充分的内部联动，增强县区烟叶收购等级纯度的一致性，以多方平衡的状态提高烟叶原料的可用性，满足卷烟工业企业的原料需求。

第四章
烤烟生产均质化研究

影响烟叶均质化生产的可控制因素中，不同的农艺技术措施对均质化生产的作用大小与影响程度也不尽相同。本章根据《提升河南烟叶均质化生产关键技术研究与应用》科技项目试验研究，从壮苗率、移栽方法、土壤肥力调控、施肥营养调控、群体结构、采收烘烤等方面，分析总结了不同技术措施对烟叶均质化生产影响研究结果，明确了提升烟叶均质化生产的技术方法与技术途径。

第一节　育苗与移栽方式对烟叶均质化的影响

烟叶育苗与移栽是烟叶生产两个基础性环节，烟苗素质与移栽方式直接决定着烟苗的成活率与整齐度；移栽用的烟苗健壮、移栽方法方式科学适宜，不但能保证烟苗及时返苗成活，还能保证早动长早发棵，减少烟株间生长差异，提高烟苗的均匀程度。

一、烟苗素质对烟叶均质化生产的影响

烟苗素质直接影响到移栽后烟苗的成活率及还苗时间。本试验在移栽时，从漂浮盘中(200 穴)选用不同素质烟苗移栽，研究不同素质烟苗移栽后对烟株整齐度及烟叶均质化生产影响，以完善烟叶均质化生产关键技术。

(一)材料与方法

1.试验设计

壮苗程度是烟苗素质的主要体现，从目前烟叶生产实际情况来看，受多种因素影响，烤烟壮苗率普遍在 70%~80%之间，以每盘 200 株烟苗来看，每盘有 40~60 株烟苗为弱小苗株。本试验以每盘移栽率来反映移栽处理间烟苗素质差异。试验设计了 3 个处理。Z1：100%移栽率，即全盘烟苗不论烟苗大小、壮弱，整盘全部移栽；Z2：75%移栽率，即整盘中挑 75%相对壮苗移栽，实际操作为每盘烟苗先挑选出 25%弱小烟苗，剩下用于移栽；Z3：50%移栽率，整盘中挑选 50%壮苗用于移栽。试验用苗为漂浮育苗，苗盘规格为每盘

200 穴；移栽株距 0.55 m，行距 1.2 m；种植品种为中烟 100。

2.测定项目

①烟苗移栽后 4 d、12 d 调查各处理烟苗还苗率与成活率。②团棵期、旺长期、成熟期，各处理选择连续 20 棵烟株，调查株高、茎围、叶片数、最大叶长宽等农艺性状。③成熟期，各处理挂牌采收烘烤，单存、单放，调查统计各处理烟叶产量、产值及上等烟比例等经济性状。④烤后中与上部烟叶测定叶长、叶宽及单叶重；同时对中、上部烟叶进行成熟度、结构、身份、油分等外观质量评价；中部烟叶测定总糖、还原糖、总氮、烟碱、钾、氯等常规化学成分。

(二)结果与分析

1.不同移栽率对烟苗还苗率和成活率的影响

从调查结果图 4-1 来看，栽后 4 d 处理 Z3 烟苗还苗率最高为 100%，处理 Z1 烟苗还苗率相对较低为 90.9%，表现为 Z3>Z2>Z1；栽后 12 d，处理 Z2 和 Z3 均可以达到 100%烟苗成活率，处理 Z1 烟苗成活率 97.3%。随烟苗素质提升，栽后还苗率和成活率提高。

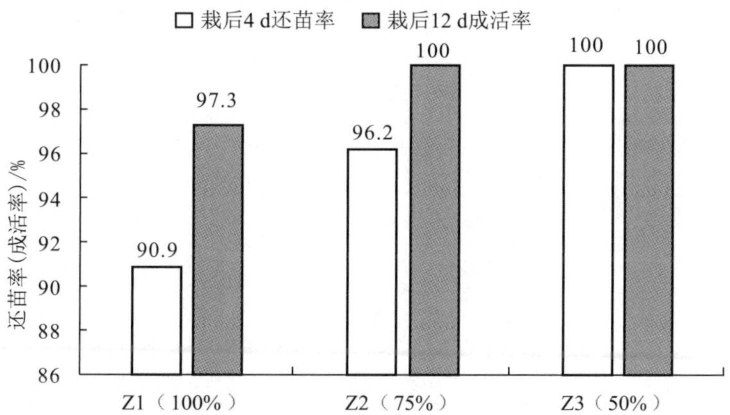

图 4-1 不同处理移栽还苗率和成活率对比

2.不同移栽率烟株农艺性状

从团棵期和旺长期烟株农艺性状结果来看（表 4-1 与表 4-2），20 株烟平均长势处理 Z3 最好，处理 Z1 最差，主要是因为不同移栽率处理间弱小株率存在显著差异造成；旺长期对不同处理最大株和最小株进行比较（表 4-3），处理 Z1 株高差达 26 cm，叶片数差达 5 片，茎围差达 1.1 cm，最大叶长差 12.2 cm，最大叶宽差达 6.0 cm，处理 Z3 即 50%移栽率最大株和最小株间差异相对较小，75%移栽率次之。

表 4-1 团棵期不同移栽率烟株农艺性状

处理	株高/cm	叶片数/片	最大叶长/cm	最大叶宽/cm	弱小株率/%	整齐度评价
Z1（100%）	17.0	9.0	34.4	20.6	19.4	不整齐
Z2（75%）	18.3	9.9	36.1	21.5	10.8	较整齐
Z3（50%）	20.0	10.3	37.2	22.3	5.3	整齐

表 4-2 旺长期不同移栽率烟株农艺性状

处理	株高/cm	叶片数/片	茎围/cm	最大叶长/cm	最大叶宽/cm	弱小株率/%	整齐度评价
Z1(100%)	74.7	20.0	7.9	61.2	36.7	20.83	不整齐
Z2(75%)	78.9	18.9	8.0	62.0	37.1	9.72	较整齐
Z3(50%)	88.3	19.2	8.9	62.6	38.1	5.56	整齐

表 4-3 旺长期不同移栽率烟株农艺性状指标极差

处理	株高差/cm	叶片数差/片	茎围差/cm	最大叶长差/cm	最大叶宽差/cm
Z1(100%)	26.0	5.0	1.1	12.2	6.0
Z2(75%)	23.5	3.0	0.8	9.0	5.8
Z3(50%)	15.5	2.0	0.8	3.8	2.0

从成熟期不同处理烟株农艺性状结果(表 4-4)可以看出,处理 Z3 和处理 Z2 株高和叶片数明显大于 Z1 处理,中下部叶片大小 Z1>Z2>Z3。从各指标变异系数来看(表 4-5),成熟期各处理株高变异系数均相对较低,Z3 处理留叶数变异系数相对较小,首次采收叶片数 Z1 处理变异系数最大。

表 4-4 成熟期不同移栽率烟株农艺性状

处理	SPAD			叶长×宽/(cm×cm)			株高/cm	茎围/cm	叶片数/片
	顶 3	中部	下 6	顶 3	中部	下 6			
Z1(100%)	43.4	37.3	35.9	47.7×23.7	55.4×29.2	62.0×36.5	143.0	10.3	20.2
Z2(75%)	39.7	36.3	27.7	49.9×24.9	54.8×25.7	58.2×35.3	149.3	11.1	21.8
Z3(50%)	42.0	36.8	31.1	48.1×23.1	54.3×25.8	58.8×33.9	150.7	10.2	21.8

表 4-5 成熟期不同移栽率株高和叶片数变异系数分析

指标	处理	株高/cm	留叶数/片	首次采收叶片数/片	剩余叶片数/片
平均值	Z1(100%)	143.0	20.2	3.5	16.7
	Z2(75%)	149.3	21.8	2.9	18.9
	Z3(50%)	150.7	21.8	3.3	18.5
变异系数(CV)/%	Z1(100%)	5.5	8.0	28.6	10.4
	Z2(75%)	4.8	7.3	23.6	10.4
	Z3(50%)	4.9	4.3	23.5	7.1

3.不同移栽率烟叶外观质量

不同处理烟叶外观质量见表 4-6。各处理烟叶成熟度均为成熟,中部烟叶结构疏松,上部烟叶尚疏松。中部烟叶 Z1 处理身份稍薄、单叶重稍低,Z2 和 Z3 处理油分有,身份适中。上部烟叶 Z3 处理油分有,单叶重相对稍高,Z1 和 Z2 处理油分稍有。总体来看,75%移栽率和 50%移栽率中部烟叶外观质量好于 100%移栽率,上部烟叶 50%移栽率最好。

表 4-6 不同移栽率中上部烟叶外观质量

部位	处理	成熟度	结构	身份	油分	叶长/cm	叶宽/cm	单叶重/g
中部	Z1(100%)	成熟	疏松	稍薄	稍有	53.3	25.5	12.80
	Z2(75%)	成熟	疏松	适中	有	55.3	23.6	13.46
	Z3(50%)	成熟	疏松	适中	有	56.6	24.2	13.18
上部	Z1(100%)	成熟	尚疏松	稍厚	稍有	60.4	26.2	18.71
	Z2(75%)	成熟	尚疏松	稍厚	稍有	59.7	26.7	19.39
	Z3(50%)	成熟	尚疏松	稍厚	有	61.5	27.3	19.80

4.不同移栽率烟叶化学成分及均匀性

将不同处理中部烤后烟叶依据烟叶外观质量差异分为好、中、差三个档次，每档次抽样化验烟叶化学成分，结果见表 4-7。从结果可以看出，各处理均表现为随烟叶质量档次降低，总糖和还原糖含量有减低趋势，烟碱含量有增加趋势，烟叶质量档次“好”的烟叶烟碱含量相对较低，钾含量规律不明显，但氯含量表现为档次“差”的烟叶氯含量相对较高。糖碱比表现为好>中>差，同时质量档次“好”的烟叶钾氯比相对较高。总体来看，不同档次间烟叶化学成分差异较大，主要表现在总糖、还原糖含量及氯含量及糖碱比、钾氯比方面。

表 4-7 不同移栽率中部不同外观质量烟叶化学成分

处理	烟叶档次	总糖/%	还原糖/%	总氮/%	烟碱/%	钾/%	氯/%	糖碱比	钾氯比	两糖比	氮碱比
Z1(100%)	好	25.72	24.63	1.77	2.30	1.25	0.86	10.71	1.45	0.96	0.77
	中	22.03	21.70	1.69	2.42	1.24	1.16	8.97	1.07	0.99	0.70
	差	19.96	17.28	1.88	2.70	1.28	1.34	6.40	0.96	0.87	0.70
	CV	12.93	17.45	5.36	8.30	1.66	21.65	24.94	22.16	6.64	5.59
Z2(75%)	好	25.13	24.34	1.76	2.33	1.34	1.18	10.45	1.14	0.97	0.76
	中	23.12	22.30	1.84	2.56	1.24	1.28	8.71	0.97	0.96	0.72
	差	19.35	18.12	1.82	2.53	1.29	1.20	7.16	1.08	0.94	0.72
	CV	13.02	14.69	2.30	5.06	3.88	4.34	18.76	8.11	1.60	3.15
Z3(50%)	好	23.31	22.57	1.68	2.22	1.24	0.95	10.17	1.31	0.97	0.76
	中	20.13	19.64	1.91	2.56	1.29	1.27	7.67	1.02	0.98	0.75
	差	19.12	18.82	1.83	2.53	1.49	1.21	7.44	1.23	0.98	0.72
	CV	10.49	9.69	6.46	7.73	9.87	14.88	17.97	12.62	0.59	2.80

不同处理烟叶化学成分均匀性(变异系数)比较结果见图 4-2。不同处理烟叶化学成分差异主要表现在总糖、还原糖、氯含量及糖碱比和钾氯比等指标。还原糖含量及糖碱比变异系数均表现为 Z1>Z2>Z3，同时，Z1 处理氯含量及钾氯比变异系数也均为最高。

总体来看,Z2、Z3 处理烟叶化学成分均匀性好于 Z1 处理。

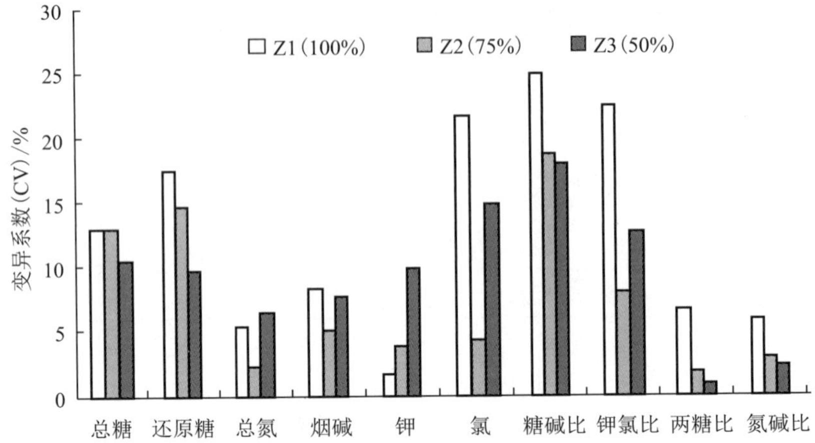

图 4-2　不同移栽率烟叶化学成分变异系数比较

将不同处理烟叶外观"好中差"三个档次中,同档次烟叶化学成分数据平均,得出"好中差"外观质量烟叶化学成分结果见表 4-8。烟叶质量由好变差,总糖与还原糖含量、糖碱比及钾氯比呈明显降低趋势,总氮和烟碱含量有增加趋势,钾、氯含量有增加趋势。

表 4-8　中部外观质量"好中差"烟叶化学成分

质量档次	总糖/%	还原糖/%	总氮/%	烟碱/%	钾/%	氯/%	糖碱比	钾氯比	两糖比	氮碱比
好	24.72	23.85	1.74	2.28	1.28	1.00	10.44	1.30	0.96	0.76
中	21.76	21.21	1.81	2.51	1.26	1.24	8.45	1.02	0.98	0.72
差	19.48	18.07	1.84	2.59	1.35	1.25	7.00	1.09	0.93	0.71

不同处理烟叶外观"好中差"三个档次,烟叶化学成分变异性分析结果见图 4-3。结果说明,不同外观质量档次烟叶化学成分钾、氯含量及钾氯比变异系数相对较大,其他化学成分变异系数较小。

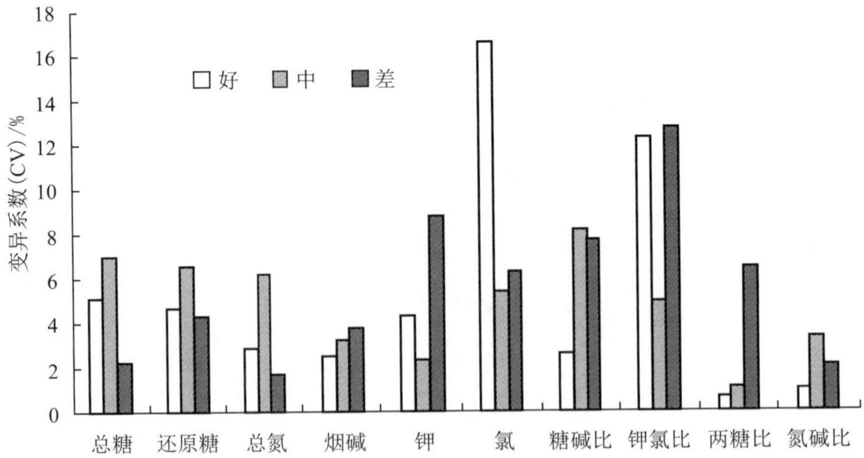

图 4-3　不同外观质量烟叶化学成分变异系数比较

总体来看，100%移栽率处理烟叶化学成分均匀性差于50%移栽率和75%移栽率，造成其烟叶化学成分变异性较大的主要原因是其不同档次烟叶质量化学成分差异较大引起的。

（三）研究结论

壮苗率是反映烟苗素质的主要指标，实际生产中受多种因素影响，壮苗率一般在70%~80%，本研究通过设置不同移栽率试验，来反映不同素质烟苗对烟株生长发育及烟叶均质化影响。

（1）不同烟苗素质明显影响烟株生长发育，100%全苗移栽烟株发育均匀性明显低于50%移栽和75%移栽，前期烟株生长发育差异进一步影响烟叶后期成熟落黄进程，100%全苗移栽烟叶成熟一致性明显低于50%移栽率和75%移栽率。挑选壮苗移栽有利于提高大田烟株生长发育和烟叶成熟落黄一致性。

（2）从中部烟叶化学成分均匀性分析，100%全苗移栽烟叶化学成分均匀性差于50%移栽率和75%移栽率，造成其烟叶化学成分变异性较大的主要原因是其不同档次烟叶质量化学成分差异较大引起的。挑选壮苗移栽有利于提高烟叶化学成分均匀性。

二、不同移栽方式对烟叶均质化生产的影响

不同移栽方式可影响烟苗返苗快慢、成活率及前期早发快长、根系发育等。此试验研究在控制其他操作措施基本相同的情况下，采用不同移栽方式，试验研究烟株生长发育及相同部位烟叶质量的差异性。

（一）材料与方法

1.试验设计

选择肥力茬口施肥一致的烟田，采用五种移栽方式。为便于实际操作，试验不设计重复，大区对比。各处理面积1亩，种植品种为中烟100。

处理1：杯罩式井窖小苗移栽（机械打穴移栽后盖杯罩）。即井窖式打穴，移栽后在井窖上方盖塑料杯碗，使烟苗在塑料杯碗下井窖内生长一段时间。

处理2：膜下井窖小苗移栽（采用膜下井窖移栽机移栽）。即垄体先覆盖地膜，然后在地膜上井窖式打穴移栽烟苗，使烟苗在井窖内生长一段时间。

处理3：普通小苗膜下移栽（挖穴移栽）。即人工挖大穴或机械挖大穴后，移栽烟苗后覆盖塑料薄膜，使烟苗在膜下生长一段时间。

处理4：大苗机械移栽（用移栽机移栽）。即采用移栽机移栽后盖膜。

处理5：大苗常规人工移栽（CK）。

处理1、处理2、处理3均为小苗移栽，烟苗5~6片叶，移栽期为4月20日~4月22日，处理4和处理5为大苗移栽，烟苗8~9片叶，移栽时间为4月28日~5月2日。

2.测定项目

①移栽后7~15 d调查补苗率。②6月15日，选择代表性烟株5株，测定主要农艺性状；同时挖取代表性烟株3株，扫描根系形态，测定根系鲜干比等。选取连续40棵烟株，调查烟田整齐度。③烟叶成熟期，各处理挂牌采收烘烤、单存单放，调查统计各处理烟叶

产量、产值及上等烟比例等经济性状。④烤后中部烟叶测定总糖、还原糖、总氮、烟碱、钾、氯等常规化学成分。

（二）结果与分析

1.不同移栽方式对补苗率的影响

补苗率结果说明见表4-9，补苗率大苗机械移栽>大苗常规移栽>杯罩井窖移栽>小苗膜下移栽>膜下井窖移栽，大苗机械移栽补苗率最高为14%，膜下井窖移栽和小苗膜下移栽补苗率较低。

表4-9　不同移栽方式育苗补苗率

移栽方式	栽期（月.日）	补苗率/%
杯罩井窖移栽	4.22	8
膜下井窖移栽	4.24	4
小苗膜下移栽	4.22	5
大苗机械移栽	5.02	14
大苗常规移栽	4.28	9

2.不同移栽方式对烟株生长发育的影响

从6月15日烟株取样调查结果来看（表4-10），小苗膜下移栽株高最高，叶片数最多，茎围最大，烟株生物量最高，根冠比最高；其次为膜下井窖移栽；大苗机械移栽株高最低，叶片数较少，叶片较小，烟株总生物量最小。对相近移栽期不同移栽方式（杯罩井窖移栽、膜下井窖移栽及小苗膜下移栽）分析，烟株生长发育差异较大，杯罩井窖移栽各生物学性状指标明显低于膜下井窖移栽和普通小苗膜下移栽，分析原因杯罩井窖移栽前期温度低，保墒性差，易受低温和干旱影响，总体长势弱；大苗机械移栽和常规大苗移栽比较，机械移栽烟苗整体长势较差。从前期烟田长势来看，地膜覆盖仍是保障烟株正常生产发育的一项重要技术措施，相对于大苗常规移栽，膜下井窖移栽和小苗膜下移栽提早了移栽时间，烟株生长发育良好。

表4-10　不同移栽方式烟株生物学性状

移栽方式	栽期（月.日）	田间生物学性状				生物学产量/（g/株）				
		株高/cm	叶数/片	最大叶长×宽/（cm×cm）	茎围/cm	茎叶鲜重	茎叶干重	根系鲜重	根系干重	根冠比
杯罩井窖移栽	4.22	27.5	10.0	40.5×24.0	6.5	206.0	29.6	21.03	3.00	0.10
膜下井窖移栽	4.24	40.5	14.0	51.5×35.0	8.0	596.2	62.2	49.41	7.86	0.13
小苗膜下移栽	4.22	46.0	16.0	51.5×33.0	9.3	687.2	72.2	61.50	9.84	0.14
大苗机械移栽	5.02	20.7	11.0	38.0×22.5	6.3	162.0	21.1	19.70	2.74	0.13
大苗常规移栽	4.28	34.5	12.5	44.5×27.0	7.5	345.5	41.4	37.34	4.71	0.11

3.不同移栽方式对烟株根系发育的影响

不同移栽方式根系发育情况见表4-11,不同处理间根长达显著差异,总体表现为小苗膜下移栽>膜下井窖移栽>大苗常规移栽>大苗机械移栽>杯罩井窖移栽。根系投影面积和根系表面积规律一致,小苗膜下移栽>膜下井窖移栽>大苗常规移栽>杯罩井窖移栽>大苗机械移栽。平均根直径小苗膜下移栽>膜下井窖移栽>杯罩井窖移栽>大苗常规移栽>大苗机械移栽。根体积小苗膜下移栽>膜下井窖移栽>杯罩井窖移栽>大苗常规移栽>大苗机械移栽。小苗膜下移栽和井窖膜下移栽根系发育总体好于其他移栽方式。杯罩井窖移栽根长、根表面积和根投影面积及大苗机械移栽根表面积、根投影面积、平均根直径和根体积相对较低。

表4-11 不同移栽方式根系发育测定结果

移栽方式	根长/cm	根投影面积/cm^2	根表面积/cm^2	平均根直径/mm	根体积/cm^3
杯罩井窖移栽	2392.46d	145.06c	455.71d	0.61	6.91c
大苗机械移栽	2919.16c	140.96c	442.82d	0.48	5.36c
大苗常规移栽	3051.08c	162.21c	509.58c	0.53	6.79c
膜下井窖移栽	4127.43b	256.51b	805.85b	0.62	12.54b
小苗膜下移栽	4651.51a	318.75a	1001.38a	0.98	17.66a

注:小写字母不同表示0.05水平下的显著差异,下同。

从不同直径根系长度分布表4-12可以看出,随根系直径增加,根长所占比例降低。直径0~0.5 mm范围根长占比最高,各移栽方式均在70%以上。总的来看,大苗机械移栽和大苗常规移栽细根系(0~1.0 mm)所占比例稍高,粗根系(>1.0 mm)所占比例较低。

表4-12 不同移栽方式不同直径的根系长度分布 (%)

移栽方式	0~0.5 mm	0.5~1.0 mm	1.0~2.0 mm	2.0~3.0 mm	3.0~4.0 mm	>4.0 mm
杯罩井窖移栽	75.80	12.07	6.32	2.78	1.46	1.57
大苗机械移栽	72.97	19.34	5.99	1.02	0.39	0.29
大苗常规移栽	76.46	13.03	6.45	2.17	0.98	0.91
膜下井窖移栽	73.37	13.54	7.49	2.65	1.27	1.67
小苗膜下移栽	70.40	15.30	7.83	2.92	1.56	2.02

从不同直径根系表面积分布表4-13可以看出,0~0.5 mm直径根系表面积占比较大,25.85%~36.91%,小苗膜下和机械膜下移栽根系表面积占比稍低于其他处理,机械大苗移栽占比最高。直径大于4.0 mm根系表面积小苗膜下移栽>膜下井窖移栽>杯罩井窖

移栽>大苗常规移栽>大苗机械移栽。总体来看,大苗机械移栽粗根系表面积占比明显低于其他移栽方式。

表 4-13　不同移栽方式不同直径的根系表面积分布　(%)

移栽方式	0~0.5 mm	0.5~1.0 mm	1.0~2.0 mm	2.0~3.0 mm	3.0~4.0 mm	>4.0 mm
杯罩井窖移栽	31.07	15.15	16.93	12.59	9.38	14.89
大苗机械移栽	36.91	31.81	18.77	5.80	3.18	3.54
大苗常规移栽	33.71	19.06	19.49	11.19	7.15	9.39
膜下井窖移栽	27.97	16.89	19.18	11.68	7.89	16.39
小苗膜下移栽	25.85	17.27	18.06	11.67	8.78	18.37

4.不同移栽方式株高整齐度

移栽后 30 d 调查不同移栽方式 40 株烟株高度,测定结果见表 4-14。从结果可以看出,膜下井窖移栽和小苗膜下移栽烟株整体发育较好,平均株高最高,变异系数相对较低,大苗机械移栽平均株高最低,变异系数相对较大,达 19.5%。

表 4-14　不同移栽方式株高整齐度结果

移栽方式	移栽时间(月.日)	平均株高/cm	标准差(SD)	变异系数(CV)/%
杯罩井窖移栽	4.22	33.7	5.0	14.7
膜下井窖移栽	4.24	50.9	5.8	11.3
小苗膜下移栽	4.22	51.3	7.2	14.0
大苗机械移栽	5.02	26.7	5.3	19.5
大苗常规移栽	4.28	38.4	5.4	14.1

5.不同移栽方式烟叶化学成分

不同处理烤后烟叶化学成分含量结果见表 4-15,小苗膜下移栽和大苗常规移栽总糖和还原糖含量稍高,杯罩井窖移栽稍低,杯罩井窖移栽烟碱含量和钾含量相对稍高,大苗常规移栽钾含量相对较低,小苗膜下移栽和膜下井窖移栽烟叶糖碱比相对适宜,杯罩井窖移栽糖碱比偏低。总体来看,小苗膜下移栽和膜下井窖移栽烟叶化学成分协调性较好。

表 4-15　不同移栽方式烟叶化学成分含量

处理	总糖/%	还原糖/%	总氮/%	烟碱/%	钾/%	氯/%	糖碱比	钾氯比	两糖比	氮碱比
杯罩井窖移栽	19.53	18.87	2.59	2.72	1.71	0.44	6.94	3.89	0.97	0.95
小苗膜下移栽	22.22	21.51	2.42	2.28	1.54	0.63	9.43	2.44	0.97	1.06
膜下井窖移栽	22.06	21.35	2.29	2.41	1.52	0.40	8.86	3.80	0.97	0.95
大苗常规移栽	19.30	19.11	2.04	2.42	1.28	0.32	7.90	4.00	0.99	0.84
变异系数/%	7.59	6.99	9.93	7.58	11.70	29.38	13.22	20.75	1.17	9.37

6.不同移栽方式烟叶经济性状

从表4-16中看出,膜下井窖移栽和小苗膜下移栽,亩产量和亩产值为最高档次,二者无明显差异。分析原因主要是二者栽烟较深,根系比较发达,抗灾能力较强,叶片展开和厚度较大。大苗常规移栽相比小苗移栽的,亩产量和亩产值有所降低。杯罩井窖移栽的,由于杯碗保墒效果较差,在团棵前生长受干旱影响较大,花叶病相比较重,亩产量和亩产值受到较大影响。

表4-16 不同移栽方式烟叶经济性状

处理	亩产量/kg	亩产值/元	均价/(元/kg)	上等烟比例/%
杯罩井窖移栽	107.1	2 718.2	25.4	50.4
小苗膜下移栽	136.3	3 905.1	28.6	66.8
膜下井窖移栽	141.4	3 936.7	27.8	64.6
大苗常规移栽	122.9	3 345.6	27.2	57.5
大苗机械移栽	因花叶病较重,可收烤烟叶较少,没有记产			

(三)研究结论

综合分析杯罩井窖移栽、膜下井窖移栽、小苗膜下移栽、大苗常规移栽、大苗机械移栽等五种移栽方式对烟株生长发育均匀性、烤后烟叶产质量影响,取得如下研究结论。

(1)不同移栽方式,栽后15 d内补苗率不同,膜下井窖移栽和小苗膜下移栽补苗率相对较低;大苗机械移栽补苗率相对较高。这可能与不同移栽方式造成的垄体水分状况差异有关。大苗机械移栽,移栽水为机械自带,水量相对有限,加之移栽期气温较高,影响了烟苗成活率。膜下井窖移栽和常规小苗膜下移栽均为小苗膜下移栽,移栽后烟苗处于较适宜温湿度环境,因此成活率相对较高。

(2)膜下井窖移栽和小苗膜下移栽烟株生长旺盛,具有发达根系,烟田整齐度和均匀性较好。小苗并膜下移栽,提早了移栽期,前期烟苗生长发育温湿度环境适宜,烟株根系发育好,促进了烟株早生快发,提高了烟田整齐度和均匀性。机械大苗移栽整齐度相对较差,这与较高的补苗率有一定关系。

(3)不同移栽方式比较,小苗膜下移栽和膜下井窖移栽烟叶亩产量、亩产值、均价及上等烟比例较高,烤后烟叶总糖和还原糖含量较高,化学成分协调性较好。

第二节 土壤肥力均匀调控对烟叶均质化的影响

土壤肥力高低常造成不同烟田发育程度与生育期差异明显,土壤肥力均匀性是影响烟叶均质化生产的重要因素;河南烟区适宜多种农作物种植,由于轮作制度、施肥统筹、种植作物等很难达到统一协调,地块间、区域间土壤肥力差别较大。本节根据河南烟叶产区土壤肥力状况,试验研究了肥力均匀调控不同技术措施对烟叶均质化影响。

一、高肥力烟田冬闲期种植冬牧 70 收割与掩青对烟叶均质化影响

土壤肥力适宜是烟叶均质化生产的基础,过高的土壤肥力易造成烟叶“大深厚”,易烤性变差,严重影响烟叶质量。河南烟区高肥力土壤占比较多,为探讨高肥力烟田土壤宜烟性改良,采用冬闲期烟田种植冬牧 70 全部翻压掩青和地上部收割移出作为牧草两种不同处理方式,试验研究对烟田土壤改良和烟叶均质化的影响,旨在为高肥力烟田烟叶生产均质化提供技术方法。

(一)材料及方法

1.试验材料

试验于 2017—2018 年在河南省农业科学院烟草研究所试验田实施。种植模式为秋季播种冬牧 70,次年 3~4 月份冬牧 70 全部翻压掩青或地上部收割,然后接茬种植烤烟,对照为冬季空闲。供试烤烟品种为中烟 100。试验田为壤质潮褐土,种植绿肥前测定,土壤有机质 12.3 g/kg,碱解氮含量 102.1 mg/kg,参照河南植烟土壤肥力等级划分标准,该试验地属于高肥力。

2.试验设计

2017 年 9 月 30 日播种冬牧 70,播种量 195 kg/hm^2,条带播种,行距 30 cm。试验设置冬牧 70 全部翻压掩青、地上部收割及冬季空闲 3 个处理。2018 年 3 月 25 日翻压掩青和收割,4 月 10 日整地起垄。冬牧 70 鲜生物量为 27 013.5 kg/hm^2,干物质量为 4 890.2 kg/hm^2。5 月 1 日栽种烤烟,每处理 80 株烟,3 次重复。烤烟季施肥为纯 N 37.5 kg/hm^2、P_2O_5 45 kg/hm^2、K_2O 225 kg/hm^2,所用肥料为烟草专用复合肥、硫酸钾和重过磷酸钙。

3.测定项目与方法

(1)取样要求　冬牧 70 收割和翻压掩青前,取代表性 1 m^{2}冬牧 70 地上部植物样,称鲜重、烘干称重,粉碎测定氮、磷、钾含量;于施肥起垄前,取 0~20 cm 土样,风干测定土壤有机质、速效氮、速效磷、速效钾含量及土壤酶活性;于烤烟旺长期和成熟期,调查测定烟株农艺性状,烤后烟叶计产计质。

(2)测定方法　植物样全氮、全磷、全钾含量测定先用 $H_2SO_4+H_2O_2$消煮,然后分别采用凯氏定氮法、钼锑抗比色法和火焰光度计法测定;土壤脲酶、碱性磷酸酶及转化酶活性分别采用苯酚-次氯酸钠比色法、磷酸苯二钠比色法和 3-5 二硝基水杨酸比色法;烟株农艺性状调查方法采用 YC/T 142—1998 方法;烤后烟叶化学成分检测采用 AA3 连续流动分析仪测定。

(二)结果与分析

1.冬牧 70 地上部养分积累量

由表 4-17 看出,冬牧 70 地上部氮、磷、钾养分积累量分别为 88.0 kg/hm^2、24.9 kg/hm^2、125.1 kg/hm^2,全钾>全氮>全磷。由此可见,烟田土壤肥力偏高情况下,冬闲期种植冬牧 70,不施肥情况下获得了较高的地上部生物质量,同时吸收积累了一定量的氮、磷、钾养分。冬牧 70 全部翻压掩青情况下,这部分养分再次归还土壤,冬牧 70 地上部收割情况下,这部分

养分随冬牧70收割移出烟田。

表4-17 冬牧70地上部养分积累量

养分指标	全氮/(kg/hm²)	全磷/(kg/hm²)	全钾/(kg/hm²)
积累量	88.0	24.9	125.1

2.不同处理土壤养分含量

由表4-18看出,掩青和收割处理土壤有机质含量分别较对照增加了19.8%和9.9%;土壤碱解氮、速效磷和速效钾含量掩青处理较对照增加,增加幅度分别为5.3%、3.1%和10.5%,收割处理较对照降低,降低幅度分别为1.9%、9.2%和7.9%。说明种植冬牧70绿肥不同处理方式对土壤养分含量有不同程度的影响,收割处理降低了土壤碱解氮、速效磷、速效钾含量。

表4-18 不同处理土壤养分含量

处理	有机质含量/(g/kg)	碱解氮含量/(mg/kg)	速效磷含量/(mg/kg)	速效钾含量/(mg/kg)
掩青	14.5	105.8	16.8	87.1
收割	13.3	98.6	14.8	72.6
对照	12.1	100.5	16.3	78.8

3.不同处理土壤酶活性

由表4-19看出,各处理土壤脲酶、转化酶及碱性磷酸酶活性存在显著差异,表现为掩青>收割>对照。与对照相比,收割处理显著提高了土壤脲酶和转化酶活性,掩青处理各土壤酶活性均显著提高。

表4-19 不同处理对土壤酶活性

处理	土壤脲酶/[mg/(g·d)]	土壤转化酶活性/[mg/(g·d)]	土壤碱性磷酸酶活性/[mg/(g·d)]
掩青	1.79a	19.32a	0.90a
收割	1.41b	13.45b	0.78b
对照	1.02c	10.91c	0.74b

4.不同处理烟株农艺性状

由表4-20看出,旺长期掩青处理株高相对较高,对照和收割稍低;掩青和对照处理茎围相当,对照最低,掩青叶片大于对照和收割;至成熟期对照和掩青处理株高和茎围相当,对照叶面积、叶片数和SPAD值均高于掩青和收割处理。总体表现为生育前期掩青处理长势较好,对照长势稍差,生育后期对照长势增强,至成熟期收割处理烟叶SPAD值最低,田间观察落黄明显较好。

表 4-20 不同处理烟株农艺性状结果

生育期	处理	株高/cm	茎围/cm	叶片数/片	最大叶	
					叶面积/cm^2	SPAD 值
旺长期	掩青	82.5a	9.0a	21.5a	1331.9a	34.0a
	收割	73.5b	8.6b	20.5ab	1087.5b	31.5a
	对照	71.0b	9.0a	19.5b	1059.7b	34.8a
成熟期	掩青	141.3a	11.1a	20.1a	1612.5a	27.8ab
	收割	130.8b	10.9a	19.8a	1519.2a	25.2b
	对照	144.6a	11.2a	21.2a	1633.6a	29.2a

5.不同处理叶片养分含量

由表 4-21 看出，旺长期烟叶氮和磷含量掩青>对照>收割，收割处理烟叶氮含量显著低于掩青和对照处理，烟叶钾含量掩青>收割>对照，对照显著低于掩青和收割处理；成熟期各处理烟叶氮、磷和钾含量均降低，烟叶氮含量对照>掩青>收割，收割处理显著低于对照和掩青处理，烟叶磷含量掩青>对照>收割，收割处理显著低于掩青和对照处理，烟叶钾含量掩青>收割>对照，对照显著低于掩青和收割处理。

表 4-21 不同处理叶片养分含量

生育期	处理	全氮/(g/kg)	全磷/(g/kg)	全钾/(g/kg)
旺长期	掩青	29.3a	5.0a	33.3a
	收割	24.7b	4.7a	32.1a
	对照	28.6a	4.9a	26.0b
成熟期	掩青	19.9a	3.6a	23.4a
	收割	17.1b	2.5b	22.8a
	对照	22.3a	3.1ab	17.2b

6.不同处理烤后烟叶化学成分

从表 4-22 看出，烟叶总糖和还原糖含量均表现为收割>掩青>对照，收割处理总糖和还原糖含量分别较对照提高 32.0%和 40.5%，掩青处理总糖和还原糖含量分别较对照提高 16.2%和 22.0%；烟碱含量表现为对照>掩青>收割，收割处理烟碱含量分别较掩青和对照处降低 7.5%和 12.3%；烟叶钾含量掩青和收割处理大于对照，分别较对照增加 12.5%和 10.9%；烟叶氯含量掩青>对照>收割，收割处理烟叶氯含量较掩青和对照降低 18.5%和 12.8%，收割处理较对照降低 12.8%；糖碱比和钾氯比均表现为收割>掩青>对照。综合分析各处理烟叶化学成分，收割处理总糖、还原糖及钾含量较高，烟碱和氯含量较低，糖碱比和钾氯比较高，烟叶化学成分协调性好于掩青和对照处理。

表 4-22 不同处理对中部烤后烟叶化学成分的影响

处理	总糖/%	还原糖/%	烟碱/%	钾/%	氯/%	糖碱比	钾氯比
掩青	20.54	18.49	2.39	1.44	0.92	7.74	1.57
收割	23.33	21.29	2.21	1.42	0.75	9.63	1.89
对照	17.67	15.15	2.52	1.28	0.86	6.01	1.49

7.不同处理烟叶经济性状

从表 4-23 可以看出,烟叶各项经济指标均表现为收割>掩青>对照,收割处理烟叶产值分别较掩青和对照增加 8.5%和 34.3%,产量、均价和上等烟比例分别较掩青增加 4.7%、4.0%和 14.6%,较对照分别增加 13.6%、18.6%和 33.8%。

表 4-23 不同处理烟叶经济性状

处理	产值/(元/hm^2)	产量/(kg/hm^2)	均价/(元/kg)	上等烟比例/%
掩青	53 526.0b	2 353.5bc	22.7a	40.4b
收割	58 075.5a	2 463.0ab	23.6a	46.3a
对照	43 239.0c	2 169.0c	19.9b	34.6c

(四)结论与讨论

试验结果表明,冬闲期种植冬牧 70 并收割可以改善土壤基础肥力较高烟田的宜烟性,明显提升烟叶产质量和烟叶质量均质化程度。绿肥种植是一种重要的烟田土壤改良措施,烟叶生产中主要种植的绿肥有黑麦草、苕子、油菜、燕麦、紫花苜蓿、紫云英、大麦、箭舌豌豆等,大体可分为豆科、禾本科和十字花科。绿肥具有解磷性、生物富集性和生物覆盖性等特点,能增加土壤有机质,改善土壤理化性质,促进微生物活动和繁殖,使土壤中难溶性养分转化,以利作物吸收利用。通过种植绿肥翻压掩青,改良土壤,可维持和提高烟田可持续利用能力。这对于连作烟田、肥力中等烟田或土地整理烟田的土壤肥力恢复和改良意义较大。从本试验结果来看,土壤肥力高情况下对照空闲,烟株长势较好,但烤后烟叶有效产量较低,质量较差;冬闲期种植冬牧 70 并收割烟株长势中等,烤后烟叶糖含量升高,氮及烟碱含量降低,糖碱比和钾氯比增加,烟叶化学成分协调性较好。结果分析认为冬牧 70 收割情况下,一部分氮素随收割移出烟田,土壤养分含量及有效性发生变化,同时地上部收割后依然有大量根系残留土壤,改善了土壤结构,其根系分泌物及根系残茬影响了土壤微生物和酶活性,从而促进了烟株前期发育和后期成熟落黄,提高了烟叶产量和质量。

冬牧 70 又名冬长草、冬牧草,作为饲料其营养价值较高,粗蛋白质含量在 15%左右,必需氨基酸丰富,微量元素含量较多,适口性好,是反刍家畜理想的青饲料。冬牧 70 耐寒,根系发达,生物量大,常帅等在山东省沂南县试验,至 3 月底,其地上部干物质量达 4 000 kg/hm^2,齐耀程等在安徽皖南烟区试验冬牧 70 干物质量为 1 970 kg/hm^2,江智敏在湖南湘西州烟区试验冬牧 70 鲜物质量达 23 211 kg/hm^2。冬牧 70 生物量与播种时间、播种量、土壤墒情、播种方法、土壤肥力、收获测产期等均有关，其在肥水管理较好情况下，鲜重可达 30 t/hm^2以上，干重可达 5 t/hm^2以上。本试验冬牧 70 鲜物质量和干物质量分别为 27 t/hm^2和 4.5 t/hm^2，其鲜、干物质量均相对较高，分析原因与试验地土壤基础肥力高，播种量较大，播种时间较早，收割时间稍晚等有关。河南烤烟大田生育期一般在 4~9 月，有近 7 个月的冬闲期，适宜种植冬牧 70，9 月中旬~10 月上旬播种，第二年 3 月收割，可以获得一定量的青饲料，对烟农增收和农畜牧业的发展具有重要意义。另外，冬闲期种植冬牧 70，既可以充分利用土壤残留养分和冬季光热水资源，还可以保持水土，对资源高效利用和土壤生态保护也具有重要意义。

二、高肥力烟田冬闲期种植不同禾本科收割牧草对烟叶均质化影响

前述试验研究表明，烟田冬闲期种植冬牧 70 并收割可改善高肥力烟田的宜烟特性，提升烟叶产量和质量均质化水平。结合冬牧 70 收割处理研究结论，本试验选择小黑麦、大麦、冬牧 70(黑麦草)三种禾本科收割用于牧草，研究三种作物对土壤肥力的调控效果及烟叶均质化的影响。

(一)材料与方法

1.试验设计

试验设置了 4 个处理，处理 1(CK)：不种牧草，烟田冬闲期空闲；处理 2：冬闲期种植大麦并收割；处理 3：冬闲期种植冬牧 70 并收割；处理 4：冬闲期种植小黑麦并收割。前茬为夏玉米(新茬口，土壤肥力较高)，有灌溉条件。试验采用大区对比方式进行，每个大区面积 200 m^2。三种禾本科作物在 10 月 9 日相同播种量播种，来年 4 月 5 日地上部分收割。

2.测定项目

牧草收割时，选取 1 m^2测定不同牧草鲜重，并 70 ℃杀青、烘干，测定干重及牧草氮含量。烤烟施肥起垄前取各处理 0~20 cm、20~40 cm、40~60 cm 土壤，测定土壤 pH 值、有机质、全氮、碱解氮、有效磷、速效钾、缓效钾、水溶性氯含量等。移栽后 37 d、60 d 调查各处理烟株农艺性状。移栽后 60 d 测定中部烟叶光合特征。移栽后 80 d 测定中部烟叶碳氮代谢关键酶活性。取烤后中部烟叶 C3F 等级进行外观质量鉴定。

(二)结果与分析

1.鲜草产量和氮携出特征

由图 4-4 与图 4-5 可以看出，小黑麦、大麦和冬牧 70 的鲜草产量分别为 5 215.94 kg/667 m^2、4 422.21 kg/667 m^2和 4 762.38 kg/667 m^2，小黑麦亩鲜草产量分别较大麦和冬牧 70 高 793.73 kg 和 453.56 kg。这与小黑麦品种特性有关，小黑麦是由小麦属和黑麦属经属间有性杂交和杂种染色体数加倍而人工结合成的新物种，具有长势强、生物量大的品种优势。三种禾本科牧草氮携出量分别为 13.74 kg/667 m^2、13.84 kg/667 m^2和 13.17 kg /667 m^2，不同牧草土壤氮携出量相近。

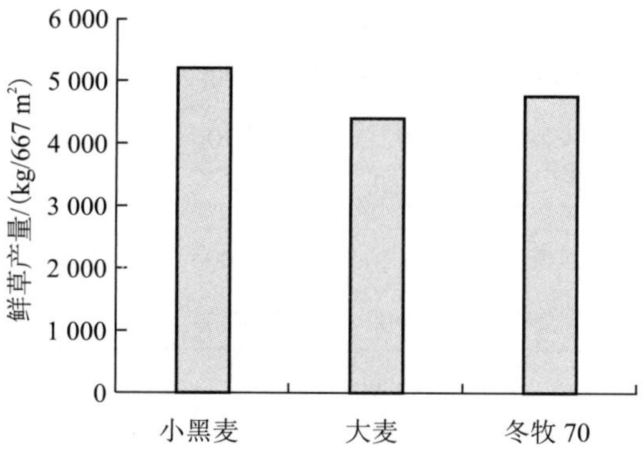

图 4-4　禾本科牧草鲜草产量

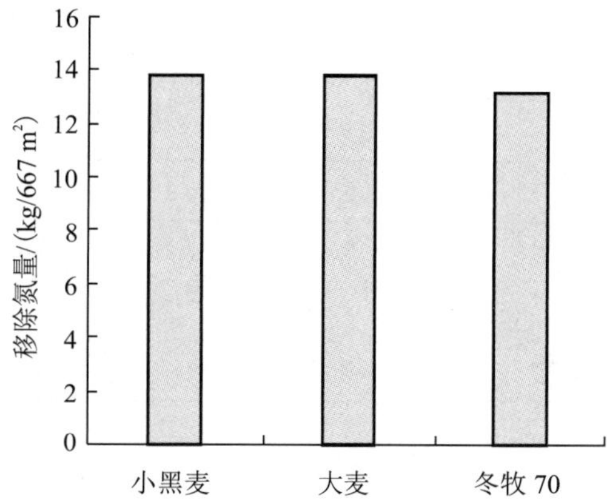

图 4-5　禾本科牧草携出氮量

2.烟田土壤养分含量

由表 4-24 可以看出,不同禾本科收割牧草显著降低了 0~20 cm 土壤 pH 值、速效钾、水溶性氯含量,增加了 0~20 cm 土壤有机质含量。由表 4-25 可以看出,种植不同禾本科牧草并收割显著降低了 20~40 cm 土壤 pH 值和水溶性氯含量,增加了 20~40 cm 土壤有机质和碱解氮含量。由表 4-26 可以看出,种植不同禾本科牧草并收割显著降低了 40~60 cm 土壤全氮含量和 pH 值,增加了 40~60 cm 土壤有机质、碱解氮和有效磷含量。冬闲期烟田种植三种禾本科牧草并收割增加了各土层有机质含量,降低了上层土壤水溶性氯含量。

表 4-24　烟田 0~20 cm 土壤养分状况

处理	pH	有机质/(g/kg)	碱解氮/(mg/kg)	全氮/(g/kg)	有效磷/(mg/kg)	速效钾/(mg/kg)	缓效钾/(mg/kg)	水溶性氯/(mg/kg)
对照	8.00a	18.69b	102.27c	1.01a	27.80b	89.70a	570.69ab	21.27a
小黑麦	7.83b	18.62b	106.71b	1.06a	27.03b	62.91c	514.74c	3.31c
大麦	7.84b	19.93ab	99.47c	1.02a	31.50a	59.20d	527.17bc	4.25c
冬牧 70	7.81b	20.88a	114.88a	1.02a	20.93c	74.95b	588.10a	16.54b

表 4-25　烟田 20~40 cm 土壤养分状况

处理	pH	有机质/(g/kg)	碱解氮/(mg/kg)	全氮/(g/kg)	有效磷/(mg/kg)	速效钾/(mg/kg)	缓效钾/(mg/kg)	氯/(mg/kg)
对照	7.96a	10.71c	51.84b	0.63b	11.93b	43.95b	465.01bc	12.29a
小黑麦	7.90ab	13.24ab	58.14b	0.72a	13.03a	42.14b	478.68b	3.78c
大麦	7.92ab	12.53b	70.52a	0.55c	11.97b	39.53c	424.60c	1.89c
冬牧 70	7.88b	14.94a	79.86a	0.68a	8.57c	48.56a	543.96a	7.09b

表 4-26 烟田 40~60 cm 土壤养分状况

处理	pH	有机质/(g/kg)	碱解氮/(mg/kg)	全氮/(g/kg)	有效磷/(mg/kg)	速效钾/(mg/kg)	缓效钾/(mg/kg)	氯/(mg/kg)
对照	8.02a	5.89b	26.15c	0.47a	4.27b	33.21b	387.30b	3.78a
小黑麦	8.03a	8.45a	33.16b	0.43b	5.20a	31.30c	429.57ab	1.89a
大麦	7.99a	8.52a	47.87a	0.31d	4.40b	30.20d	386.06b	2.36a
冬牧 70	7.85b	9.22a	34.79b	0.35c	4.23b	35.02a	460.03a	2.84a

3.烤烟农艺性状

由表 4-27 可以看出，冬闲期烟田种植不同禾本科收割牧草降低了烤烟生长前期株高、茎围、叶片数和 SPAD 值。其中冬闲烟田种植小黑麦并收割处理烟株长势在所有处理中最弱。

表 4-27 栽后 37 d 不同处理烤烟农艺性状

处理	株高/cm	茎围/cm	叶片数/片	最大叶/cm		SPAD 值
				叶长	叶宽	
对照	40.33a	10.03a	14.67a	60.67a	37.67a	45.43a
小黑麦	30.67c	9.30a	12.33c	59.33a	33.83b	39.07b
大麦	35.67b	9.77a	13.67b	62.83a	39.00a	44.40a
冬牧 70	39.17a	9.63a	14.00ab	59.17a	36.10ab	40.00b

表 4-28 栽后 60 d 不同处理烤烟农艺性状

处理	株高/cm	茎围/cm	叶片数/片	最大叶/cm		SPAD 值
				叶长	叶宽	
对照	150.67a	13.53a	21.00a	90.03a	50.03a	49.47a
小黑麦	131.00b	11.80b	22.67a	85.13a	42.00b	40.87b
大麦	138.33b	12.80ab	22.00a	85.80a	49.20a	39.53b
冬牧 70	137.33b	12.73ab	18.33b	84.37a	46.67a	40.10b

由表 4-28 可以看出，冬闲期烟田种植不同禾本科收割牧草降低了烤烟生长中期株高、茎围、最大叶长、最大叶宽和 SPAD 值。其中株高、SPAD 值达显著水平。冬闲期烟田种植小黑麦并收割，烟株长势在所有处理中最弱。

4.叶片碳氮代谢关键酶活性

由表 4-29 可以看出，在烤烟移栽后 80 d 时，与对照相比，种植小黑麦使后茬烤烟根际土壤 α-淀粉酶、谷氨酸脱氢酶和硝酸还原酶活性下降，而种植大麦和冬牧 70 则呈上升趋势。

表 4-29 栽后 80 d 不同处理叶片碳氮代谢关键酶活性

处理	α-淀粉酶活性/[mg/(min·g)]	谷氨酰胺合成酶/[μmol/(h·g)]	蔗糖酶活力/[μg/(min·g)]	谷氨酸脱氢酶/[nmol/(min·g)]	硝酸还原酶/[nmol/(min·g)]
对照	16.79	3.21	10 148.25	235.10	137.92
小黑麦	16.30	3.20	4 952.71	197.45	126.30
大麦	17.00	3.22	3407.46	253.34	204.13
冬牧 70	17.02	3.20	4278.25	370.37	161.23

5.叶片光合特征

由图 4-6 可以看出,与对照相比,栽后 60 d 冬闲期烟田种植不同禾本科收割牧草降低了后茬烤烟净光合速率,其中大麦处理降幅最大。

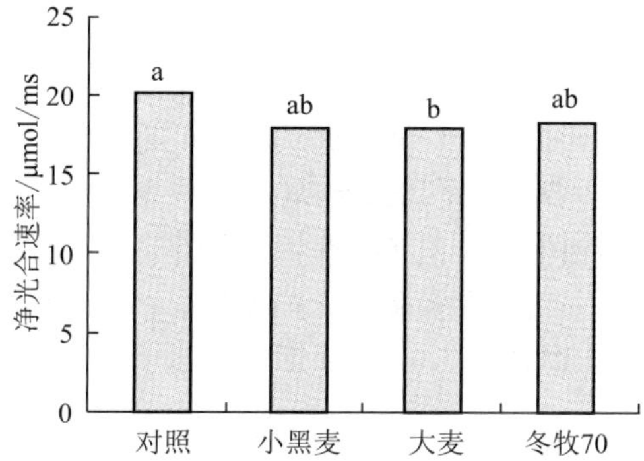

图 4-6 不同处理叶片净光合速率

6.烤后烟叶外观质量

与对照相比(见表 4-30),在高肥力冬闲期烟田种植禾本科收割牧草会使烤后烟叶单叶重、叶长和叶宽明显下降,其中种植小黑麦处理下降幅度最大;种植禾本科收割牧草会使烤后烟叶颜色、成熟度、结构、身份、油分和色度等烟叶外观质量有不同程度的提升。

表 4-30 禾本科牧草收割对烤后烟叶外观质量的影响

处理	描述	颜色	成熟度	结构	身份	油分	色度	总分	叶长/cm	叶宽/cm	单叶重/g
对照	定性	橘黄	成熟	疏松	中等	有	浓	81.95	79.00	39.00	40.6
	分数	8.7	8.7	8.8	8.5	6.5	8.2				
小黑麦	定性	橘黄	成熟	疏松	中等	有	浓	84.65	74.67	35.67	26.7
	分数	9.0	9.0	9.0	8.7	6.8	8.5				
大麦	定性	橘黄	成熟	疏松	中等	有	浓	83.60	73.00	35.67	27.5
	分数	8.8	9.0	8.8	8.6	6.7	8.3				
冬牧 70	定性	橘黄	成熟	疏松	中等	有	浓	84.95	74.33	43.67	30.6
	分数	9.0	9.0	9.0	8.7	7.0	8.4				

(三)研究结论

综合分析高肥力新茬口烟田冬闲期种植小黑麦、大麦、冬牧70等禾本科收割牧草对烟田土壤养分、烟株生长发育、烟叶光合特征、烤后烟叶质量影响,得出如下试验研究结论。

(1)冬闲期种植小黑麦、大麦、冬牧70可以获得较高的鲜草生物产量,其中小黑麦鲜草生物产量最大。

(2)冬闲期种植不同禾本科收割牧草,显著降低了土壤pH值、水溶性氯含量,增加了土壤有机质含量,烤烟根际土壤蔗糖酶活力明显下降;种植小黑麦烤烟根际土壤α-淀粉酶、谷氨酸脱氢酶和硝酸还原酶活性下降,而种植大麦和冬牧70则呈上升趋势。

(3)禾本科收割牧草可防止烟株长势过旺,降低了叶片叶绿素含量、叶片净光合速率,烤后烟叶单叶重、叶长和叶宽明显下降;烟叶颜色、成熟度、结构、身份、油分和色度等外观质量均匀性有不同程度的提高。

三、高肥力烟田冬闲期种植菜薹型油菜对烟叶均质化影响

河南烤烟大田期一般为4~9月,冬闲期相对较长。近些年我国长江流域油菜主产区推广了两用油菜品种种植,即油菜抽薹期,先采摘主菜薹,剩余分枝继续生长收获菜籽,实现一菜两用,保证菜籽榨油收益的同时,增加了油菜菜薹收益。但冬闲期种植菜薹型油菜收薹再掩青,之后接茬种植烤烟这方面的研究较少。本研究选择双低甘蓝型菜薹型油菜品种,冬闲期种植第二年油菜抽薹期,先采摘菜薹,剩余部分作绿肥翻压还田,研究了油菜菜肥两用对土壤改良、烟株生长发育及烟叶均质化的影响,以期为烟叶提质,烟农增收提供更多途径。

(一)材料与方法

1.供试材料

供试油菜品种为丰油10号,烤烟品种为中烟100。试验于2017—2018年在河南省农科院烟草研究所试验地进行,壤质潮褐土,有机质含量12.3 g/kg,碱解氮含量102.1 mg/kg,速效磷含量16.8 mg/kg,速效钾含量90.5 mg/kg。

2.试验设计

土地整理后,不施肥直接播种油菜,2017年9月30日条带播种,行距30 cm,播种量12 kg/hm^2。试验设置油菜全部翻压还田(YY)、油菜收薹后翻压还田(YT)及对照冬季空闲(CK)三个处理,3次重复。油菜收薹后翻压还田处理(YT):3月15日油菜出薹30 cm左右时,采收粗壮菜薹,其余分枝继续生长,至3月29日翻压还田。油菜全部翻压还田处理(YY):油菜长至3月29日全部翻压还田。5月1日栽种烤烟。烤烟当季施肥为纯N 30.0 kg/hm^2,P_2O_5 45.0 kg/hm^2、K_2O 225.0 kg/hm^2,所用肥料为烟草专用复合肥、硫酸钾和重过磷酸钙。其他管理同常规。

3.测定项目与方法

油菜:油菜收薹后翻压还田处理(YT),于油菜采收菜薹时,取代表性1 m^{2}测定菜薹鲜物质量。油菜收薹后余下分枝长至3月29日,和油菜全部翻压还田处理(YY)一起翻压还田,翻压前各取两处理代表性1 m^{2}油菜植物样,测定鲜质量和干物质量及全氮、全

磷、全钾等含量。植物样全氮、全磷、全钾含量测定先用 $H_2SO_4+H_2O_2$ 消煮，然后分别采用凯氏定氮法、钼锑抗比色法和火焰光度法测定。

土壤：于油菜翻压还田后起垄施肥前（4 月 18 日），取 0~20 cm 土样混匀分两份，一份鲜样测定土壤酶活性，另一份自然晾干测定有机质、碱解氮、有效磷和速效钾含量。土壤脲酶、碱性磷酸酶及转化酶活性分别采用苯酚-次氯酸钠比色法、磷酸苯二钠比色法和 3-5 二硝基水杨酸比色法；土壤有机质测定采用重铬酸钾外加热法，土壤碱解氮采用凯氏定氮法，土壤有效磷采用钼锑抗比色法，土壤速效钾采用醋酸浸提火焰光度法。

烤烟于团棵期、旺长期、成熟期调查烟株农艺性状，采用 YC/T 142—1998 调查方法，烟叶 SPAD 值采用 SPAD 仪测定。烤后烟叶计产计质，中部烟叶 C3F 等级采用流动分析仪测定化学成分。

（二）结果与分析

1.油菜生物量及养分积累量

从表 4-31 可以看出，YT 处理收获菜薹鲜物质量 24 153.2 kg/hm^2，因前期收薹，后期翻压还田生物质量明显减少，其翻压还田鲜物质量和干物质量分别较 YY 处理减少 59.0%和 64.9%；相应的因收获菜薹，其翻压还田生物量的氮、磷、钾养分吸收积累量也较 YY 处理分别减少 72.8%、68.2%和 73.2%。随油菜收薹，菜薹吸收的养分携出土壤，氮磷钾携出量分别为 45.3 kg/hm^2、14.6 kg/hm^2、60.5 kg/hm^2。

表 4-31 油菜生物量及养分积累量

处理		鲜物质量/(kg/hm^2)	干物质量/(kg/hm^2)	全氮/(kg/hm^2)	全磷/(kg/hm^2)	全钾/(kg/hm^2)
YY(翻压)		23 212.5	3 574.6	62.2	21.4	82.6
YT	菜薹	24 153.2	2 379.4	45.3	14.6	60.5
	翻压	9 506.4	1 256.3	23.6	8.4	25.7

2.土壤养分含量

从表 4-32 可以看出，土壤有机质、碱解氮含量均表现为 YY>YT>CK，其中有机质含量 YY 和 YT 处理分别较 CK 提高 20.7%和 9.1%，处理间达显著差异，碱解氮含量 YY 和 YT 处理分别较 CK 增加 7.7%、5.2%，处理间未达显著差异；有效磷含量 YY 和 YT 均低于 CK，YT 处理速效磷含量较 CK 低 15.0%，达显著差异，YY 降低幅度稍小，未达显著差异；速效钾含量 YY>CK>YT，处理间差异不显著。无论油菜全部翻压还田还是油菜收薹后部分翻压还田均较对照土壤有机质含量增加，碱解氮和速效钾含量差异较小。

表 4-32 油菜处理方式土壤养分含量

处理	有机质含量/(g/kg)	碱解氮含量/(mg/kg)	速效磷含量/(mg/kg)	速效钾含量/(mg/kg)
YY	14.62a	108.23a	15.56a	80.90a
YT	13.24ab	105.78a	13.81b	72.28a
CK	12.10b	100.52a	16.25a	78.83a

3.土壤酶活性

从表4-33可以看出,YY和YT处理土壤各酶活性均较对照CK显著增加,其中脲酶活性分别是对照的1.77倍和1.50倍,土壤转化酶活性分别是对照的1.59倍和1.40倍,土壤碱性磷酸酶活性分别是对照的1.30倍和1.20倍。两处理对各土壤酶活性影响不同,总体来看,对土壤脲酶和土壤转化酶活性影响大于土壤碱性磷酸酶活性影响。

表4-33 不同处理对土壤酶活性测定结果

处理	土壤脲酶活性/[mg/(g·d)]	土壤转化酶活性/[mg/(g·d)]	土壤碱性磷酸酶活性/[mg/(g·d)]
YY	1.81a	17.35a	0.96a
YT	1.53a	15.24a	0.88a
CK	1.02b	10.91b	0.74c

4.烟株农艺性状

从表4-34可以看出,团棵期YY处理株高显著高于YT和CK处理,叶片数YY大于其他两个处理,但未达到显著差异水平,叶长YY>YT>CK,处理间达显著差异水平。旺长期株高YY处理显著高于YT和CK处理,茎围YT处理显著低于YY和CK处理;除茎围较粗外,旺长期对照CK处理株高、叶片数、叶片大小均小于油菜全部翻压还田和油菜收薹后部分翻压还田处理。成熟期CK和YY处理株高、茎围、叶片数、叶长均显著高于YT处理,YT处理SPAD值相对较低。总体来看,全生育期油菜全部翻压还田处理烟株长势均相对较强,对照处理烟株长势前期长势较差,成熟期长势较强,后期烟叶成熟落黄较差,油菜收薹后部分翻压还田处理全生育期烟株长势适中,成熟期烟叶SPAD值较低。由此看来,油菜收薹部分翻压还田处理明显促进了后期烟叶成熟落黄。

表4-34 不同处理烟株农艺性状

调查时期	处理	株高/cm	茎围/cm	叶片数/片	中部最大叶		
					叶长/cm	叶宽/cm	SPAD
团棵期	YY	24.33a	—	10.7a	42.57a	27.83a	—
	YT	20.67b	—	10.3a	41.77ab	27.17a	—
	CK	19.67b	—	10.3a	40.17b	26.50a	—
旺长期	YY	85.1a	9.0a	21.5a	60.0a	32.3a	36.1a
	YT	75.0b	8.6b	21.5a	59.0ab	27.5b	33.9a
	CK	71.0b	9.0a	19.5b	57.0b	29.3ab	34.8a
成熟期	YY	140.0ab	11.3a	22.2a	68.4a	38.2a	26.9b
	YT	135.3b	10.9b	20.4b	65.2b	38.4a	24.2b
	CK	144.6a	11.2a	21.2a	67.4ab	38.2a	29.2a

5.不同处理烤后烟叶化学成分

从表 4-35 可以看出,烟叶总糖含量 YY 和 YT 处理显著大于对照 CK,还原糖含量 YT>YY>CK,烟碱含量 CK>YY>YT,钾含量 YY 和 YT 大于 CK,氯含量 YY>CK>YT,碱解氮和钾氯比均为 YT>YY>CK。油菜收薹后部分翻压还田处理较油菜全部翻压还田和对照显著提高了还原糖含量,降低了烟碱含量,糖碱比显著提高;油菜全部翻压还田和油菜收薹后部分翻压还田均较对照显著提高了烟叶钾含量,钾氯比提高。

表 4-35 不同处理烟叶化学成分

处理	总糖/%	还原糖/%	烟碱/%	钾/%	氯/%	糖碱比	钾氯比
YY	22.70a	19.90b	2.39a	1.45a	0.84a	8.33b	1.73ab
YT	22.26a	20.40a	1.95b	1.43a	0.74a	10.46a	1.93a
CK	17.67b	15.15c	2.52a	1.28b	0.76a	6.01c	1.68b

6.不同处理烟叶经济性状

从表 4-36 可以看出,烟叶亩产量 YY 和 YT 处理显著高于对照 CK;烟叶亩产值、均价及上等烟比例均表现为 YT>YY>CK,油菜收薹后部分翻压还田处理较对照和油菜全部翻压还田处理显著提高了烟叶亩产值,均价和上等烟比例,其中亩产值较对照和油菜全部翻压还田处理提高了 994.1 元和 371.9 元,均价提高 4.3 元和 2.7 元,上等烟比例提高 12.6%和 4.9%。

表 4-36 不同处理烟叶经济性状

处理	亩产值/元	亩产量/kg	均价/(元/kg)	上等烟比例/%
YY	3504.8b	163.1a	21.5b	42.3b
YT	3876.7a	159.9a	24.2a	47.2a
CK	2882.6c	144.6b	19.9c	34.6c

(三)结论与讨论

高肥力土壤条件下,烟田冬闲期种植双低甘蓝型油菜,收薹后部分翻压还田较油菜全部翻压还田多收 24 153.2 kg/hm^{2}菜薹,但油菜全部翻压还田和油菜收薹后部分翻压还田均较对照空闲增加了 0~20 cm 土层土壤有机质,提高了土壤各酶活性,其中油菜收薹后部分翻压还田处理烟株生长发育适中和后期烟叶成熟落黄较好。综合分析烤后烟叶化学成分协调性及烟叶产值,油菜收薹后部分翻压还田好于油菜全部翻压还田和对照空闲。油菜收薹后部分翻压还田对土壤基础肥力高烟田烟叶质量提升作用明显。

土壤基础高肥力情况下,种植烤烟易出现烟株发育过剩,烤后烟叶“大、深、厚”,烟叶氮、碱含量高,糖含量低,烟叶化学成分不协调等问题。依据河南烟田土壤肥力评判标准,本试验烟田土壤碱解氮含量 102.1 mg/kg,属于肥力高烟田。油菜收薹后部分翻压还田和油菜全部翻压还田相比,油菜部分地上部生物量收为菜薹,减少了翻压还田生物量,油菜翻压带入烟田土壤氮含量减少 72.8%,这对土壤基础肥力高的烟田具有平衡烟田土壤养分作用。从对烟田土壤养分含量影响来看,无论绿肥收薹后部分翻压还田还是绿肥全部翻压还田均提高了 0~20 cm 土层土壤的有机质含量,增加了土壤各酶活性,与李正等人研究结果一致,但从速效养分来看,碱解氮、速效磷、速效钾等含量处理间差异相对较小,可能和土壤体系庞大、油菜种植翻压还田养分形态转化等有关。从不同种植模式对烤烟生长发育及烟叶产质量来看，种植油菜收薹后部分翻压还田处理烟株生长发育适中，后期落黄较好，烤后烟叶烟碱含量降低，烟叶糖含量、糖碱比提高，烟叶化学成分更加协调。这与覃勇等的研究结论，部分绿肥翻压更有利于烟叶质量提升的作用和意义相同。

河南烤烟大田生育期一般在4~9月份，烟田冬闲期相对较长，利用冬闲期种植其他作物是促进烟农增收的一个重要突破口。本试验中油菜收薹产量达2.4万kg/hm^2，实际生产中调查油菜产薹量为1 000~1 500 kg/667 m^2，按照市场批发价1元/kg左右计算，除去种子费用、油菜播种及菜薹采收人工费等费用200~300元/667 m^2，可实现菜薹增收700元/667 m^2以上。同时，收薹后部分翻压还田与油菜收籽相比，避免了油菜收籽过晚影响烤烟移栽问题，同时又具有油菜绿肥翻压改良土壤作用，实现了油菜-烤烟"一年两熟"和油菜"一菜两用"。但由于油菜以往主要用于产油作物种植，目前油菜作为蔬菜在长江流域已普遍接受，在河南地区还没有完全接受，菜薹销售渠道还存在一定问题，今后还需在菜用油菜产业化生产方面进行更多探索。

第三节　精准施肥对烟叶均质化生产的影响

烟田施肥(不同用量与均匀度)与基础肥力是影响烟株生产发育及烟叶质量均匀性的营养因素，高肥力减少施肥量，低肥力增加施肥量可有效调控不同肥力烟株田间的均匀性。本节研究分析了不同肥力氮量调控与施肥匀度烟叶均质化表现与差异，以期为烟叶均质化生产提供施肥应用技术。

一、不同肥力区调控施氮量烟叶质量均质性差异分析

在土壤肥力较高情况下，烟株生长发育充分，开片较大，产量和产值较高，烟叶质量风格受到一定影响，表现为单叶重偏高、疏松度不够等。烟草产量与质量既相互矛盾又相互协调统一，如何在保证适当产量情况下提高质量，氮营养水平起到关键的作用。结合豫中主栽品种中烟100的特性，试验研究高水平和中水平土壤肥力下烤烟产量与质量表现，分析高肥力与中等肥力调控氮量后烟叶质量均质化表现以及差异性。

(一)材料与方法

种植烤烟品种为中烟100。襄城点为中等肥力，临颍点为高肥力。土壤化验分析结果见表4-37。襄城点3个处理施氮量分别为2.5 kg/667 m^2、3.5 kg/667 m^2、4.5 kg/667 m^2，氮磷钾配比为1∶1.5∶3。临颍点3个处理施氮量分别为2.5 kg/667 m^2、3.5 kg/667 m^2、4.5 kg/667 m^2，氮磷钾配比为1∶1.2∶3.5。每处理3次重复，随机排列，种植密度1 010株/667 m^2。

表4-37　土壤理化性状

地点	有机质/%	pH值	速效氮/(mg/kg)	速效磷/(mg/kg)	速效钾/(mg/kg)
襄城点	1.23	7.75	58.78	8.97	135.64
临颍点	1.16	7.86	75.30	12.10	124.40

按照YC/T 142—1998烟草农艺性状调查标准，在移栽后30 d、50 d、70 d每个小区选

取有代表性烟株各10株，调查测量株高、茎围、叶片数、最大叶长宽、叶色、生长势。根据GB 2635—1992烤烟标准，分级并统计每小区烟叶产量、均价、产值、上等烟比例。每处理采取10~12叶位的C3F烟样各1.5 kg，评定外观质量，测定化学成分，评吸感官质量。

(二)结果与分析

1.农艺性状

不同肥力区农艺性状结果见表4-38。移栽后30 d，施氮量大的处理最大叶片长宽比施氮量少的处理稍大，尤其高肥力烟田这一趋势较明显；叶片数、叶色和生长势处理间基本无差别。移栽后50 d农艺性状，中肥力不同氮量株高差别不大，最大叶片宽随氮量增加而稍有增加，叶片数与叶色、生长势无差别；高肥力高施氮处理的株高与最高叶片长宽大于其他两处理。移栽后70 d两试点各处理株高、最大叶片长宽、叶片数均表现出随施氮量增加而增加。

表4-38 施氮量对不同肥力区农艺性状均衡性影响

地点	调查时间	施氮量/(kg/667m²)	株高/cm	最大叶片长/cm	最大叶片宽/cm	叶片数/片	叶色	生长势
襄城点	移栽后30 d	2.5	39.5	39.6	22.8	13.4	浓绿	强
		3.5	39.6	40.5	24.1	13.8	浓绿	强
		4.5	38.6	40.6	23.1	13.6	浓绿	强
	移栽后50 d	2.5	89.5	61.2Bb	30.9	20.2	浓绿	强
		3.5	91.2	63.9Aa	31.9	20.5	浓绿	强
		4.5	90.8	63.8Aa	32.1	20.8	浓绿	强
	移栽后70 d	2.5	120.6	65.7b	34.9b	23.5	绿	较强
		3.5	120.8	66.8b	36.8a	23.6	浓绿	较强
		4.5	123.4	68.8a	37.5a	23.9	浓绿	较强
临颍点	移栽后30 d	1.5	42.3	40.8Bc	23.6b	14.2	浓绿	强
		2.5	41.1	42.6Bb	24.8a	14	浓绿	强
		3.5	41.5	45.4Aa	25.7a	14.1	浓绿	强
	移栽后50 d	1.5	91.2	63.2b	32.7Bb	20.1	浓绿	强
		2.5	90.3	62.5b	30.1Bc	20.5	浓绿	强
		3.5	94.7	66.7a	34.2Aa	19.3	浓绿	强
	移栽后70 d	1.5	124.3	65.7B	33.8B	22.8	浓绿	较强
		2.5	126.4	67.4AB	36.2AB	23.6	浓绿	较强
		3.5	126.9	70.1A	38.4A	24.2	浓绿	强

注：表中同列同时期同一地点不同小/大写字母标注表示差异达显著/极显著水平。

2.成熟落黄

烟叶落黄与氮营养有直接关系，叶绿素含量高烟叶落黄差。栽后 80 d 测定高肥力（临颍点）不同处理中上部叶片叶绿素含量（SPAD 值），结果见表 4-39。相同处理不同部位 SPAD 值上部叶>中部叶。不同处理相同部位 SPAD 值随施氮量增加而增大。

表 4-39　移栽后 80 d 烟叶 SPAD 值（高肥力）

施氮量/（$kg/667\ m^2$）	中部叶	上部叶	落黄描述
1.5	35.4	45.3	较好
2.5	41.5	46.1	明显
3.5	48.7	51.9	一般

3.经济性状

各处理烟叶产量、产值和上等烟比例及均价结果见表 4-40。中等肥力区烤烟产量随施氮量增加而增加，均价先升后降，产值以施氮 3.5 $kg/667\ m^2$ 处理较高。高肥力区烤烟产量也随施氮量增加而增加，均价、上等烟比例和产值均随施氮量增加呈先升后降的趋势。结果说明，氮素营养水平对烟叶的经济性状影响较大，产量随施氮量增加而增加，均价和上等烟比例则以中等施氮量处理为最高。

表 4-40　施氮量对不同肥力区烤烟经济性状的影响

地点	施氮量/（$kg/667\ m^2$）	产量/（$kg/667\ m^2$）	均价/（元/kg）	上等烟比例/%	产值/（元/667 m^2）
襄城点	2.5	154.8 a	15.9 Aa	40.0 Ab	2461.3 c
	3.5	162.7 b	16.8 Bb	42.5 Ab	2733.4 a
	4.5	175.2 c	14.8 Cc	37.9 Ba	2592.9 b
临颍点	1.5	153.7Cc	14.8a	41.7Bb	2274.8cB
	2.5	174.2Bb	16.6a	46.2Aa	2717.5aA
	3.5	195.4Ac	13.2b	33.5Cc	2579.3bA

注：表中同列同一地点不同字母小/大写字母标注表示差异达显著/极显著水平。

4.质量性状

从表 4-41 可知，随施氮量增加，叶片成熟度降低，叶片结构变差，油分稍增加，色度降低，叶片增大，叶色变深，单叶重提高。根据河南浓香型中部烟叶外观特征要求：颜色橘黄，油分为有～有$^+$，叶片成熟，结构尚疏松～疏松，身份中等，叶长 55～70 cm，宽度 27 cm±4 cm，单叶重 8～12 g，可知两试验点低等和中等施氮量处理烤烟外观质量符合浓香型烟叶质量要求。

表 4-41　施氮量对不同肥力区烤烟 C3F 烟叶外观质量影响

地点	施氮量/(kg/667 m²)	成熟度	叶片结构	油分	色度	叶片长×宽/(cm×cm)	叶色	单叶重/g
襄城点	2.5	成熟	疏松	有⁻	强⁻	58.1×23.4	F70% L30%	9.2
	3.5	成熟	疏松	有⁺	强	59.8×25.7	F80% L20%	10.5
	4.5	成熟⁻	稍疏松	有	强⁻	59.7×26.2	F100%	13.4
临颍点	1.5	成熟	疏松	稍有	强	56.1×23.4	F80% L20%	10.1
	2.5	成熟	稍疏松	稍有	强⁻	57.8×27.7	F95% L5%	12.3
	3.5	尚熟⁺	稍疏松	有	强⁻	60.1×28.2	F95% L5%	14.8

试验各处理 C3F 烟叶样品化学成分测定结果见表 4-42。中或高肥力区总糖和还原糖均随施氮量增加而降低，烟碱含量则反之。各处理氮碱比均>0.8，钾氯比>1.5，除高肥力区高施氮处理两糖比<0.8 外，其他处理均大于 0.8。根据河南浓香型中部烟叶化学成分指标分析：烟碱含量 1.8%~2.6%，氮碱比 0.80~1.0，糖碱比 8~10，两糖比 0.8 左右，钾氯比>1.5、总糖含量 20%~24%，高肥力高施氮量处理化学成分协调性较差；中等肥力区以施氮 3.5 kg/667 m²、4.5 kg/667 m²，高肥力区以施氮 1.5 kg/667 m²、2.5 kg/667 m² 处理的烤烟化学成分协调性较好。

就化学成分的均匀性而言，低肥力区 3.5 kg/667 m²、4.5 kg/667 m² 处理烟叶的总糖、还原糖、烟碱、总氮含量，高肥力区 1.5 kg/667 m²、2.5 kg/667 m² 处理烟叶总糖、还原糖、烟碱、总氮含量，总体上表现差别不大，由此说明，不同肥力区通过氮量调控，可以减少总糖、还原糖、烟碱、总氮含量的差异，有利于提高其均匀性。

表 4-42　施氮量对不同肥力区烤烟 C3F 烟叶化学成分的影响

地点	施氮量/kg/667 m²	总糖/%	还原糖/%	烟碱/%	总氮/%	钾/%	氯/%	氮碱比	两糖比	钾氯比
襄城点	2.5	24.22	22.12	1.97	1.58	1.17	0.59	0.80	0.91	1.98
	3.5	22.05	19.58	2.12	1.84	1.18	0.62	0.87	0.88	1.9
	4.5	20.89	17.54	2.45	2.27	1.20	0.48	0.91	0.83	2.5
临颍点	1.5	23.46	19.87	2.13	1.75	1.18	0.72	0.82	0.85	1.63
	2.5	22.40	18.28	2.47	2.16	1.15	0.67	0.86	0.81	1.72
	3.5	21.70	16.42	2.79	2.31	1.26	0.75	0.83	0.75	1.68

中肥力与高肥力 C3F 烟叶样品感官质量评吸结果见图 4-7。中等肥力区感官质量高施氮处理明显差于前两个处理，而浓香型质量风格随氮量增加表现彰显趋势，综合分析感官质量与质量风格以中等施氮处理表现较好。高肥力随着施氮量增加，感官质量和浓香型质量风格先升后降，也以中等施氮量处理表现较好。

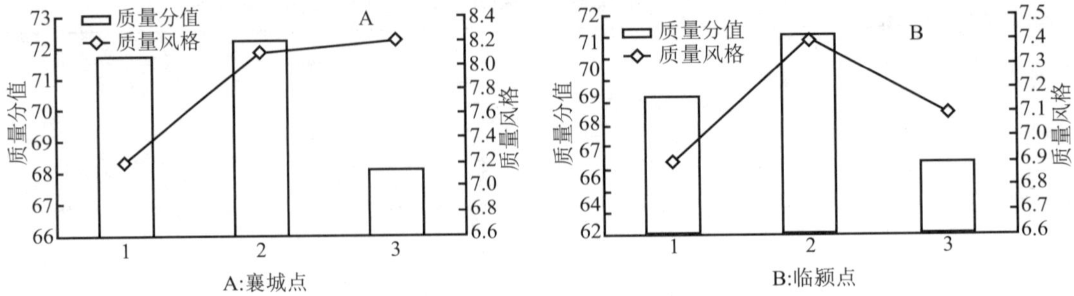

图 4-7　施氮量对不同肥力区烤烟 C3F 感官质量的影响

(三)结论与讨论

(1)不同的氮用量对前期农艺性状影响较小,随着生长发育进程氮素效应逐渐显现,这与烟叶对氮素吸收前期少,移栽后 40 d 左右进入高峰期有关。高肥力区施氮对农艺性状的影响大于中肥力区,因此,高肥力烟田施氮量控制尤显重要。

(2)无论中肥力和高肥力烟田,烟叶产量均表现出随氮量增加而增加,均价和上等烟比例先升后降。作为叶用经济作物,烟草与其他作物一样,施氮量和土壤肥力对产量影响较大,要提高烟叶产值,在适当产量的情况下,应重点提高均价与上等烟比例。

(3)总糖、还原糖高肥力区比中等肥力区稍低,烟碱含量稍高。高肥力区以施氮 3.5 kg/667 m^2化学成分协调性较差。不同肥力区通过氮量调控,可以减少总糖、还原糖、烟碱、总氮含量的差异,有利于提高其均匀性。钾和氯含量基本不受土壤肥力和施氮量影响。

(4)烤烟的营养状况对香吃味有一定影响。中烟 100 品种中等肥力区感官质量与浓香型质量风格以施氮 3.5 kg/667 m^2 较好,高肥力区以施氮 2.5 kg/667 m^2 较好,并且感官质量总体上中肥力好于高肥力。要彰显中烟 100 品种浓香型质量特色,需从土壤肥力和施氮量两个方面考虑,在不同土壤肥力区应控制适宜的施氮量。

二、连片烟田不同肥力均衡施肥烟叶均质化效应研究

连片烟田内茬口不同,土壤肥力不同,土壤养分含量差别较大,统一施肥情况下,烟株长势差异明显,进而影响烟叶生产均质化。为此统筹考虑连片烟田土壤养分含量、前茬等因素差异,针对连片烟田内存在的肥力差别调整施肥配方,实施精准施肥,尽可能实现连片烟田长势长相趋同,以期为烟叶均质化生产施肥提供依据。

(一)材料与方法

1.基本情况

试验安排在许昌市襄城县王洛镇闫寨北村,连片烟田 124 亩,前茬玉米为 72 亩,花生茬 11 亩,辣椒茬 21 亩,红薯茬 20 亩。种植中烟 100 品种。

2.试验设计

根据肥力及茬口分布等差别,烟田划分不同网格并明确界限;参考往年试验结果和当地施肥经验,每网格确定 1 个优化施肥配方,以网格施肥配方为处理,不安排重复,进

行连片区域网格变量施肥。不同前茬施肥调整方案如下。

处理 1：玉米茬，饼肥 150 kg/hm^2、复合肥 150 kg/hm^2（10：10：20）、过磷酸钙 75 kg/hm^2、KNO_3 75 kg/hm^2、K_2SO_4 375 kg/hm^2，计算氮、磷、钾量分别为 27.8 kg/hm^2、24.0 kg/hm^2、251.3 kg/hm^2。

处理 2：花生茬，饼肥 225 kg/hm^2、复合肥 225 kg/hm^2（10：10：20）、过磷酸钙 75 kg/hm^2、KNO_3 75 kg/hm^2、K_2SO_4 375 kg/hm^2，计算氮、磷、钾量分别为 36.7 kg/hm^2、31.5 kg/hm^2、266.3 kg/hm^2。

处理 3：辣椒茬，复合肥 150 kg/hm^2（10:10:20）、过磷酸钙75 kg/hm^2、$KNO_3$75 kg/hm^2、$K_2SO_4$375 kg/hm^2，计算氮、磷、钾量分别为 25.1 kg/hm^2、24.0 kg/hm^2、251.3 kg/hm^2。

处理 4：红薯茬，饼肥 375 kg/hm^2、复合肥 375 kg/hm^2（10:10:20）、过磷酸钙 75 kg/hm^2、$KNO_3$75 kg/hm^2、K_2 kg/hm^2 SO_4 225 kg/hm^2、计算氮、磷、钾量分别为 54.4 kg/hm^2、46.5 kg/hm^2、221.3 kg/hm^2。

3.测定项目及方法

（1）按照茬口、前茬施肥等划分网格处理，采用"S"型取样方法取土样，检测化验土壤基础养分含量。

（2）现蕾期、成熟期，选择代表性烟株 5 株，测定主要农艺性状，并评价长势长相、整齐度；在采收中部烟叶时，评价落黄一致性与落黄程度。

（3）各处理挂牌采收烘烤，统计各处理亩产量、亩产值、上等烟比例等；每个处理采集 C3F 样品各 1 kg，测定烟叶化学成分，并完成外观质量鉴定。

（二）结果与分析

1.连片内不同茬口土壤肥力状况

从表 4-43 结果分析，该试验地土壤肥力较高，其中玉米茬碱解氮含量最高为 94.2 mg/kg，红薯茬碱解氮含量最低为 75.3 mg/kg。试验田土壤速效钾含量为 120 mg/kg 左右，土壤速效磷含量为 12.8~15.7 mg/kg。试验处理中氮、磷、钾肥用量参考不同茬口特性及土壤测定结果做了具体的调整。

表 4-43 不同茬口土壤基础肥力

地块茬口	有机质/(g/kg)	碱解氮/(mg/kg)	速效磷/(mg/kg)	速效钾/(mg/kg)
玉米茬(处理 1)	13.2	94.2	12.9	119.7
花生茬(处理 2)	12.5	86.1	15.7	122.8
辣椒茬(处理 3)	12.0	98.6	14.2	117.4
红薯茬(处理 4)	13.0	75.3	12.8	124.5

2.不同处理烟株农艺性状

（1）现蕾期　从 6 月 27 日不同处理烟株农艺性状测定结果分析（见表 4-44），处理 3 辣椒茬烟株长势相对较强，株高最高，茎围最粗，叶片最大，其他茬口长势一般，处理 2 花生茬株高相对较低,叶片相对稍小。

表 4-44　不同处理烟株农艺性状(6 月 27 日)

茬口	株高/cm	茎围/cm	最大叶长×宽/(cm×cm)	叶色	生长势	整齐度
玉米茬(处理 1)	101.3	8.9	64.4×32.4	浓绿	一般	一般
花生茬(处理 2)	94.8	8.5	60.1×30.7	浓绿	一般	一般
辣椒茬(处理 3)	112.4	9.1	67.2×35.0	浓绿	较强	一般
红薯茬(处理 4)	104.5	8.6	65.1×33.7	浓绿	一般	一般

(2)成熟期　处理 3 辣椒茬的农艺性状株高与最大叶片长宽均大于其他处理;处理 4 红薯茬的株高与最大叶长宽低于其他处理;总体上处理 1 玉米茬与处理 3 辣椒茬接近,处理花生茬与处理 4 红薯茬接近;7 月 15 日处理 4 红薯茬与处理 2 花生茬下部烟叶已落黄,处理 1 玉米茬与处理 3 辣椒茬叶色浅绿,已稍有落黄特征(见表 4-45)。

表 4-45　不同处理对烟株农艺性状(7 月 15 日)

处理	株高/cm	茎围/cm	最大叶长×宽/(cm×cm)	下部叶色	整齐度
玉米茬(处理 1)	134.5	11.6	72.5×39.2	绿	一般
花生茬(处理 2)	126.4	11.1	72.2×39.9	浅绿	一般
辣椒茬(处理 3)	136.2	12.3	73.6×40.5	绿	一般
红薯茬(处理 4)	124.1	11.4	70.1×36.9	浅绿	一般

3.不同处理中部烟叶落黄特征

在第 2 炕采收烘烤前,对不同处理的中部烟叶成熟特征测定结果见表 4-46。虽然进行了施肥量的调整,四个处理的中部叶片成熟特征差别仍然比较明显;处理 4 红薯茬成熟特征好于其他处理,处理 3 辣椒茬的成熟特征表现较差,从 SPAD 值上能得到具体反映;但不同处理的中部烟叶成熟特征由于施肥调整,均得到一定程度的改善。

表 4-46　不同处理中部烟叶落黄特征

茬口	叶色	主脉色	落黄程度	SPAD 值	整齐度
玉米茬(处理 1)	黄色稍绿	浅绿色	7.5 成	33.5	一般
花生茬(处理 2)	以黄为主	前黄后绿	8 成	30.2	一般
辣椒茬(处理 3)	浅黄带绿	浅绿色	7 成	35.4	一般
红薯茬 CK(处理 4)	以黄为主	近 2/3 黄色	8~9 成	29.6	一般

4.不同处理烟叶经济性状

不同处理烟叶经济性状统计结果见表 4-47。收购单产处理 3 辣椒茬最低,处理 4 红薯茬最高,相差 19.3 kg/亩,上等烟比例最高为处理 4 红薯茬,最低为处理 3 辣椒茬,相差 8.2%,均价最高与最低相差 2.8 元/kg,亩产值最低与最高相差 931.2 元/亩。经济性状处理 4>处理 2>处理 1>处理 3。

表 4-47　不同处理烟叶经济性状

茬口	亩产量/kg	上等烟比例/%	均价/(元/kg)	亩产值/元
玉米茬(处理 1)	130.7	67.5	28.3	3 698.8
花生茬(处理 2)	137.2	70.2	29.1	3 992.5
辣椒茬(处理 3)	124.4	64.1	27.4	3 408.5
红薯茬(处理 4)	143.7	72.3	30.2	4 339.7

5.不同处理烟叶外观质量

在各处理采集的 C3F 烟叶样品 1 kg 的基础上,从每个样品中按照叶片外观,分出叶位基本相同的 5 片叶,对每个处理的 5 个叶片分别外观质量评价,平均分值见表 4-48,外观质量评价分值的变异系数结果见图 4-8。从不同处理外观质量变异系数分析,处理 3 辣椒茬均匀性较差,处理 4 红薯茬相对较好,处理 2 与处理 1 一般。

表 4-48　不同处理中部烟叶外观质量评价结果

处理	成熟度	颜色	结构	油分	色度	平均值	单叶重/g	样本数
处理 1	9.1	8.3	8.6	6.9	7.8	8.14	21.3	5
处理 2	9.2	8.4	8.7	7.0	8.2	8.30	18.7	5
处理 3	8.9	8.1	8.6	6.9	7.5	8.00	20.5	5
处理 4	9.3	8.6	9.0	7.2	8.1	8.44	17.6	5

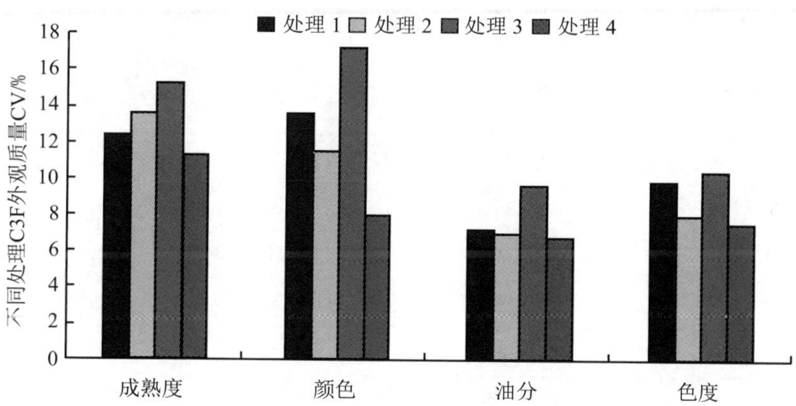

图 4-8　不同处理 C3F 外观质量评价分值变异系数

6.不同处理烟叶化学成分均匀性

在各处理采集的 C3F 烟叶样品 1 kg 的基础上,从每个样品中按照叶片外观,分出叶位基本相同的 10 片叶,2 个叶片为 1 组,每个处理 5 个样品组,测定主要化学成分,对烟碱、总糖、还原糖、钾、氯及糖碱比、两糖比,钾氯比完成均匀性分析,结果见表 4-49。

表 4-49 不同处理烟叶化学成分均匀性

处理	指标	总糖	还原糖	烟碱	糖碱比	两糖比	钾	氯	钾氯比
处理 1（玉米茬）	样本数/个	5.00	5.00	5.00	5.00	5.00	5.00	5.00	5.00
	平均值/%	18.94	15.54	2.63	7.27	0.82	1.17	1.05	1.12
	标准差 S	1.08	1.33	0.25	1.07	0.05	0.06	0.10	0.13
	CV/%	5.70	8.55	9.45	14.70	5.48	4.95	9.04	11.52
	最大值/%	20.40	16.50	2.98	8.68	0.86	1.21	1.14	1.35
	最小值/%	17.60	13.70	2.35	5.91	0.77	1.09	0.92	1.05
处理 2（花生茬）	样本数/个	5	5	5	5	5	5	5	5
	平均值/%	19.70	15.96	2.57	7.69	0.81	1.15	0.95	1.21
	标准差 S	0.87	1.25	0.16	0.81	0.03	0.06	0.09	0.08
	CV/%	4.39	7.86	6.23	10.52	3.58	5.13	9.58	6.28
	最大值/%	20.40	17.50	2.78	8.66	85.00	1.21	1.10	1.28
	最小值/%	18.50	14.40	2.38	6.65	0.78	1.08	0.91	1.09
处理 3（辣椒茬）	样本数/个	5	5	5	5	5	5	5	5
	平均值/%	17.82	13.62	2.74	6.56	0.76	1.11	1.13	0.98
	标准差 S	1.04	1.86	0.20	0.85	0.06	0.07	0.10	0.07
	CV/%	5.80	13.61	7.15	12.98	8.15	6.23	8.51	7.25
	最大值/%	19.10	15.70	3.01	7.73	0.82	1.20	1.21	1.07
	最小值/%	16.70	11.40	2.47	5.49	0.68	1.04	0.97	0.91
处理 4（红薯茬）	样本数/个	5	5	5	5	5	5	5	5
	平均值/%	20.76	17.61	2.47	8.47	0.85	1.27	0.79	1.60
	标准差 S	1.13	1.11	0.16	0.95	0.30	0.07	0.04	0.14
	CV/%	5.42	6.30	6.36	11.17	3.57	5.60	5.00	8.45
	最大值/%	22.30	18.30	2.69	9.53	0.89	1.35	0.83	1.82
	最小值/%	19.60	15.88	2.30	7.28	0.81	1.19	0.74	1.45
CV/%		6.42	10.45	4.41	10.64	4.53	5.70	14.98	21.52

从不同处理主要化学成分及糖碱比、两糖比、钾氯比的变异系数分析，结果见图 4-9。处理 1 玉米茬烟碱、糖碱比、钾氯比变异系数较高，处理 2 花生茬氯含量变异系数较高，处理 3 辣椒茬还原糖、两糖比变异系数较高；总体上分析，处理 4 红薯茬烟叶主要化学成分均匀性好于处理 1 玉米茬、处理 2 花生茬、处理 3 辣椒茬。

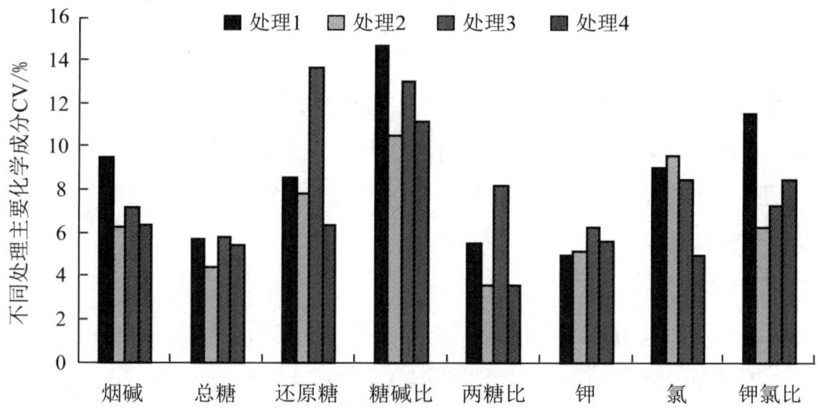

图 4-9 不同处理 C3F 等级化学成分均匀性比较

(三)研究结论

(1)不同茬口(土壤基础肥力)通过均衡施肥调整后,农艺性状与成熟特征方面依然存在差异,但此种差异性由于施肥调整差异明显具有减少趋势。

(2)外观质量均匀性方面,均匀性总体上处理 4 红薯茬>处理 2 花生茬>处理 1 玉米茬>处理 3 辣椒茬,与不同前茬基础肥力碱解氮含量呈现相反的结果;通过肥力均衡性调整,烟叶外观质量均匀性有所改善。不同处理成熟度 CV 最大与最低相差 3.98%,叶色 CV 最大与最低相差 9.27%,油分 CV 最大与最低相差 2.89%,色度 CV 最大与最低相差 2.85%,烟叶成熟度、油分、色度的均衡性明显提高。

(3)化学成分均匀性方面,均匀性总体上处理 4 红薯茬>处理 2 花生茬>处理 1 玉米茬>处理 3 辣椒茬,通过肥力均衡性调整,化学成分均匀性有所改善;不同处理烟碱 CV 最大与最低相差 3.22%,总糖 CV 最大与最低相差 0.41%,还原糖 CV 最大与最低相差 7.31%,钾 CV 最大与最低相差 1.28%,氯 CV 最大与最低相差 4.04%,烟叶的烟碱、总糖、钾含量均匀性明显提高。

三、烟田施肥匀度对烟叶均质化的影响

均匀施肥是保证烟株营养吸收均衡和烟株生长发育一致的基础,为此本试验设置了不同施肥量偏差,研究对烟株生长发育及烟叶均质化影响,以期为机械施肥精准度提供参考。

(一)材料与方法

1.试验地要求

试验安排在河南省农科院烟草所试验地,中烟 100 品种,行距 1.2 m,株距 0.5 m,肥力均匀,地势平坦,起垄大小、形状与底宽度基本相同,移栽与田管一致。

2.试验设计

施肥匀度差异设置 7 个处理。F±10%的差异度;F±20%差异度;F±30%差异度;F-CK。F-CK 肥料施用量为纯氮 30 kg/hm^2,P_2O_5 60 kg/hm^2,K_2O 180 kg/hm^2。将饼肥、复合肥、硫酸钾等肥料按照施肥量要求配后充分混合,以 F-CK 施肥量为参照,±10%、

±20%和±30%进行各处理施肥，每处理60株烟，三次重复。

3.测定指标

(1)栽后30 d，每处理选择3株代表性烟株，根、茎、叶分开105 ℃杀青、70 ℃烘干，测定干重。栽后60 d及成熟期，各处理选择代表性烟株5株，调查主要农艺性状。

(2)成熟期各处理挂牌采烤，统计烤后烟叶产量、产值、上等烟比例等经济性状。

(二)结果与分析

1.不同处理烟株干重

从栽后30 d不同处理烟株干重测定结果表4-50来看，总体上表现为施肥偏多的情况下，地上部干重增加，偏少情况下，地上部干重减少，F+30>F+20>F+10>F-CK>F-10>F-20>F-30，单株干重与地上部干重规律一致。根冠比随施肥量增加而减少，随施肥量减少而增加，与地上部干重规律相反。施肥不匀影响了烤烟地上部和地下部生长发育。

表4-50　栽后30 d不同处理烟株干重

处理	茎叶干重/(g/株)	根干重/(g/株)	全株干重/(g/株)	根冠比
F+10	27.99	1.99	29.98	0.071
F+20	28.07	1.96	30.03	0.070
F+30	28.97	1.91	30.88	0.066
F-CK	27.18	2.09	29.27	0.077
F-10	26.72	2.03	28.75	0.076
F-20	25.11	2.00	27.11	0.080
F-30	23.90	2.02	25.92	0.085

与F-CK比较，单株干重增加及减少百分比见表4-51，数字前面带“+”号为增加百分比，数字前面带“-”号为减少百分比。从表中可以看出，偏多施肥情况下，地上部干重均较对照F-CK增加，随偏施量增加，与对照相比增加或减少百分比升高，偏多施情况下，增加百分比F+30>F+20>F+10，F+30处理较F-CK对照增加最多为6.59%；偏少施情况下，减少百分比F-30>F-20>F-10，F-30处理较F-CK对照减少最多为12.07%，其次是F-20处理减少为7.62%。与对照比较，肥料偏施均造成了烟苗根系干质量降低，F+30降低百分比最大8.61%。单株干重与对照比较，规律与地上部干重一致。总的来看，肥料偏少施20%~30%及偏多施30%会造成生长较大差异，肥料偏施±10%及偏多20%情况下，烟株生长发育差异相对较小。

表4-51　栽后30 d不同处理单株干重与对照比较

处理	地上部与对照比较/%	根与对照比较/%	单株与对照比较/%
F+10	2.98	-4.78	2.43
F+20	3.27	-6.22	2.60
F+30	6.59	-8.61	5.50
F-CK	0.00	0.00	0.00
F-10	-1.69	-2.87	-1.78
F-20	-7.62	-4.31	-7.38
F-30	-12.07	-3.35	-11.45

2.不同处理烟株农艺性状

从栽后 60 d 烟株农艺性状调查结果(表 4-52)来看,F+30 处理烟株株高相对较高,F-20 和 F-30 株高相对稍低;F-30 茎围稍低;F-10、F-20 和 F-30 叶片数相对较少;F+30 处理叶片 SPAD 值稍高。

表 4-52 栽后 60 d 不同处理烟株农艺性状

处理	株高/cm	茎围/cm	叶片数/片	最大叶/cm		SPAD 值
				长	宽	
F+10	122.0	8.97	27.0	67.1	40.6	38.7
F+20	123.3	8.81	27.3	64.6	39.9	38.6
F+30	126.7	9.05	27.7	65.6	35.8	41.4
F-CK	123.0	9.15	27.7	66.4	38.3	38.7
F-10	120.0	9.25	26.7	62.7	40.1	37.4
F-20	117.7	8.94	26.7	64.2	37.9	37.7
F-30	114.0	8.69	26.3	63.7	38.0	38.4

从成熟期不同叶位烟叶长宽调查结果(表 4-53)来看,F-10、F-20 和 F-30 顶 3 叶叶长及叶宽稍大,F+10、F+20 及 F+30 顶 3 叶叶长及叶宽稍小,但其中部及下 3 叶位叶片大小规律相反,分析原因可能与打顶留叶多少有关。F+20 和 F+30 株高及留叶数明显高于其他处理,F-20 和 F-30 茎围明显低于其他处理。施肥不匀造成了成熟期烟株生长发育明显差异。

表 4-53 成熟期不同处理烟株农艺性状

处理	叶长×宽/(cm×cm)			株高/cm	茎围/cm	叶片数/片
	顶 3	中部	下 3			
F+10	49.8×22.0	55.3×25.5	61.2×34.1	140.0	11.2	17.7
F+20	45.0×20.7	56.7×27.0	63.7×35.2	148.8	11.3	19.0
F+30	43.7×20.7	58.3×26.7	66.4×35.0	151.2	11.3	19.7
F-CK	49.4×20.8	58.7×27.7	61.6×33.6	141.6	11.5	18.0
F-10	51.5×22.4	55.0×25.5	61.5×32.5	141.9	11.5	17.7
F-20	52.3×22.0	54.7×26.5	60.7×34.6	138.5	10.5	18.7
F-30	50.3×23.0	55.0×26.7	59.2×35.3	136.2	10.9	17.7

3.不同处理烟叶经济性状

从不同处理烟叶产值表 4-54 来看,施肥±10%、±20%和±30%烟叶亩产量和亩产值均较 F-CK 减少,亩产量减少幅度为 13.8~24.7 kg,变异系数为 5.2~7.3;亩产值减少幅度为 290.9~547.9 元,变异系数为 5.0~6.5。均价在 22.7~24.1 元/kg 范围,上等烟比例 46.5%~48.8%,变异系数相对较小。总体来看,施肥对亩产量和亩产值有一定影响,±20%和±30%施肥影响大于±10%施肥。通过烟叶部位等级分析发现施肥对中下部烟叶等级质量影响较大,主要减少了中下部烟叶产量,对上部烟叶等级质量影响相对较小。

表 4-54　不同处理烟叶经济性状及变异系数

处理	亩产量/kg	亩产值/元	均价/(元/kg)	上等烟比例/%
F+10	172.9	4 046.3	23.4	48.1
F-CK	186.7	4 387.6	23.5	46.7
F-10	169.1	4 008.8	22.7	46.5
平均值	176.3	4 147.6	23.2	47.4
变异系数	5.2	5.0	1.9	1.5
F+20	170.0	4 096.7	24.1	48.8
F-CK	186.7	4 387.6	23.5	46.7
F-20	162.0	3 871.2	23.9	48.3
平均值	172.9	4 118.5	23.8	47.9
变异系数	7.3	6.3	1.3	2.3
F+30	166.2	3 971.1	23.9	48.6
F-CK	186.7	4 387.6	23.5	46.7
F-30	164.4	3 896.6	23.7	48.2
平均值	172.4	4 085.1	23.7	47.8
变异系数	7.2	6.5	0.8	2.1

(三)研究结论

(1)施肥均匀性差异会影响烟株生长发育差异,从成熟期调查结果来看施肥量 10%偏差以内差异相对较小,随施肥量偏差增大,烟株生长发育差异变大。另外,从田间观察来看,施肥均匀性差异还会引起成熟落黄进程差异,尤其是对下部烟叶成熟一致性影响较大,施肥量负偏差越大,下部烟叶成熟越快。

(2)从产值情况来看,±20%和±30%施肥偏差情况下,对产量和产值影响大于±10%施肥偏差。

(3)根据以上研究结论,提出生产中无论是人工施肥还是机械施肥,施肥量偏差尽量控制在 10%以内的施肥差异均匀性技术指标。

四、水肥一体化精准施肥对烟叶均质化的影响

水肥一体化能够实现烟株定时定量供应水肥,达到烟株水肥营养基本一致,是提高烟株生长发育一致性的水肥管理技术方法。通过本试验研究,建立自主的水肥一体化技术体系,为大面积应用提供技术方法。

(一)材料与方法

1.基本情况

临颍试验点:位于漯河市临颍县繁城镇孙朱村,前茬为烤烟,中等肥力烟田。

襄城试验点:位于许昌市襄城县王洛镇王洛西村,前茬为玉米,冬闲期种植绿肥冬牧70,高肥力烟田。

2.试验设计

试验设置 3 个处理。处理 1:常规施肥(CK);处理 2:水肥一体化施肥,水溶肥配方

1;处理3:水肥一体化施肥,水溶肥配方2。大区对比,中烟100品种,除施肥外其他按照常规措施管理。

临颍试验点:处理1为常规施肥,施肥量为10-10-20复合肥40 kg/亩,饼肥30 kg/亩,硫酸钾30 kg/亩,硝酸钾5 kg/亩,其中复合肥、饼肥和70%硫酸钾基施,30%硫酸钾和硝酸钾移栽后30 d追施,亩折合N、P_2O_5、K_2O为5 kg、4 kg、25.3 kg;处理2为水肥一体化,施肥量为30 kg/亩芝麻饼肥,重过磷酸钙9 kg/亩,10-10-20复合肥5 kg/亩,14-0-28水溶肥18 kg/亩,0-0-40水溶肥10 kg/亩,其中芝麻饼肥条施,复合肥窝施,14-0-28水溶肥分别在移栽后35 d、45 d、60 d施用,0-0-40水溶肥分别在移栽后35 d、45 d、60 d、75 d施用,亩折合N、P_2O_5、K_2O为3.5 kg、4 kg、10 kg;处理3为水肥一体化,在处理2施肥量基础上添加了肥料增效剂,施用方法同处理2。

襄城试验点:处理1为常规施肥,施肥量为10-10-20复合肥20 kg/亩,饼肥30 kg/亩,硫酸钾20 kg/亩,硝酸钾5 kg/亩,其中复合肥、饼肥和70%硫酸钾基施,30%硫酸钾和硝酸钾移栽后30 d追施,亩折合N、P_2O_5、K_2O为3 kg、2 kg、14 kg;处理2为水肥一体化,施肥量为30 kg/亩芝麻饼肥,重过磷酸钙4.5 kg/亩,14-0-28水溶肥10 kg/亩,0-0-40水溶肥10 kg/亩,其中芝麻饼肥条施,14-0-28水溶肥分别在移栽后35 d、45 d、60 d施用,0-0-40水溶肥分别在移栽后35 d、45 d、60 d、75 d施用,亩折合N、P_2O_5、K_2O为2 kg、4 kg、6.8 kg;处理3为水肥一体化,在处理2施肥量基础上添加了肥料增效剂,施用方法同处理2。

3.测定项目

(1)于7月2日,临颍试验点调查烟株农艺性状;于7月15日,襄城试验点调查烟株农艺性状,分析烟株生长发育均匀性。

(2)各处理单独挂牌,单收、单放,统计烟叶产量、产值及上等烟比例等经济性状;取中部烟叶1 kg,用于烟叶化学成分分析。

(二)结果与分析

1.农艺性状均匀性分析

(1)临颍试验点　由表4-55中可以看出,在临颍中等肥力条件下,水肥一体化处理与常规施肥处理相比,株高、叶片数、最大叶长、最大叶宽、最大叶面积、SPAD值差异不大,均未达显著水平;水肥一体化处理烟株的茎围显著高于常规对照。总体而言,在临颍中等肥力条件下,水肥一体化肥料减施情况下,水溶肥配方1和水溶肥配方2均能达到与常规施肥长势相当水平。

表4-55　水肥一体化烤烟农艺性状(临颍点)

处理	株高/cm	茎围/cm	叶片数/片	最大叶			SPAD值
				长/cm	宽/cm	面积/cm^2	
常规施肥	131.33	11.20b	24.00	77.57	47.60	2 343.73	39.20
水溶肥配方1	127.33	12.54a	24.00	78.50	48.20	2 402.46	40.77
水溶肥配方2	132.33	12.90a	22.67	79.90	48.17	2 441.22	38.83

由表 4-56 中可以看出，中等肥力条件下，常规施肥株高、叶面积和 SPAD 值变异系数明显高于水肥一体化处理，其中水溶肥配方 2 处理株高、叶面积和 SPAD 值的变异系数明显低于常规施肥处理和水溶肥配方 1。因此，中等肥力条件下，水肥一体化处理烟田烟株生长均匀性好于常规施肥，其中水溶肥配方 2 烟株长势均匀度更高。

表 4-56 不同处理烟田长势变异系数(临颍点.CV) (%)

处理	株高	叶面积	SPAD 值
常规施肥	3.17	8.15	9.50
水溶肥配方 1	2.27	6.56	5.80
水溶肥配方 2	1.15	1.05	3.52

(2)襄城试验点 由表 4-57 中可以看出，襄城高肥力条件下，常规施肥处理烟株长势明显好于水肥一体化处理，其中株高、叶片数、最大叶面积和 SPAD 值差异均达显著水平。在水肥一体化处理中，水溶肥配方 2 处理烟株长势相对较好。襄城点水肥一体化烟株长势不及常规施肥，可能与冬闲期种植冬牧 70 采取的不同处理方式有关，常规施肥为冬牧 70 掩青，水肥一体化为冬牧 70 收割。

表 4-57 水肥一体化烤烟农艺性状(襄城点)

处理	株高/cm	茎围/cm	叶片数/片	最大叶			SPAD 值
				长/cm	宽/cm	面积/cm^2	
常规施肥	136.00a	9.23	25.67a	60.00	36.83	1 395.43a	42.13a
水溶肥配方 1	113.67b	9.25	22.33b	55.47	34.33	1 208.40c	41.17ab
水溶肥配方 2	118.33b	9.35	22.33b	56.80	35.83	1 291.10b	39.33b

注：常规施肥是结合绿肥(冬牧 70)掩青处理进行，水肥一体化处理是结合绿肥(冬牧 70)收割处理进行。

由表 4-58 中可以看出，襄城高肥力条件下，常规施肥株高、叶面积和 SPAD 值变异系数明显高于水肥一体化处理；水溶肥配方 1 处理叶面积变异系数明显高于水溶肥配方 2 处理，但株高和 SPAD 值的变异系数明显低于水溶肥配方 2 处理。因此，襄城高肥力条件下，水肥一体化处理烟田烟株生长均匀性好于常规施肥，其中两个水溶肥配方处理烟株长势均匀度差异不明显。

表 4-58 不同处理烟田长势变异系数(襄城点.CV) (%)

处理	株高	叶面积	SPAD 值
常规施肥	3.37	4.66	3.68
水溶肥配方 1	1.83	2.06	1.20
水溶肥配方 2	2.58	0.75	3.27

2.烤后烟叶均匀性分析

从表 4-59 与表 4-60 结果分析，总体而言，襄城高肥力地块烤后上部烟叶叶长、叶宽和 SPAD 值的变异系数小于临颍中等肥力地块，这可能与襄城高肥力地块养分供应充足有关。临颍中等肥力地块水肥一体化处理条件下烤后上部烟叶叶长、叶宽与常规施肥虽有差异,但差异相对较小,而烟叶 SPAD 值的变异系数明显小于常规施肥。襄城高肥力条件下,水肥一体化处理烟叶 SPAD 值的变异系数虽仍小于常规施肥,但差异幅度显著低于临颍中等肥力。

表 4-59 不同处理烤后上部叶长宽及叶色变异系数(临颍点.CV) (%)

处理	叶长	叶宽	SPAD 值
常规施肥	8.87	12.54	63.41
水溶肥配方 1	8.65	16.44	36.00
水溶肥配方 2	8.81	13.84	40.65

注:上部烟叶出炕时整杆调查。

表 4-60 不同处理烤后上部叶长宽及叶色变异系数(襄城点.CV) (%)

处理	叶长	叶宽	SPAD 值
常规施肥	7.15	15.67	32.18
水溶肥配方 1	7.21	14.50	30.15
水溶肥配方 2	7.05	13.25	29.21

注:上部烟叶出炕时整杆调查。

对烤后 C3F 等级烟叶分析叶片长宽与单叶重的均匀性结果见表 4-61 与表 4-62,临颍中等肥力条件下,水肥一体化处理 C3F 等级烟叶的叶长、叶宽和单叶重均匀性均明显好于常规施肥处理;襄城高肥力条件下,这一趋势的差异变小。说明在中等肥力情况下,水肥一体化对提高叶片均匀度效果较好,而在高肥力情况下,水肥一体化对提高叶片均匀度效果一般。

表 4-61 不同处理 C3F 等级叶片长宽及单叶重变异系数(临颍点.CV) (%)

处理	叶长	叶宽	单叶重/g
常规施肥	7.30	14.29	12.01
水溶肥配方 1	1.58	4.69	9.58
水溶肥配方 2	4.42	6.05	10.45

表 4-62 不同处理 C3F 等级叶片长宽及单叶重变异系数(襄城点.CV) (%)

处理	叶长	叶宽	单叶重/g
常规施肥	5.31	3.33	9.14
水溶肥配方 1	6.59	1.71	7.28
水溶肥配方 2	2.33	6.08	7.15

3.烤后烟叶化学成分分析

烤后烟叶 C3F 等级烟叶化学成分检测结果见表 4-63 与表 4-64;结果表明,无论在临颍中等肥力条件下还是襄城高肥力条件下，与常规施肥相比，水肥一体化处理均提高了烟叶的两糖比、糖碱比和钾氯比，使烟叶化学成分更加协调。其中水溶肥配方2表现得更加明显。

表4-63 不同处理烤后烟叶化学成分(临颍点C3F)

处理	总糖/%	还原糖/%	总氮/%	烟碱/%	钾/%	氯/%	两糖比	糖碱比	钾氯比
常规施肥	16.79	15.22	2.33	2.91	0.91	0.49	0.91	5.23	1.86
水溶肥配方1	17.45	16.04	2.25	2.12	0.96	0.46	0.92	7.57	2.09
水溶肥配方2	17.59	16.75	2.63	3.03	0.95	0.43	0.95	5.53	2.21

表4-64 不同处理烤后烟叶化学成分(襄城点C3F)

处理	总糖/%	还原糖/%	总氮/%	烟碱/%	钾/%	氯/%	两糖比	糖碱比	钾氯比
常规施肥	21.08	18.44	2.03	2.70	0.61	0.38	0.87	6.83	1.61
水溶肥配方1	17.45	16.04	2.25	2.12	0.96	0.46	0.92	7.57	2.09
水溶肥配方2	18.88	17.33	2.64	2.65	1.30	0.28	0.92	6.54	4.64

4.烟叶经济性状

由表4-65和表4-66可以看出，无论临颍中等肥力还是襄城高肥力条件下，水肥一体化处理均提高了烟叶的产量、产值和上等烟比例。

表4-65 烤烟经济性状结果(临颍点)

处理	亩产量/kg	亩产值/元	均价/(元/kg)	上等烟比例/%
常规施肥	155.17	3 814.69	24.58	40.85
水溶肥配方1	163.06	4 078.82	25.01	60.85
水溶肥配方2	185.62	4 513.21	24.31	55.38

表4-66 烤烟经济性状结果(襄城点)

处理	亩产量/kg	亩产值/元	均价/(元/kg)	上等烟比例/%
常规施肥	162.02	3 929.90	24.26	52.72
水溶肥配方1	187.71	4 580.50	24.40	53.86
水溶肥配方2	183.53	4 538.60	24.73	54.93

(三)研究结论

(1)无论襄城高肥力地块还是临颍中等肥力地块，水肥一体化处理烟田烟株生长均匀性均好于常规施肥。说明采用水肥一体化技术措施，能进一步提高烟田烟株生长发育的均匀程度。

(2)与常规施肥相比,水肥一体化处理提高了烤后烟叶的叶长、叶宽和单叶重的均匀性。在中等肥力情况下,水肥一体化对提高叶片均匀度效果较好,而在高肥力情况下,水肥一体化对提高叶片均匀度效果差于中等肥力。

(3)与常规施肥相比,水肥一体化处理提高了烟叶的两糖比、糖碱比和钾氯比,使烟叶化学成分更加协调。高肥力地块和中等肥力地块,水肥一体化处理均提高了烟叶的产量、产值和上等烟比例。

第四节 群体结构对烟叶均质化的影响

烟田群体结构影响着烟叶的通风透光、干物质积累、成熟落黄及产量质量;适宜的群体结构既能保证烟株个体发育良好,减少上中下部位烟叶质量差异,又能改善群体叶片分布状况及群体烟叶均匀性。根据土壤肥力高低对烟田群体及生长发育状态进行适当调控,可减少烟叶质量差异,提高均质化生产水平。

一、中等肥力不同留叶数对烟叶均质化的影响

打顶留叶是烟叶生产中一项重要农艺措施,单株留叶数对烟株生长发育、烟叶产质量形成具有重要意义。适宜的单株留叶数受品种、气候、土壤等多因素影响,同一地区同一品种情况下,留叶数主要受土壤肥力状况和烟株营养发育状况影响。为此,本试验研究了中等肥力情况下,不同留叶数对烟株生长发育及烟叶均质化的影响,以期为烟叶均质化生产提供技术指导。

(一)材料与方法

1.试验设计

试验安排在河南省农科院烟草所试验地,地力均匀、肥力中等。设置两个留叶数处理,即 L1(可采收叶 16~18 片)和 L2(可采收叶 20~22 片)。除试验处理外,其他管理措施相同。

2.测定指标

(1)成熟期,选择各处理代表性烟株 5 株,调查烟株农艺性状。

(2)成熟期,各处理选择代表性烟株,挂牌采烤,取中、上烟叶进行外观质量、化学成分、感官质量及均匀性分析。

(3)各处理单独挂牌,单收、单放,统计烟叶亩产量、亩产值、上等烟比例等经济性状。

(二)结果与分析

1.不同留叶数烟株农艺性状

成熟期不同留叶数处理,烟株农艺性状调查结果见表 4-67。从表中可以看出,成熟期 L1 和 L2 处理株高、叶片数、上部叶间距和下部叶间距及烟叶长宽和 SPAD 值等指标均存在明显差异。L1 处理烟株株高 125.7 cm,较 L2 处理株高低近 15 cm;叶片数 16.3,较 L2 处理减少 4 片;上部 5 片叶平均节间距 5.4 cm,下部 5 片叶平均节间距 6.2 cm,上下部

烟叶节间距均大于 L2 处理;L1 处理顶 1、顶 3、下 6 和下 3 叶位烟叶大小(长、宽)均大于 L2 处理;烟叶 SPAD 值下部烟叶 L2 处理大于 L1 处理,中部和顶 3 烟叶 L1 处理大于 L2 处理。中等肥力情况下,多留叶增加了成熟期烟株株高,降低了各部位叶片大小。

表 4-67 成熟期不同留叶数烟株农艺性状(一)

处理	株高/cm	茎围/cm	叶片数/片	上部叶间距/cm	下部叶间距/cm	优化叶片数/片
L1	125.7	11.0	16.3	5.4	6.2	4.3
L2	140.3	11.0	20.3	5.1	5.8	4.7

表 4-67 成熟期不同留叶数烟株农艺性状(二)

处理	SPAD					不同部位最大叶长×宽/(cm×cm)				
	顶 1	顶 3	中部	下 6	下 3	顶 1	顶 3	中部	下 6	下 3
L1	43.4	40.4	29.2	20.3	18.5	54.8×24.5	58.5×28.2	59.5×30.9	65.9×36.2	65.5×35.0
L2	43.8	37.8	27.1	23.4	21.3	46.5×23.7	53.3×23.2	59.0×30.5	62.1×35.1	62.3×35.2

2.不同留叶数烟叶外观质量分析

从不同留叶数烟叶外观质量表 4-68 来看,中部烟叶 L1 和 L2 处理成熟度均为成熟,结构疏松,身份适中,但叶片大小和单叶重 L1>L2。上部烟叶 L1 和 L2 处理成熟度均为成熟,结构尚疏松,L1 处理身份稍厚,L2 处理身份厚,油分稍有,叶片大小 L1>L2,单叶重相当。中等肥力情况下,多留叶降低了中部烟叶单叶重,增加了上部烟叶身份厚度。

表 4-68 不同留叶数烤后烟叶外观质量

部位	处理	成熟度	结构	身份	油分	叶长/cm	叶宽/cm	单叶重/g
中部	L1	成熟	疏松	适中	有	60.2	26.8	14.37
	L2	成熟	疏松	适中	有	52.8	24.5	10.35
上部	L1	成熟	尚疏松	稍厚	稍有	62.3	27.4	21.71
	L2	成熟	尚疏松	厚	稍有	59.8	25.8	21.25

3.不同留叶数烤后烟叶化学成分均匀性

从中、上部烟叶化学成分表 4-69 来看,L1 处理中部烟叶总糖、还原糖含量稍高于 L2 处理,总氮和烟碱含量稍低于 L2 处理,钾含量及糖碱比、钾氯比高于 L2 处理;上部 L1 处理烟叶总糖、还原糖、总氮及烟碱含量稍低于 L2 处理,钾含量和氯含量 L1>L2,糖碱比和钾氯比 L2>L1 处理。

表 4-69 不同留叶数烟叶化学成分检测结果

部位	处理	总糖/%	还原糖/%	总氮/%	烟碱/%	钾/%	氯/%	糖碱比	钾氯比
中部	L1	26.12	24.68	1.78	1.94	1.38	1.13	12.70	1.23
	L2	23.83	22.80	1.89	2.38	1.00	1.19	9.58	0.84
上部	L1	23.46	22.86	1.83	2.27	1.36	1.40	10.07	0.97
	L2	26.43	24.75	1.85	2.36	1.17	1.05	10.49	1.11

表 4-70 结果表明,叶尖和叶基烟叶化学成分存在差异。不同处理间比较,L1 处理叶尖和叶基总糖和还原糖含量均较 L2 处理稍高,总氮和烟碱含量稍低,钾含量稍高,氯含量稍低,糖碱比和钾氯比相对较高。叶尖与叶基比较,L1 和 L2 处理均表现为总糖和还原糖含量叶尖>叶基,总氮含量叶尖<叶基,烟碱含量叶尖稍高于叶基,钾含量和氯含量叶尖<叶基。叶尖和叶基各化学成分比较,两糖、总氮、钾、氯含量及糖碱比和钾氯比差异较大,其中两糖、总氮、钾含量及糖碱比差异 L2>L1,氯含量和钾氯比差异 L1>L2。

表 4-70 不同留叶数中部烟叶化学成分均匀性

处理	部位	总糖/%	还原糖/%	总氮/%	烟碱/%	钾/%	氯/%	糖碱比	钾氯比
L1	叶尖	27.86	25.96	1.68	1.97	1.31	0.99	13.18	1.32
	叶基	23.52	22.75	1.93	1.90	1.48	1.34	11.97	1.10
	差值	4.34	3.21	-0.25	0.07	-0.17	-0.35	1.21	0.22
	%	18.45	14.11	-12.95	3.68	-11.49	-26.12	10.11	20.00
L2	叶尖	25.97	24.94	1.77	2.42	0.93	1.06	10.31	0.87
	叶基	20.62	19.59	2.07	2.31	1.10	1.39	8.48	0.79
	差值	5.35	5.35	-0.30	0.11	-0.17	-0.33	1.83	0.08
	%	25.95	27.31	-14.49	4.76	-15.45	-23.74	21.58	10.13

4.不同留叶数烟叶经济性状

从表 4-71 可以看出,L1 和 L2 处理亩产量、亩产值、均价、上等烟比例相当。从产值结果来看,少留叶 L1 处理和多留叶 L2 处理产值差异不显著,但从上等烟结构来看,L1 处理较 L2 处理有更大比例的中部上等烟(C3F)。

表 4-71 不同留叶数烟叶经济性状结果

处理	亩产量/kg	亩产值/元	均价/(元/kg)	上等烟比例/%	C3F 比例/%
L1	151.8	3667.3	24.2	59.4	27.8
L2	150.1	3599.9	24.0	59.6	21.7

(三)研究结论

综合分析不同留叶数对烟株生长发育、对烟叶外观质量、化学成分及经济性状的影响,本试验研究取得如下研究结论:

(1)中等肥力情况下,不同留叶数对烟叶叶片发育、烤后烟叶外观质量、化学成分影响较大,处理间叶片大小发育差异明显,留叶 20~22 片处理叶片大小明显小于留叶 16~18 片处理。

(2)中等肥力情况下,留叶 16~18 片较留叶 20~22 片烟叶外观质量、叶尖和叶基化学成分一致性和协调性较好,C3F 上等烟比例较高。

综合研究结果认为,中等肥力情况下,留叶 16~18 片(可采收叶)有利于烟叶质量和烟叶均质化提升。

二、中等肥力不同行株距配置对烟叶均质化的影响

烟田行株距配置决定了烟株种植密度，不同行株距配置及密度对烟株个体发育、群体结构及烟叶质量有较大影响。本部分试验结合实际情况，试验研究了中等肥力情况下，宽行距、大株距（1.3 m×0.6 m）和窄行距、小株距（1.2 m×0.55 m）对烟叶均质化的影响。

（一）材料与方法

1.试验处理

试验安排在河南省农科院烟草所试验地，地力均匀、肥力中等。设置两个处理：T1：1.2 m行距、0.55 m 株距；T2：1.3 m 行距、0.60 m 株距。除试验处理外，其他生产管理措施相同。

2.测定指标

（1）各处理于旺长期和成熟期，选择代表性烟株 5 株，调查烟株农艺性状。

（2）各处理于成熟期选择代表性烟株，挂牌采烤，取中、上部烤后烟叶进行外观质量评价、化学成分检测及均匀性分析。

（3）各处理单独挂牌，单存、单放，统计烟叶产量、产值、上等烟比例等经济性状。

（二）结果与分析

1.不同行株距配置烟株农艺性状

表 4-72 为不同行株距配置旺长期烟株农艺性状调查结果。从表中可以看出，T1 处理株高相对稍高，但茎围较细，T2 处理茎围相对较粗，叶片稍大。茎围与叶片大小具有一致性，与株高发育规律相反。

表 4-72　旺长期不同行株距配置烟株农艺性状

处理	株高/cm	叶片数/片	茎围/cm	最大叶长/cm	最大叶宽/cm
T1	94.7	21.3	8.6	62.7	36.1
T2	92.7	21.3	9.6	64.1	37.4

表 4-73 为不同行株距配置成熟期烟株农艺性状调查结果。从结果可以看出，T1 和 T2 处理株高相当，但茎围 T1<T2，上部叶间距和下部叶间距 T1>T2。不同部位烟叶发育大小比较，T2>T1，并且下部烟叶差异大于中上部烟叶，叶宽差异大于叶长。宽行距和大株距种植（T2 处理）增加了烟株茎围，减少了叶间距，增加了各部位烟叶叶片大小，尤其是叶宽。

表 4-73　成熟期不同行株距配置烟株农艺性状（一）

处理	株高/cm	茎围/cm	叶片数/片	上部叶间距/cm	下部叶间距/cm	优化叶片数
T1	142.3	10.9	19.0	5.3	6.0	4.0
T2	141.7	11.9	20.0	4.9	5.5	3.3

表 4-73 成熟期不同行株距配置烟株农艺性状(二)

处理	SPAD					最大叶长×叶宽/(cm × cm)									
	顶 1	顶 3	中部	下 6	下 3	顶 1		顶 3		中部		下 6		下 3	
T1	47.2	43.7	24.5	22.8	19.0	49.6	21.9	52.5	24.9	61.5	32.0	63.7	32.5	64.5	34.5
T2	47.8	48.7	25.9	23.7	24.1	49.8	23.6	53.3	25.7	61.7	34.6	64.7	36.3	68.8	40.5

2.不同行株距配置烟叶外观质量

从不同行株距配置中部烟叶外观质量表 4-74 来看,T1 处理烟叶成熟度成熟,色度中,结构疏松,身份适中,油分稍有;T2 处理烟叶成熟度成熟,色度强,结构疏松,身份适中,T2 处理叶片较 T1 处理叶片稍大,但单叶重稍低。上部烟叶 T1 和 T2 比较,T2 处理烟叶色度强、油分有、叶片稍大、单叶重较高,T1 处理色度中、油分有、叶片稍小、单叶重稍低。

表 4-74 不同行株距配置烟叶外观质量评价

部位	处理	成熟度	色度	结构	身份	油分	叶长/cm	叶宽/cm	单叶重/g
中部	T1	成熟	中	疏松	适中	稍有	56.9	23.7	14.48
	T2	成熟	强	疏松	适中	有	57.2	25.6	13.88
上部	T1	成熟	中	尚疏松	稍厚	有	60.0	26.4	18.64
	T2	成熟	强	尚疏松	稍厚	有	63.8	27.9	23.16

3.不同行株距配置烟叶化学成分

从中上部烟叶化学成分含量表 4-75 来看,中部和上部烟叶均表现为 T1 处理总糖和还原糖含量稍高于 T2 处理,总氮、烟碱及钾含量 T1 处理<T2 处理。从糖碱比和钾氯比结果来看,T1 处理糖碱比稍高,但钾氯比稍低。还原糖、烟碱、糖碱比是反映烟叶吸味品质的主要指标,综合来看,T1 处理烟叶化学成分协调性较好。

表 4-75 不同行株距配置对烟叶化学成分的影响

部位	处理	总糖/%	还原糖/%	总氮/%	烟碱/%	钾/%	氯/%	糖碱比	钾氯比
中部	T1	22.25	21.38	1.74	2.20	1.21	1.11	9.73	1.09
	T2	22.32	20.08	1.98	2.98	1.26	0.89	6.74	1.42
上部	T1	22.62	21.83	1.87	2.60	1.27	0.86	8.40	1.48
	T2	21.46	21.39	2.00	2.83	1.33	0.80	7.56	1.66

4.不同行株距配置经济性状

T1 处理亩产量、亩产值均低于 T2 处理(见表 4-76),但 T1 处理上等烟比例较 T2 处理高 1.6 个百分点,均价高 0.4 元。从上等烟结构比例来看,T1 处理 C3F 等级上等烟比例较高。

表 4-76 不同行株距配置对烟叶经济性状

处理	亩产量/kg	亩产值/元	均价/(元/kg)	上等烟比例/%	C3F 等级比例/%
T1	174.2	4 180.0	24.0	54.4	26.7
T2	185.7	4 378.3	23.6	52.8	23.6

(三)研究结论

(1)中等肥力情况下,1.3 m 宽行距、0.6 m 大株距情况下,田间烟株长势较强、叶片发育稍大,烤后烟叶叶片较大、色度强、油分稍多,总氮、烟碱、钾含量及钾氯比稍高,烟叶糖碱比协调性稍差于 1.2 m 窄行距、0.55 m 小株距。

(2)1.3 m 行距、0.6 m 株距亩产量、亩产值均高于 1.2 m 行距、0.55 m 株距,但上等烟比例、均价及 C3F 等级烟叶比例稍低。

综合分析田间烟叶生长发育,烤后烟叶外观质量、化学成分及经济性状,认为中等肥力情况下,1.2 m 行距、0.55 m 株距均匀性较好。

三、偏高肥力不同行距配置对烟叶均质化的影响

行距是影响群体发育、群体结构、烟叶质量及烟叶均质化的主要因素。实际生产中,近年来行距有增加趋势。分析原因与近年来土壤基础肥力增高以及田间操作便利需求有关。为此本试验研究了土壤基础肥力偏高情况下,不同行距配置对烟叶均质化的影响。

(一)材料与方法

1.试验地基本情况

试验安排在郏县李口镇小张庄村,种植 1 年烟叶,土壤有机质含量 15.99 g/kg,碱解氮含量 87.37 mg/kg,有效磷含量 27.27 mg/kg,速效钾含量 97.07 mg/kg,水溶性氯含量 35.45 mg/kg,pH 5.82。供试品种为中烟 100。

2.试验设计

试验设置为 4 个处理。处理 1 (T1):行距 1.2 m,株距 0.55 m;处理 2 (T2):行距 1.3 m,株距 0.55 m;处理 3 (T3):行距 1.4 m,株距 0.55 m;处理 4 (T4):宽窄行,宽行 1.4 m,窄行 1.2 m,株距 0.55 m。不设计重复,大区对比试验。

3.测定项目

(1)于团棵期、旺长期、成熟期,各处理选取代表性烟株 5~8 株,测定不同处理相同叶位叶长、叶宽、SPAD 值、株高、茎围等农艺指标、烟株长势及成熟落黄情况。

(2)于旺长期,测定各处理不同位置风速、温度、湿度、CO_2浓度等田间小气候特征。

(3)于成熟期,调查不同处理成熟落黄情况,同时各处理选择代表性烟株 3 株,对第 6、第 12、第 16 叶位叶片进行成熟落黄参数测定,并测定叶片鲜干重量。

(4)各处理单独挂牌采烤,单收、单存,统计等级结构及产值,并分别取中部 1 kg 烟叶样品,进行质量评价。

(二)结果与分析

1.不同行距配置对烟株农艺性状的影响

(1)团棵期　研究结果显示(表4-77),随着行距由1.2 m逐渐增大到1.4 m,烤烟株高增大、叶片数增多、第6片叶的叶长、叶宽、N平衡指数和SPAD值逐渐增大,1.4 m行距的株高最高、叶片数最多、第6片叶的叶长和叶宽最大、N平衡指数最大、SPAD值较大。1.2 m+1.4 m宽窄行处理的株高介于1.3 m和1.4 m行距两处理之间,叶片数介于1.2 m和1.3 m行距处理之间,叶长和N平衡指数最小、叶宽和SPAD值最大。

表4-77　团棵期行距配置对烟株农艺性状的影响

处理	株高/cm	叶片数/片	第6片叶/cm		N平衡指数			SPAD值
			长	宽	NBI	CH1	FLAV	
T1	27.33	9.67	47.10	32.33	29.60	31.70	1.08	34.24
T2	37.00	11.67	49.50	31.50	31.87	32.67	1.03	34.99
T3	47.33	15.00	56.50	35.67	33.50	33.33	1.01	37.24
T4	43.67	10.67	31.00	36.73	27.47	35.63	1.25	37.78

(2)旺长期　研究结果显示(表4-78),在旺长期,随行距的增大,株高、茎围、叶片数各部位叶片的叶长、叶宽及SPAD值总体呈增大趋势;宽窄行处理的株高和茎围大于所有等行距处理、叶片数与1.4 m行距处理相当、各部位叶长和叶宽比1.2 m行距处理稍大,较1.3 m和1.4 m行距处理稍小。

表4-78　旺长期行距配置对烟株农艺性状的影响

处理	株高/cm	茎围/cm	叶片数/片	下部/cm		中部/cm		上部/cm		SPAD值		
				长	宽	长	宽	长	宽	下部	中部	上部
T1	117.2	9.5	22.6	63.2	42.0	55.9	32.0	40.6	22.5	34.1	43.0	55.2
T2	127.7	10.8	24.0	66.6	45.8	65.6	37.2	48.3	28.1	34.1	47.1	55.0
T3	135.6	10.8	25.0	69.5	45.8	65.8	37.3	50.6	28.9	34.6	46.3	58.3
T4	136.6	11.6	25.0	64.5	45.7	57.9	32.8	47.7	28.8	34.3	47.9	60.0

注:下部为从下数第6叶位,中部为从下数第12叶位,上部为从下数第16叶位。

(3)成熟期　研究结果显示(表4-79),在成熟期,随行距的增大,株高、茎围、叶片数和各部位叶面积逐渐增大,1.4 m行距处理各部位叶面积均相对较大;1.2 m+1.4 m宽窄行处理的株高和茎围最大、叶片数最多,各部位叶面积明显小于1.3 m和1.4 m行距处理,与1.2 m行距处理差异较小。

表4-79　成熟期行距配置对烟株农艺性状的影响

处理	株高/cm	茎围/cm	叶片数/片	下部叶面积/m^2	中部叶面积/m^2	上部叶面积/m^2
T1	123.67	12.33	17.67	2 044.0	1 716.2	1 539.9
T2	125.67	12.50	18.00	2 165.6	1 848.3	1 854.3
T3	126.67	12.33	18.00	2 217.7	1 945.9	2 011.7
T4	126.67	13.00	19.33	1 927.5	1 686.4	1 531.5

2.不同行距配置对田间小气候的影响

结果显示(表4-80),不同行株距配置处理间烤烟各部位的空气温度无明显差异;随行距增加,中部、上部烟叶间空气CO_2浓度呈降低趋势,各部位烟叶间空气湿度呈降低趋势,风速呈增加趋势,1.2 m行距处理不同部位烟叶风速差异较大。1.2 m+1.4 m宽窄行处理,中、上部烟叶间风速相对较高。总体来看,增大行距,减小了上、中、下各部位烟叶间的风速差;增大行距降低了中下部烟叶间空气湿度,尤其是下部烟叶;增大行距,降低了上、中、下部烟叶间的空气CO_2浓度。

表4-80　不同行距配置对田间小气候的影响

处理	下部				中部				上部			
	CO_2浓度/(cm^3/m^3)	温度/℃	湿度/%	风速/(m/s)	CO_2浓度/(cm^3/m^3)	温度/℃	湿度/%	风速/(m/s)	CO_2浓度/(cm^3/m^3)	温度/℃	湿度/%	风速/(m/s)
T1	496	32.5	64.5	0.6	568	32.5	61.6	0.4	543	32.5	62.0	1.0
T2	481	32.5	63.4	0.8	484	32.5	60.8	0.7	503	32.5	62.2	0.8
T3	496	32.4	62.1	0.8	515	30.5	60.8	0.9	487	32.5	60.6	1.2
T4	489	32.5	62.6	0.8	538	32.6	61.3	1.4	530	32.6	60.6	1.4

3.不同行距配置对烟叶经济性状的影响

结果显示(表4-81),所有处理中,1.2 m+1.4 m宽窄行处理烟叶亩产量、上等烟比例尤其是中三比例最高,其亩产值也是最高。等行距情况下,1.4 m和1.3 m行距处理的亩产量和上等烟比例高于1.2 m行距处理,上等烟中上部烟叶占比高于1.2 m行距处理,1.4 m行距处理的亩产值最低,1.3 m行距处理的亩产值高于1.2 m行距处理。从烟叶经济性状方面来看,土壤基础肥力偏高情况下,1.2 m+1.4 m宽窄行最好,其次为1.3 m行距。

表4-81　不同行距配置对烟叶经济性状的影响

处理	亩产量/kg	上等烟比例/%			亩产值/元
		上二	中三	合计	
T1	145.1	21.74	26.09	47.83	4091.6
T2	166.3	38.18	22.73	50.91	4281.6
T3	155.7	30.00	20.00	50.00	3639.2
T4	176.9	26.47	35.29	61.76	4945.6

4.不同行距配置对中部烟叶外观质量的影响

结果显示(表4-82),增大行距能够增大叶片长度和单叶重,对叶宽影响不大。1.2 m+1.4 m宽窄行处理的叶长和叶宽较小,单叶重介于1.2 m和1.3 m行距处理之间。土壤基础肥力偏高情况下,1.3 m行距烟叶成熟度、颜色、结构、油分及色度等外观质量评分较高,总体评分最高,其次为1.2 m+1.4 m宽窄行。

表 4-82 不同行距配置对中部烟叶外观质量的影响

处理	叶长/cm	叶宽/cm	单叶重/g	成熟度	颜色	结构	油分	色度	总分值
T1	64.33	31.67	20.08	7.7	7.6	7.3	6.6	7.6	36.8
T2	66.67	31.91	23.70	8.0	7.8	7.7	6.8	7.8	38.1
T3	68.67	30.00	23.33	7.8	7.5	7.4	6.6	7.5	36.8
T4	63.83	27.83	21.58	8.0	7.7	7.6	6.8	7.8	37.9

5.不同行距配置对烟叶化学成分含量的影响

结果显示(表 4-83),1.2 m 行距处理中部烟叶总糖和钾含量最低、烟碱和氯含量最高;1.3 m 行距处理中部烟叶总糖、还原糖和钾含量最高、氯含量最低、烟碱含量适中;1.4 m行距处理中部烟叶总糖含量适中、烟碱含量最低、钾含量较高,氯含量仅次于 1.2 m 行距处理;1.2 m+1.4 m 行距处理中部烟叶总糖和烟碱含量居中,还原糖含量最低,钾含量较低、氯含量较高。总体来看,1.3 m 行距处理总糖、还原糖、钾含量较高,氯含量较低,糖碱比、钾氯比较高,化学成分协调性最好。

表 4-83 不同行距配置对中部烟叶化学成分含量的影响

处理	总糖/%	还原糖/%	烟碱/%	全氮/%	钾/%	氯/%	糖碱比	氮碱比	钾氯比
T1	18.9	18.5	3.98	2.84	1.16	2.56	4.65	0.71	0.45
T2	22.5	20.0	2.82	2.66	1.92	1.27	7.09	0.94	1.51
T3	19.0	16.6	2.99	2.28	1.52	1.93	5.55	0.76	0.79
T4	19.5	17.4	2.51	2.26	1.78	2.01	6.93	0.90	0.89

(三)研究结论

为探讨土壤基础肥力偏高情况下,不同行距配置对烟叶均质化的影响,设置了1.2 m、1.3 m、1.4 m 等行距以及 1.2 m+1.4 m 宽窄行行距配置试验,研究了其对烟株生长发育、田间小气候、烟叶外观质量、化学成分及经济性状的影响,结果表明:

(1)等行距情况下,1.2~1.4 m 行距范围,随行距增大,烟株长势增强,成熟期 1.4 m 行距情况下,各部位叶面积明显大于 1.2 m 和 1.3 m 行距;1.2 m+1.4 m 宽窄行情况下,株高、茎围、叶片数均相对较高,但各部位叶片大小明显小于 1.3 m 和 1.4 m 行距。

(2)适当增加行距可增大烟株各部位烟叶间风速,减小上、中、下各部位之间的风速差,降低中下部,尤其是下部烟叶空气湿度以及各部位烟叶间 CO_2浓度。

(3)1.2 m+1.4 m 宽窄行具有较高的烟叶亩产量、亩产值及上等烟比例,尤其是中部上等烟比例较高,1.4 m 行距亩产值相对较低。

(4)等行距情况下,随行距增大,叶长增加,1.3 m 行距和 1.4 m 行距叶长和单叶重明显大于 1.2 m 行距和 1.2 m+1.4 m 宽窄行。1.3 m 行距烟叶成熟度、颜色、结构、油分及色度等外观质量评分较高,总体评分最高,其次是 1.2 m+1.4 m 宽窄行。

(5)1.3 m 行距总糖、还原糖和钾含量最高、氯含量最低、烟碱含量适中,烤后烟叶化学成分协调性最好。

综合分析不同行距配置对烟叶质量及烟叶经济性状，提出土壤基础肥力偏高情况下，1.2 m+1.4 m 宽窄行和 1.3 m 等行距最好。

四、高肥力烟田打顶留叶对烟叶均质化的影响

实际生产中往往存在因施肥量过大或土壤基础肥力偏高造成的营养发育过剩烟田，这类烟田如果按照常规方法打顶留叶，易出现顶叶过大，整体发育过剩，烟叶落黄慢，烟叶不易烤性，烤后烟叶质量均匀性差。本试验选择高肥力现蕾期挑选生发发育过剩烟田，设置不同打顶时期、下部叶优化叶片数以及留叶数，研究其对改善烟叶后期成熟落黄，提升烟叶均质化的影响，以期明确此类烟田提高均质化生产后期管理技术方法。

（一）材料与方法

1.试验设计

试验安排在平顶山市郏县，现蕾期选择营养生长较高的中烟 100 品种烟田，设置三因素三水平正交试验。按照 $L_9 3$ 正交表共 9 个处理，见表 4-84 与表 4-85。按照不同处理要求在田间完成打顶与留叶。各处理单独挂牌采烤。

表 4-84　控制因素和控制水平

三水平	三因素		
	打顶时期	下部优化叶数/片	留可采收叶数/片
1	中心第 1 朵花开	3	15
2	盛花中期	5	17
3	盛花后期	7	19

表 4-85　正交试验处理

处理	打顶时期	下部优化叶数/片	留叶数/片
T1	中心第 1 朵花开	3	15
T2	中心第 1 朵花开	5	17
T3	中心第 1 朵花开	7	19
T4	盛花中期	3	17
T5	盛花中期	5	19
T6	盛花中期	7	15
T7	盛花后期	3	19
T8	盛花后期	5	15
T9	盛花后期	7	17

2.测定项目

（1）成熟期测定第 12、第 16 叶位叶片 SPAD 值。

（2）各处理单独挂牌采烤，单存、单放，统计等级结构及产值，并分别取 1 kg 烟叶样品（C3F），进行外观质量鉴定、化学成分检测。

（二）结果与分析

1.烟株农艺性状

从表 4-86 中可以看出，对于营养发育偏高烟田，初花期打顶，随下部叶优化叶片数

增加以及留叶数增加，烟株株高增加，茎围降低，上部叶长、叶宽减小。与初-5-17 和初-7-19 处理相比，初-3-15 处理株高明显偏低，茎围明显偏大，上部烟叶叶长、叶宽较大、中部叶宽较宽，上部叶和中部叶 SPAD 明显较低，田间烟株整体表现为伞型，上部烟叶大，中下部烟叶光照不足。盛花中期打顶，下部叶优化 5 片，留叶 19 片时，株高较高，中下部叶较大；盛花中期打顶，下部叶优化 3 片，留叶 15 片和下部叶优化 7 片，留叶 15 片时株高均相对较低。盛花后期打顶，下部叶优化 7 片，留叶 17 片时，株高相对较高、茎围较粗、叶片 SPAD 值较低；盛花后期打顶，下部叶优化 3 片，留叶 19 片时株高相对较低，叶片 SPAD 值相对较高。

表 4-86 不同处理烟株农艺性状调查结果

处理	株高/cm	茎围/cm	上部叶片/cm		中部叶片/cm		SPAD 值	
			长	宽	长	宽	上部	中部
初-3-15	94.00	12.50	76.23	44.67	66.50	47.93	27.77	31.37
初-5-17	107.00	11.77	72.33	43.80	68.00	40.80	44.13	36.67
初-7-19	128.33	11.77	66.67	39.67	68.50	33.67	31.27	34.07
中-3-17	103.50	12.40	68.40	40.05	66.00	40.75	40.45	32.85
中-5-19	120.67	12.33	69.00	39.33	70.17	39.87	39.50	36.07
中-7-15	97.33	11.33	67.83	39.83	66.33	38.67	35.63	29.37
后-3-19	109.00	11.30	64.67	36.50	61.00	36.53	41.53	37.33
后-5-15	95.00	11.23	66.67	35.83	62.33	37.50	36.97	36.17
后-7-17	116.00	12.37	67.67	36.17	66.67	37.67	30.33	24.90

总体来看，在所有处理中，初-3-15 和初-5-17 处理，株高偏低，上部叶片偏大，烟株呈伞型；初-7-19 处理，株高 128 cm，上部和中部叶片大小相当，烟株呈筒型，叶片落黄较好；后-7-17 处理，株高 116 cm，上部和中部叶片大小相当，烟株呈筒型，叶片落黄较好；中-5-19 处理，株高 120 cm，上部和中部叶片大小相当，烟株呈筒型，叶片自下至上正常落黄。

由此看来，对于营养生长偏高烟田，初花期打顶，增加优化叶片数（下部 7 片），增加留叶数（19 片），可以保证良好的株型和烟叶落黄；盛花期打顶、优化下部 5 片叶，增加留叶数（19 片）与盛花后期打顶、优化下部 7 片，留叶 17 片，株型与落黄也相对较好。表现趋势为：初-7-19>中-5-19>后-7-17。

正交试验统计方法分析结果表明：打顶时期对上部叶长、叶宽和中部叶长影响较大，优化叶片数对中部叶宽和中上部叶片 SPAD 值影响较大；留叶数对株高、茎围的影响较大。打顶期推迟降低中上部叶长和叶宽；优化叶片数增加降低上部叶长、叶宽和中部叶宽，增大中部叶长；留叶数增加降低上部叶长、叶宽和中部叶宽，对中部叶长影响不大。

2.烟叶经济性状

表 4-87 结果说明，对于营养生长偏高烟田，初花期打顶、下部优化叶片数（3 片）少、留叶数（15 片）少会降低烤烟产量和产值，产量和产值均最低。初花期打顶、下部优化 7 片叶、留叶 19 片时，产量和产值最高，其次为盛花后期打顶，下部优化 7 片，留叶 17 片。盛花中期打顶，优化下部叶 5 片，留叶 19 片时，产值也相对较高。表现趋势为：初-7-19>

后-7-17>中-5-19。初-7-19处理烟叶亩产值较中-7-17和中-5-19处理烟叶亩产值分别高出近1 000元和近1 400元，主要是因为初-7-19处理亩产量相对较高，同时中部烟叶上等烟比例较高。结果分析表明：优化叶片数与留叶数，对产量、产值、中部上等烟和总上等烟比例影响较大，打顶时期对上部上等烟比例影响较大。

表4-87　烟叶经济性状结果

处理	亩产量/kg	上等烟比例/%				亩产值/元	均价/(元/kg)
		上六片	中二	中三	总计		
初-3-15	104.2	28.8	5.4	17.1	51.3	2 532.1	24.3
初-5-17	141.3	30.8	8.8	20.2	59.8	3 800.9	26.9
初-7-19	165.4	19.1	12.3	43.9	75.3	5 425.1	32.8
中-3-17	137.0	37.3	4.3	16.9	58.5	3 507.2	25.6
中-5-19	139.8	26.0	8.4	26.8	61.2	4 054.2	29.0
中-7-15	116.8	30.5	9.8	30.1	70.4	3 632.5	31.1
后-3-19	113.5	22.8	4.3	27.8	54.9	2 871.5	25.3
后-5-15	108.3	30.1	4.8	26.6	61.5	3 097.4	28.6
后-7-17	136.7	8.2	14.2	52.4	74.8	4 388.1	32.1

3.烟叶外观质量

结果显示（见表4-88），优化叶片数对烤后烟叶的叶长、叶宽和单叶重影响较大，优化叶片数越多，烤后烟叶的叶长和单叶重越小，叶宽则表现为优化5片最大、优化7片最小。

结果还显示，对于营养生长偏高烟田，盛花期打顶、下部优化5片叶、留叶19片烤后烟叶外观质量最好；盛花后期打顶、优化5~7片、留叶15~17片，烟叶外观质量也较好；若初花期打顶，优化和留叶数居中（5和17）或少（3和15）可适当保证烤后烟叶外观质量。若打顶早（初花期），优化和留叶数（7和19片）过多会导致烟叶质量变差；盛花中期打顶优化叶片数（7片）过多、留叶（15片）过少或盛花后期打顶优化叶（3片）过少、留叶（19片）过多均会导致烟叶外观质量变差。总体上烟叶外观质量较好：中-5-19>后-7-17>后-5-15；而初-7-19/初-5-17/初-3-15/中-3-17四处理，外观质量总体上也较好，处理间差别不大。

表4-88　烟叶外观质量评价结果

处理	叶长/cm	叶宽/cm	单叶重/g	成熟度	颜色	结构	油分	色度	总评分
初-3-15	64.00	36.17	24.57	7.9	8.4	7.8	6.5	7.9	38.5
初-5-17	64.67	34.17	22.88	8.0	8.4	7.9	6.5	8.1	38.9
初-7-19	62.67	30.00	16.67	7.9	8.2	7.8	6.3	7.8	38.0
中-3-17	64.33	33.50	20.00	7.9	8.3	7.8	6.4	7.9	38.3
中-5-19	61.67	36.17	18.30	8.2	8.7	8.0	6.7	8.4	40.0
中-7-15	57.67	30.67	15.35	7.9	8.1	7.7	6.2	7.8	37.7
后-3-19	64.67	29.00	19.07	7.8	8.0	7.7	6.2	7.7	37.4
后-5-15	60.00	35.33	19.28	8.0	8.5	7.9	6.6	8.2	39.2
后-7-17	56.00	33.67	16.18	8.1	8.6	7.9	6.7	8.3	39.6

4.烟叶化学成分

结果显示(表4-89),初-5-17处理总糖(22.0%)、还原糖(18.9%)含量较高,钾含量为1.04%,烟碱含量(3.63%)最高;中-5-19处理总糖和还原糖含量最高、烟碱含量适宜、钾含量(0.85%)较低;后-7-17处理总糖(25.2%)和还原糖含量(24.1%)仅次于中-5-19处理、钾含量为1.04%、烟碱含量(2.59%)适宜。综上分析:初花期打顶化学成分较协调处理为初-7-19;盛花中期打顶化学成分较协调处理为中-5-19,盛花后期打顶化学成分较协调处理为后-7-17。

表4-89 中部烟叶C3F等级化学成分

处理	总糖/%	还原糖/%	烟碱/%	全氮/%	钾/%	氯/%	钾氯比
初-3-15	18.3	17.8	3.21	2.60	0.94	1.14	0.82
初-5-17	22.0	18.9	3.63	2.76	1.04	0.85	1.22
初-7-19	24.4	22.8	2.89	1.98	0.93	0.47	1.98
中-3-17	17.6	17.3	2.65	2.28	1.13	0.96	1.18
中-5-19	26.8	25.2	2.63	1.82	0.85	0.50	1.70
中-7-15	23.5	22.4	2.87	2.20	0.87	0.75	1.16
后-3-19	19.5	18.1	2.87	2.32	1.00	0.78	1.28
后-5-15	23.1	22.6	2.73	2.17	0.86	0.77	1.12
后-7-17	25.2	24.1	2.59	1.99	1.04	0.53	1.96

(三)研究结论

综合分析烟株营养偏高情况下,不同打顶时期、不同下部叶优化叶片数及不同留叶数对成熟期烟株生长发育、烤后烟叶质量及烟叶经济性状影响,结果表明:

(1)从田间株型和烟叶落黄情况来看,对于营养生长偏高烟田,增加下部优化叶片数和留叶数,即初花期打顶,下部叶优化7片,留叶19片有利于在成熟期获得良好株型,减少中下部烟叶郁蔽,促进烤烟集中成熟落黄,缩小单株上、中、下部位烟叶鲜烟质量差异,能明显提高均质化程度。

(2)产值表现趋势为:初-7-19>后-7-17>中-5-19。外观质量表现趋势为:中-5-19>后-7-17>后-5-15;而初-7-19/初-5-17/初-3-15/中-3-17四处理,外观质量总体上也较好,处理间差别不大。化学成分:初花期化学成分较好为初-7-19;盛花期化学成分较好为中-5-19,盛花后期化学成分较好为后-7-17。

根据本试验,兼顾株型、产质量、外观质量和化学成分综合分析,认为河南豫中烟区高肥力营养生长偏高烟田,采用初花期-7-19、盛花中期-5-19、盛花后期-7-17方式打顶、优化下部叶、留叶比较适宜。在此措施情况下,改善了烟株株型,减少了叶片外观、化学成分等质量差异,提高了烟叶质量的均匀性。

第五节 采收烘烤对烟叶均质化生产的影响

由于叶片着生部位不同造成鲜烟素质差异,因此不同部位烟叶要求的采收成熟度和匹配烘烤工艺也存在不同。针对每个部位制定对应采收成熟度和烘烤工艺是提升烟叶均质化生产的关键技术，对于实现不同部位烟叶可用性，提升烟叶均质化具有重要意义。

一、烟叶成熟度对烟叶均质化的影响

成熟度是烟叶品质的中心因素，田间成熟是获得优质烟叶的前提和基础。宫长荣等研究认为成熟度是烤烟国家标准的第一品质因素，是烟叶质量的核心。因此，成熟采收是提升烟叶均质化的基础条件。

(一)材料与方法

1.基本情况

试验安排在许昌市襄城县，试验品种为中烟100，试验烤箱为热泵密集烤房，装烟规格为8 m×2.7 m×3.5 m。

2.试验设计

以烟叶成熟度的外观特征为试验因子，即烟叶进入成熟期后根据外观成熟特征，每个部位烟叶设3个等次成熟度处理，同一成熟度烟叶单独装一烤房，烘烤工艺依据三段式烘烤工艺进行，从第二炕开始进行试验，依次进行下、中、上部烟叶的烘烤。试验各处理见表4-90。

表4-90 试验处理

部位	处理	外观成熟特征
下部叶	XM1(提前5 d采收)	叶面略显黄色，主脉1/4~1/3变白
	XM2(推迟0 d采收)	叶面绿黄色，主脉1/2发白，茸毛部分脱落
	XM3(推迟5 d采收)	叶面黄绿色，主脉2/3变白，茸毛大部分脱落
中部叶	CM1(提前5 d采收)	叶面黄绿色，主脉2/3发白，支脉1/3变白
	CM2(推迟0 d采收)	叶面黄绿色，主脉发白，支脉1/2变白。叶面有黄色成熟斑，茎叶角度增大
	CM3(推迟5 d采收)	叶面黄色，主脉发白，支脉2/3变白。叶面有黄色成熟斑，茎叶角度增大
上部叶	BM1(推迟0 d采收)	叶面浅黄色，主脉基本变白，支脉2/3~3/4变白。有成熟斑，叶尖下垂，茎叶角度明显增大
	BM2(推迟9 d采收)	叶面全黄发白，主、侧脉变白。成熟斑明显，叶尖下垂，茎叶角度明显增大，有焦边现象
	BM3(推迟18 d采收)	叶面黄白色，叶缘叶尖发白，主、侧脉变白。成熟斑明显，叶尖下垂，茎叶角度明显增大，叶尖叶缘有明显枯焦现象

注：推迟0 d采收即常规采收或成熟采收。

3.测定项目及方法

(1)烟叶外观质量评价　各初烤烟叶样品出炕后进行回潮、平衡水分，由分级技师组成外观质量评价小组依 GB 2635—1992 标准进行评价，评价指标包括油分、颜色、身份、结构、色度、含青度、挂灰和杂色等外观质量，并闻其嗅香。

(2)主要化学成分分析及感官质量评价　选取烤后 C3F 烟叶样品 2 kg，进行烟叶主要化学成分化验分析、中性致香物质测定。

(3)烤后烟叶感官质量评价　把各处理烘烤后的烟叶经过恒温恒湿回潮，切丝，卷制，制成(900±15) mg/支、长度为 85 mm/支的单料烟支。参照行业标准 YC/T 138—1998 烟草及烟草制品，对香气质、香气量、杂气、浓度、劲头、刺激性、余味、燃烧性和灰色 9 个单项指标进行打分，然后取其平均值，采用专家咨询法并借鉴相关研究方法，对 9 个指标分别赋以 25%、15%、12%、10%、10%、13%、10%、2.5%和 2.5%的权重，计算各处理的评吸分值。

(二)结果与分析

1.不同成熟度烟叶外观质量

由表 4-91 可知，下部叶成熟度均表现尚熟，XM1(提前 5 d 采收)处理在颜色、身份、挂灰杂色 3 个指标上好于其他处理，XM3(推迟 5 d 采收)处理在油分、挂灰杂色、嗅香 3 个指标上表现最差；中部叶，整体来看以 CM2(成熟采收)处理在油分、颜色、色度、嗅香 4 个指标上表现好于其他两处理，整体表现最佳；上部叶，以 BM2(推迟 9 d 采收)整体表现最好，在油分、色度、挂灰杂色 3 个指标上表现最好，BM1(推迟 0 d 采收)在成熟度、油分、结构、挂灰杂色、嗅香等指标表现较差。结果表明，适宜的采收成熟度可有效提高烟叶外观油分、增强色度。

表 4-91　不同成熟度对烟叶外观质量的影响

处理	成熟度	油分	颜色	身份	结构	色度	含青	挂灰杂色	嗅香
XM1	尚熟	有	柠偏橘	稍薄	疏松	中	无	微有	有
XM2	尚熟	有	柠黄	薄	疏松	中	无	有	有
XM3	尚熟	有$^-$	柠黄	薄	疏松	中	无	明显	稍有
CM1	成熟	有$^+$	橘偏柠	中等	疏松	强$^-$	微有	微有	有
CM2	成熟	多	橘黄	中等	疏松	浓	微有	稍有	明显
CM3	成熟	有$^+$	橘黄	稍薄	疏松	强$^+$	无	微有	有
BM1	尚熟	有	橘黄	较厚	紧密	强	微有	稍有	有
BM2	成熟	有$^+$	橘黄	稍厚	尚疏	强$^+$	微有	微有	明显
BM3	成熟	有	橘偏红	中等	尚疏	强	微有	有	明显

2.不同成熟度烟叶主要化学成分

由表 4-92 可知，下部烟叶，XM2(推迟 0 d 采收)处理总糖、还原糖含量最高，氮碱比最接近 1、相对适宜，XM1 总氮含量、钾氯比最高；中部烟叶，总糖、还原糖含量随着采收成熟度的提高呈降低的趋势，总氮、烟碱、钾含量以及钾氯比均以 CM2(成熟)处理最高，3 处理糖碱比均在适宜范围(5~10)内，氮碱比以 CM3(推迟 3 d 采收)处理最接近 1、相对适宜；上部烟叶，总糖、还原糖含量均以 BM2(成熟)处理最高、BM1(欠熟)处理最低，总氮、烟碱含量均以 BM1(欠熟)处理最高，钾、氯含量随着成熟度的增加呈降低的趋势，

3处理糖碱比均在适宜范围(5~10)内,氮碱比BM1(欠熟)处理相对偏低。总体来说,推迟采收和提高烟叶成熟度有利于提高主要化学成分协调性。

表4-92 不同成熟度对烟叶主要化学成分的影响

处理	总糖/%	还原糖/%	总氮/%	烟碱/%	淀粉/%	钾/%	氯/%	糖碱比	氮碱比	钾氯比
XM1	16.40	14.88	2.19	1.98	5.14	1.02	0.78	7.52	1.11	1.31
XM2	18.82	16.20	1.93	1.92	5.12	0.98	0.90	8.44	1.01	1.09
XM3	17.00	15.12	1.88	1.98	5.11	0.99	0.86	7.64	0.95	1.15
CM1	21.49	18.26	1.62	1.90	5.48	1.16	0.82	9.61	0.85	1.41
CM2	18.04	16.51	1.82	2.17	4.72	1.48	0.82	7.61	0.84	1.80
CM3	17.56	16.33	1.64	1.80	4.25	1.26	0.98	9.07	0.91	1.29
BM1	17.05	15.84	2.10	2.61	6.20	1.21	0.87	6.07	0.80	1.39
BM2	19.05	17.53	2.06	2.40	5.84	1.26	0.85	7.30	0.86	1.48
BM3	18.68	17.13	2.00	2.45	5.26	1.17	0.80	6.99	0.82	1.46

3.不同成熟度烟叶感官质量

由表4-93可知,下部叶,随着采收成熟度的提高,烤后烟叶香气质、杂气、余味等指标以及总评分均呈下降趋势,XM1(提前5 d采收)处理在香气质、香气量、杂气、余味等指标以及总评分最高,XM2(常规采收)处理在浓度、劲头指标表现最好,XM3(推迟5 d采收)处理在燃烧性、灰色等指标表现最好、总评分最低。中部烟叶,随着采收成熟度的提高,烤后烟叶香气质、香气量、杂气、刺激性、余味等指标得分以及总评分均呈先增加后下降的趋势,CM2(成熟采收)处理在香气质、香气量、杂气、刺激性、余味、灰色等指标得分以及总评分均最高,CM3(推迟5 d采收)处理在浓度、劲头两指标得分最高,CM1(提前5 d采收)处理在燃烧性指标得分最高,总评分最低;上部叶与中部叶规律基本一致,BM2(推迟9 d)在香气质、香气量、浓度、杂气、劲头、刺激性、余味、灰色等指标得分以及总评分均最高,BM1(常规采收)处理表现最差。

表4-93 不同成熟度对烟叶感官质量的影响

处理	香气质	香气量	浓度	杂气	劲头	刺激性	余味	燃烧性	灰色	总分
XM1	6.27	6.25	6.55	6.12	6.48	6.07	6.18	6.67	6.65	6.28
XM2	6.24	6.20	6.60	6.06	6.55	6.03	6.13	6.67	6.62	6.26
XM3	6.18	6.22	6.57	6.01	6.41	6.10	6.12	6.68	6.70	6.22
CM1	6.47	6.45	6.75	6.02	6.58	6.07	6.18	6.67	6.65	6.39
CM2	6.58	6.62	6.77	6.23	6.52	6.18	6.32	6.48	6.70	6.49
CM3	6.47	6.50	6.80	6.12	6.67	6.03	6.23	6.47	6.32	6.41
BM1	6.35	6.33	6.65	6.00	6.57	5.98	6.05	6.52	6.45	6.30
BM2	6.53	6.62	6.90	6.18	6.63	6.18	6.28	6.67	6.47	6.50
BM3	6.40	6.55	6.77	6.02	6.60	6.05	6.15	6.67	6.47	6.39

（三）研究结论

从采收成熟度对不同部位烤后烟叶质量的影响结果来看，适宜的采收成熟度可提高烤后烟叶外观质量，改善主要化学成分协调性和感官评吸质量。不同部位烟叶对成熟度的要求有所不同。

（1）下部烟叶，与常规采收相比，提前 5 d 采收（XM1：叶面略显黄色，主脉 1/4～1/3 变白），改善烤后烟叶外观颜色、身份、挂灰杂色等质量指标，感官评吸香气质变好、香气量增加、杂气减轻、余味变舒适。

（2）中部烟叶，不同处理相比，成熟采收（CM2：叶面黄绿色，主脉发白，支脉 1/2 变白。叶面有黄色成熟斑，茎叶角度增大），烤后烟叶最好，在油分、颜色、色度、嗅香 4 指标表现最佳，钾含量以及钾氯比最高，糖碱比、氮碱比适宜，化学成分协调，感官评吸香气质、香气量、杂气、刺激性、余味、灰色等指标得分以及总评分均最高。可见，中部烟叶成熟采收，可提高烟叶外观质量和内在品质。

（3）上部烟叶，与常规采收相比，推迟 9 d 采收（BM2：叶面全黄发白，主、侧脉变白。成熟斑明显，叶尖下垂，茎叶角度明显增大，有焦边现象）可改善烤后烟叶成熟度、油分、身份、结构、色度、挂灰杂色和嗅香 7 个指标，增加总糖、还原糖含量，降低淀粉含量，提高糖碱比、氮碱比和钾氯比，化学成分协调性较好，感官评吸香气质、香气量、浓度、杂气、劲头、刺激性、余味、灰色等指标得分以及总评分均最高。推迟 18 d 采收，烤后烟叶在成熟度、身份、结构及嗅香指标有所改善，在颜色、挂灰杂色指标变差，增加总糖、还原糖含量，降低淀粉含量，提高糖碱比、氮碱比和钾氯比，化学成分协调性较好，感官评吸质量有所提升，但较推迟 9 d 采收明显下降。可见，推迟 9 d 采收，可有效改善烟叶外观质量，提高主要化学成分协调性和感官评吸质量。

二、变黄阶段不同湿球温度对烟叶质量的影响

变黄阶段是增进和改善烟叶质量的关键阶段，也是减少叶片含青与提高烘烤质量的重要时期。变黄期湿球温度高低影响叶绿素、淀粉、蛋白质等大分子物质降解；适宜的湿球湿度保持叶片适宜水分，不但有利于前体物质的转化分解和致香成分的形成，也对烤后烟叶质量均匀性有着重要作用。

（一）材料与方法

1.基本情况

试验安排在许昌市建安区，选取地力、土质、品种、施肥、移栽时间和管理措施相同，鲜烟素质、烘烤特性一致的烟田内鲜烟叶。试验用国标密集烤房，烤房装烟量 420 竿。

2.试验设计

在密集烘烤工艺的基础上，在变黄阶段 38 ℃设计两个不同湿球温度处理：T1 较低湿球温度变黄（38 ℃/35 ℃）；T2 较高湿球温度变黄（38 ℃/36 ℃）。

本试验选取国标密集烤房四座，统一采烟，统一编烟，统一位置，统一装烟密度，同时点火，按照试验要求，设置不同处理，各处理随机安排在不同的烤房内。样竿装在烤房相同位置随炕烘烤。装炕前分别称取样竿鲜重，出炕后分别称干重，单独存数，分别称重，

取样并进行外观质量评价。

3.测定项目及方法

(1)烟叶外观质量评价　各初烤烟叶样品出炕后进行回潮、平衡水分,由分级技师组成外观质量评价小组依 GB 2635—1992 标准进行评价,评价指标包括油分、颜色、身份、结构、色度、含青度、挂灰和杂色等外观质量,并分别闻其嗅香。

(2)主要化学成分分析及感官质量评价　选取烤后 C3F 烟叶样品 2 kg,进行烟叶主要化学成分化验分析。

(3)烤后烟叶感官质量评价　把各处理烘烤后的烟叶经过恒温恒湿回潮,切丝,卷制,制成(900±15) mg/支、长度为 85 mm/支的单料烟支。由河南中烟和烟草研究所评吸专家参照行业标准 YC/T 138—1998 烟草及烟草制品,对香气质、香气量、杂气、浓度、劲头、刺激性、余味、燃烧性和灰色 9 个单项指标进行打分,然后取其平均值,采用专家咨询法并借鉴相关研究方法,对 9 个指标分别赋以 25%、15%、12%、10%、10%、13%、10%、2.5%和 2.5%的权重,计算各处理的评吸分值。

(二)结果与分析

1.变黄阶段不同湿球温度烟叶外观质量

从各处理烤后烟叶外观质量的评价表 4-94 结果分析,下部叶,T2 处理(较高湿球温度)烤后烟叶的油分、颜色等指标均优于 T1 处理(较低湿球温度);中部叶,T2 处理(较高湿球温度)烤后烟叶的油分、色度、嗅香等指标均优于 T1 处理(较低湿球温度);上部叶,T2 处理(较高湿球温度)烤后烟叶的油分、色度等指标均优于 T1 处理(较低湿球温度)。结果表明,变黄阶段采用较高湿球烤后烟叶外观质量相对较好。

表 4-94　变黄阶段不同湿球温度烟叶外观质量

部位	处理	成熟度	油分	颜色	身份	结构	色度	含青	挂灰杂色	嗅香
下部	T1	尚熟	少	柠檬	薄	疏松	强	无	微有	微有
	T2	尚熟	有	柠橘	薄	疏松	强	无	微有	微有
中部	T1	成熟	多	橘黄	中等	疏松	强	无	无	微有
	T2	成熟	多$^{+}$	橘黄	中等	疏松	浓	无	无	有
上部	T1	成熟	有	橘黄	稍厚	稍紧密	强	无	微有	有
	T2	成熟	多	橘黄	稍厚	稍紧密	浓	无	微有	有

2.变黄阶段不同湿球温度烟叶化学成分

从表 4-95 可以看出,下部叶,T1 处理总糖、还原糖含量比 T2 处理高,糖碱比适宜,淀粉含量较高,T2 处理总氮、蛋白质淀粉含量较低;中上部烟叶,T2 处理总糖、还原糖含量比 T1 处理高,糖碱比适宜,淀粉含量降低。结果表明,下部烟叶,较低湿球温度烤后烟叶总糖、还原糖含量比较高湿球温度处理高,糖碱比适宜,淀粉含量较高,较高湿球温度处理总氮、蛋白质、淀粉含量较低;中上部烟叶,较高湿球温度处理总糖、还原糖含量高,糖碱比适宜,淀粉含量较低,化学成分协调性较好。

表 4-95 变黄阶段不同湿球温度化学成分

部位	处理	总糖 /%	还原糖 /%	总氮 /%	蛋白质 /%	烟碱 /%	淀粉 /%	糖碱比	氮碱比	两糖比
下部	T1	21.11	20.30	2.08	10.81	2.02	5.53	10.0	1.03	0.96
	T2	18.40	17.22	2.02	10.35	2.10	3.88	8.2	1.07	0.94
中部	T1	19.93	18.48	2.36	10.26	2.36	5.65	7.83	1	0.93
	T2	21.77	20.88	2.22	11.54	2.16	4.47	9.67	1.03	0.96
上部	T1	16.51	15.28	2.12	10.64	2.41	3.80	6.34	0.88	0.93
	T2	18.98	17.96	2.11	10.60	2.39	3.74	7.51	0.88	0.95

3.变黄阶段不同湿球温度烟叶感官质量

感官质量评价表 4-96 结果表明，下部叶，较高湿球处理（T2）稍好于较低湿球处理（T1），在香气质、香气量、劲头 3 个指标表现较优；中部叶，较高湿球处理（T2）明显好于较低湿球处理（T1），较高湿球处理在香气质、香气量、余味 3 个指标表现较优。上部叶，较高湿球处理（T2）明显好于较低湿球处理（T1），较高湿球处理在香气质、香气量、浓度、杂气、劲头、刺激性、余味 7 个指标表现较优。

表 4-96 变黄阶段不同湿球温度感官质量

部位	处理	香气质	香气量	浓度	杂气	劲头	刺激性	余味	燃烧性	灰色	评分
下部	T1	6.23	6.19	6.51	6.11	6.48	6.03	6.22	6.78	6.71	6.26
	T2	6.25	6.26	6.5	6.1	6.51	6.01	6.21	6.8	6.66	6.27
中部	T1	6.45	6.46	6.77	6.23	6.6	6.28	6.28	6.67	6.66	6.44
	T2	6.56	6.61	6.77	6.22	6.58	6.28	6.33	6.58	6.7	6.49
上部	T1	6.38	6.43	6.85	6.01	6.87	6.02	6.25	6.67	6.55	6.39
	T2	6.45	6.62	6.96	6.08	6.98	6.08	6.28	6.67	6.55	6.48

（三）研究结论

通过以上对各处理外观质量、内在成分、评吸质量综合分析，得出以下结论：不同部位烟叶变黄阶段均以采用较高湿球温度（38 ℃/36 ℃）表现较好，改善下部叶油分、颜色，改善中上部烟叶油分、色度等指标，提高中上部烟叶总糖、还原糖含量及糖碱比和两糖比，降低淀粉含量，稍微改善下部烟叶、明显改善中上部烟叶烤后烟叶感官质量，在香气质、香气量、余味等指标表现较优。

三、变黄与定色不同稳温时间对烟叶质量的影响

烘烤变黄期形成的小分子香气前体物质在定色阶段缩合形成致香物质，定色阶段适当延长烘烤时间，能获得较好的综合品质和经济效益，但在定色期停留的时间过长，烟叶不能及时定色，对烟叶外观质量及内在品质也有较大影响。

(一)材料与方法

1.试验基本情况

烘烤试验在许昌禹州开展,供试材料为中烟100中、上部烟叶,上部4~6叶采用一次性采收烘烤,试验烘烤设备为国标密集烤房。

2.试验研究内容及处理

在三段式烘烤工艺变黄和定色阶段设计四个工艺处理,进行国标密集烤房试验,表4-97列出了各试验处理。

表4-97　不同处理烘烤工艺

处理	变黄阶段	定色阶段	干筋阶段
T1	以1 ℃/h升温至36 ℃/ 36 ℃,稳温20 h至烟叶5~6成黄;以1 ℃/h升温至38 ℃/36 ℃,保持30 h左右,至烟叶变黄7成;以1 ℃/3 h升温至42 ℃,湿球保持37 ℃,稳定20 h左右,至烟叶变黄9~10成,充分塌架变软、勾尖卷边	以1 ℃/2 h升温至46 ℃/38 ℃,稳温20 h至叶片全黄,支脉全黄、小卷筒;以1 ℃/h升温至干球50 ℃/39 ℃,稳温10 h左右至黄片黄筋、大卷筒;再以1 ℃/h升温54 ℃/40 ℃,稳温12 h至叶片全干	以1 ℃/h的升温速度由54 ℃升温到68 ℃/41 ℃,稳温直至烟叶全部干筋
T2	按照T1执行	T1+54 ℃延长12 h	按照T1执行
T3	T1+38 ℃延长12 h	按照T1执行	按照T1执行
T4	T1+38 ℃延长12 h	T1+54 ℃延长12 h	按照T1执行

3.测定项目及方法

(1)烟叶外观质量评价　各初烤烟叶样品出炕后进行回潮、平衡水分,由分级技师组成外观质量评价小组依GB 2635—1992标准进行评价,评价指标包括油分、颜色、身份、结构、色度、含青度、挂灰和杂色等外观质量,并分别闻其嗅香。

(2)主要化学成分分析及感官质量评价　选取烤后C3F烟叶样品3 kg,进行烟叶主要化学成分化验分析及中性致香物质测定。

(3)烤后烟叶感官质量评价　把各处理烘烤后的烟叶经过恒温恒湿回潮,切丝,卷制,制成(900±15) mg/支、长度为85 mm/支的单料烟支。由河南中烟和烟草研究所评吸专家参照行业标准YC/T 138—1998烟草及烟草制品,对香气质、香气量、杂气、浓度、劲头、刺激性、余味、燃烧性和灰色9个单项指标进行打分,然后取其平均值,采用专家咨询法并借鉴相关研究方法,对9个指标分别赋以25%、15%、12%、10%、10%、13%、10%、2.5%和2.5%的权重,计算各处理的评吸分值。

(二)结果与分析

1.不同烘烤工艺外观质量

由表4-98结果可知,不同处理成熟度均为成熟。中部烟叶,四处理外观质量差异不大,T1、T3以色度指标表现稍好于其他两处理,T4以嗅香明显表现好于其他处理。上部烟叶,四处理外观质量指标相比,T1处理外观颜色为橘黄、其他处理为深橘黄,T1处理在油分、结构、色度、含青 4 个指标上表现差于或稍差于其他处理,其他 3 处理外观质量差异不大。结果说明,变黄和定色阶段延长时间,对中部烟叶外观质量影响不大,但可改善上部烟叶油分、身份、色度等质量指标。

表 4-98　不同烘烤工艺烟叶外观质量

部位	处理	成熟度	颜色	油分	身份	结构	色度	挂灰杂色	含青	嗅香
中部	T1	成熟	橘黄	有	中等	疏松	强	稍有	微有	有
	T2	成熟	橘黄	有	中等	疏松	强~	稍有	微有	有
	T3	成熟	橘黄	有	中等	疏松	强	稍有	微有	有
	T4	成熟	橘黄	有	中等	疏松	强~	稍有	微有	明显
上部	T1	成熟	橘黄	多~	稍厚	尚疏松	强	微有	稍有	明显
	T2	成熟	深橘黄	多	稍厚	尚~疏	浓	稍有	微有	明显
	T3	成熟	深橘黄	多	稍厚	尚~疏	浓	稍有	微有	明显
	T4	成熟	深橘黄	多	稍厚	尚~疏	浓	稍有	微有	明显

2.不同烘烤工艺烟叶主要化学成分

由表 4-99 结果可知,从主要化学成分含量来看,整体淀粉含量在 1.61%~3.32%之间,符合优质烟淀粉含量的要求,烟碱含量偏高,在 3.06%~4.10%之间,总糖、还原糖含量均以 T1 处理最高,各处理间规律变化不明显。从化学成分协调性来看,各处理两糖比均较高,均在 0.94 以上,钾氯比均高于对照处理。

表 4-99　不同烘烤工艺烟叶主要化学成分

部位	处理	总糖 /%	还原糖 /%	总氮 /%	烟碱 /%	淀粉 /%	钾 /%	氯 /%	两糖比	糖碱比	氮碱比	钾氯比
中部	T1	21.4	20.4	1.89	3.06	2.73	1.29	0.99	0.95	6.67	0.62	1.30
	T2	18.3	17.4	2.10	3.79	3.80	1.18	0.54	0.95	4.60	0.55	2.19
	T3	19.7	18.7	2.16	3.72	2.51	1.38	0.89	0.95	5.03	0.58	1.55
	T4	21.3	20.0	2.05	3.76	3.49	1.23	0.76	0.94	5.59	0.55	1.62
上部	T1	25.6	24.1	1.90	3.49	3.93	1.15	1.21	0.94	6.91	0.54	0.95
	T2	19.6	18.7	2.11	3.84	2.09	1.32	0.85	0.95	4.87	0.55	1.55
	T3	19.9	19.2	2.14	3.98	2.69	1.46	1.14	0.96	4.82	0.54	1.28
	T4	17.9	17.4	2.32	4.10	1.61	1.21	1.19	0.97	4.24	0.57	1.02

3.不同烘烤工艺烟叶感官评吸质量

表 4-100 感官评吸结果表明,不同部位各处理相比,均以 T3 处理整体表现最好,总体评分最高。中部叶 4 个不同处理相比,以 T3 处理整体表现最好、T4 处理表现最差,综合得分排名为:T3>T1>T2>T4。其中 T3 处理在香气质、香气量、杂气、劲头、刺激性、余味

等指标表现最好，综合得分最高为 6.55 分，工业评价认为香气质好、香气量较足、均衡性好、烟气甜度明显、香气透发。上部叶 4 个不同处理相比，以 T3 处理整体表现最好，综合得分排名为：T3>T1>T2>T4。其中 T3 处理在香气质、香气量、烟气浓度、劲头等指标表现最好，综合得分最高为 6.64 分，工业评价认为香气质较好、香气量足、烟气浓度较浓、甜度明显、香气透发。T1 处理在杂气、刺激性、燃烧性、灰色等指标表现较好，综合得分次高为 6.59 分，工业评价认为香气质较好、量稍欠、甜度好、刺激性略大。说明，变黄阶段延长时间，改善中部烟叶香气质、香气量、杂气、劲头、刺激性、余味等指标，改善上部烟叶香气质、香气量、烟气浓度、劲头等指标。定色阶段延长时间香气质、香气量、刺激性、燃烧性、灰色等指标变差。

表 4-100　不同烘烤工艺烟叶感官评吸质量

部位	处理	香气质	香气量	浓度	杂气	劲头	刺激性	余味	燃烧性	灰色	总分
中部	T1	6.61	6.47	6.46	6.51	6.30	6.36	6.46	6.85	6.65	6.49
	T2	6.33	6.47	6.66	6.35	6.50	6.11	6.25	6.65	6.40	6.38
	T3	6.62	6.55	6.62	6.52	6.50	6.45	6.52	6.65	6.60	6.55
	T4	6.37	6.45	6.56	6.23	6.45	6.13	6.30	6.61	6.39	6.36
上部	T1	6.69	6.65	6.66	6.45	6.50	6.46	6.55	6.91	6.55	6.59
	T2	6.65	6.60	6.77	6.36	6.61	6.37	6.55	6.77	6.45	6.57
	T3	6.77	6.73	6.82	6.36	6.82	6.39	6.55	6.73	6.45	6.64
	T4	6.41	6.43	6.48	6.24	6.50	6.15	6.28	6.61	6.40	6.37

（三）研究结论

试验结果表明，不同处理对烤后烟叶外观质量、主要化学成分协调性、感官评吸质量等指标均造成一定影响。变黄和定色阶段同时延长时间，对中部烟叶外观质量影响不大，可有效改善上部烟叶油分、身份、色度等指标，提高中上部烟叶钾氯比；变黄阶段延长时间，改善中部烟叶香气质、香气量、杂气、劲头、刺激性、余味等指标，改善上部烟叶香气质、香气量、烟气浓度、劲头等指标，定色阶段延长时间不利于感官质量改善，香气质、香气量、刺激性、燃烧性、灰色等指标变差。综合分析认为，变黄阶段 38 ℃延长 12 h 可使烤后烟叶整体表现最好，定色阶段 54 ℃延长 12 h，不利于感官质量提升。

第五章
烤烟生产均质化应用技术

田间烟叶生产均匀性是烟叶质量均质化的基础，要达到田间烟叶生产均匀需要采用烟田规划与布局、均匀化健壮烟苗培育、土壤肥力均匀调控、烟株营养均衡调控、病虫害绿色植保、烟田均匀农艺管理、均质化精准采收烘烤，机械化作业等烟叶生产均质化应用技术，并加强技术配套与综合技术管理，才能实现“施肥匀、移栽匀、中耕匀、打顶匀、浇水匀，烟苗大小一致、烟株高低一致、同部位烟叶成熟一致”的烟叶生产均匀性技术目标。

第一节 烟田规划与布局

随着农村经济发展，产业结构调整，农村劳动力转移，基本烟田流失、烟田碎片化、基地单元非烟化等问题日益突显，造成烟叶生产稳定发展面临的形势越来越严峻，也严重影响烟叶均质化生产进程。烟田规划和布局坚持市场需求、长远谋划、统筹规划、布局优化、集约用地，科学规划烟田，充分利用现有生产资源条件，不断改善烟区环境，持续提高宜烟耕地质量，以供给侧结构性改革为主线，坚持市场导向、生态优先、产能集聚、协调发展，聚力发展生态优越、品质特色突出、降本潜力大的优质烟叶产区，是建立产能布局合理、供需协调平衡、资源高效利用、工商共享发展的烟叶产业发展体系的重要抓手，也是不断提升烟叶供给质量、供给能力、供给效率和综合利用水平的重要措施，更是实现烟叶均质化生产的基础和前提。

一、基本原则

（一）烟田规划

1.坚持规划先行

在地方政府土地利用总体规划的基础上，以烟叶发展总体规划、种植布局规划、烟叶生产基础设施项目建设规划为依据，依据国家与地方高标准基本农田建设标准，科学编制高标准基本烟田建设3~5年规划和分年度实施计划，统一规划，系统设计，统筹好当前发展与长远规划的关系。

2.坚持因地制宜

要根据本地自然资源特点、经济社会发展水平、烟田利用及配套设施现状,以充分利用好已建配套设施为前提,制定建设标准,按照已达标和未达标,宜建、可建和不宜建等进行分类建档,精准施策,开展建设。

3.突出建设重点

坚持"核心烟区和重点烟区优先、长期土地流转连片区域优先、地方政府重视和烟农积极性高的烟区优先"的原则,以宜建烟田为重点,以百亩以上连片区域为实施单元,突出田、水、路、机综合配套,着重提高田块归并效果、宜机化水平和排灌能力,并因地制宜附以其他类型项目建设,实现地连片、田成方、路相通、渠相连,农机作业高效、生产方式现代。严格控制零星分散建设。项目建设既要坚持高标准高要求,又要切忌贪大求洋,严禁搞面子工程、形象工程。

4.尊重烟农意愿

创新连片区域土地长期集中流转机制,奠定烟田建设实施基础。以农村土地确权和三权分置为契机,充分利用好土地流转的相关政策,以"依法、自愿、有偿"为前提,依托地方政府,加强相关方协调沟通,探索建立以家庭农场、烟农专业合作社或村委会为主体的土地集中长期流转机制,完善土地流转档案,消除烟农生产生活顾虑,引导烟农积极自愿开展高标准基本烟田建设。

5.注重发挥合力

加强与农业、乡村振兴、资源环境、水利、电力等部门的联络沟通协调,畅通政策信息渠道,聚焦各方项目、资金等优势资源,融合地方农田建设相关配套资金,进一步强化项目与资金的集中高效使用,按照"统筹规划、试点先行,有序推进"的要求,共同开展基本烟田配套建设。

6.注重可持续利用

加强与地方政府沟通协调,按照"谁受益、谁管护"的原则,明确烟田及基础设施日常管护主体,落实管护措施;积极协助受益主体争取政策支持,多渠道筹集项目管护资金,进一步完善运行管护机制,确保烟基项目长期高效利用。

(二)烟田优化布局

1.坚持生态化布局,彰显特色优势

坚持区域性烟田布局一盘棋,打破行政区划,把生态基础作为先决因素,把生态彰显作为首要目标,以生态带、生态区一体化发展为指引,推进区域化烟叶生产整体布局。

2.坚持规模化布局,打造核心区域

发挥市场在烟叶资源配置中的决定性作用,推动资源要素向核心烟区、重点烟区转移,向有利于现代化生产的区域转移,提高烟叶种植集中度,着力打造核心烟区,解决产能分散的突出问题,发挥烟叶规模竞争优势。

3.坚持品牌化布局,实现精准供给

以烟叶风格特色为基础,以对口工业卷烟品牌需求为导向,实施差异化区域性烟叶品牌布局;以提升供、需两侧品牌匹配度为目标,依托或参照烟叶基地单元模式,实施原料生产单元化布局,以定制化生产为抓手,工商共建做大做实烟叶基地单元或生产单元,有效提升精准供给水平,培育以品牌为载体的烟叶核心竞争力。

4.坚持动态化布局,推进适度竞争

建立完善各层级、多维度、模型化烟叶动态布局指标评价模型,以烟叶计划、生产扶持、基础设施投入为政策引导,推进区域间、区域内的资源适度竞争,实现布局优化整合。

二、主要思路

(一)明确烟区类型

依据产区生态环境条件、自然资源禀赋、烟叶质量风格特色以及烟叶原料在卷烟配方中的地位作用,划分核心烟区、重点烟区和普通烟区。

1.核心烟区

烟区自然资源条件好,属于烟叶种植的生态最适宜区,烟叶质量上乘、烟叶风格特色鲜明,工业企业对该产区烟叶原料需求旺盛,所产烟叶能够决定或影响工业企业高端卷烟风格。

2.重点烟区

烟区自然资源条件较好,属于烟叶种植的生态适宜区,烟叶质量好、烟叶风格特色明显,所产烟叶能够丰富或保持工业企业中高端卷烟的香气和吃味特征。

3.普通烟区

核心烟区、重点烟区之外的烟区为普通烟区,烟区自然资源条件相对一般,属于烟叶种植的生态次适宜或不适宜区,烟叶质量风格特色不明显,工业企业对该产区烟叶原料需求波动大,所产烟叶主要作为填充料使用。

(二)做好烟区划分

主要从工业企业原料需求与使用、产区生态条件和烟叶品质特色三个维度进行划分。

1.工业需求与使用指标

市场需求:主要指工业企业近三年来提报产区烟叶需求计划的平均值、年度增减量、订单满足率等情况。

配方使用:主要指近三年来工业企业对产区烟叶原料的质量评价、新烟评吸结果以及烟叶在卷烟配方中的使用情况。

2.产区生态环境指标

生态条件:主要指产区对烟叶的生态适宜性以及成熟期平均气温、月均日照时数和无霜期等指标情况。

土壤条件:主要指烟区宜烟土地资源以及土壤 pH 值、有机质含量和氯含量等重要指标的情况,可参考产区近三年来烟区植烟土壤化验分析情况。

3.烟叶品质特色指标

烟叶品质:主要指产区烟叶外观质量、化学成分协调性和感官质量等的综合评价。

风格特色:主要指产区烟叶风格彰显程度以及对工业企业原料差异化、特色化、品牌化发展需求的满足程度。

(三)做好空间布局优化

按照"保护发展核心烟区、稳定巩固重点烟区、逐步压缩普通烟区"的原则,稳步推进烟区空间布局优化。

1.保护发展核心烟区

优先保障核心烟区烟叶资源,根据工业企业提报需求,适度平衡和调整烟叶要素资源,确保核心烟区产能只增不减,力争通过5年左右时间达到供需基本平衡。

2.稳定巩固重点烟区

切实保障重点烟区烟叶资源,根据工业企业提报需求,适度调整烟叶要素资源,重点烟区产能以保持稳定为主,防止大起大落。

3.逐步压缩普通烟区

普通烟区烟叶特色不明显,难以稳定进入中高端卷烟配方,要坚持布局优化工作原则,积极争取地方党委政府支持,稳步压缩产能,资源要素逐年向核心烟区、重点烟区集中。

(四)做好烟区产能布局优化

在地市级烟区空间布局优化的基础上,遵循生态优先、相对集中的原则,充分利用各种土地流转平台,推进烟田集中连片经营,将烟叶种植向风格特色鲜明、生态环境适宜、烟田轮作充分、技术基础较好的地区转移,着力推动县、乡、村产能布局优化,着力打造一批5万担县、万担乡和千亩村,努力提高烟叶生产集中度,使烟叶成为当地优势产业,筑牢烟叶持续发展的基础。

1.发展5万担以上的种烟县

加大地市级区域内计划资源优化配置力度,适度调整烟田轮作不充分的特大县或大县规模,逐步压缩零星分散的种烟县烟叶计划,进一步将计划资源集中到烟叶风格突出、烟田轮作充分、生态环境适宜的重点县,达到种植面积1.7万亩以上、收购量5万担以上,5万担以上县产能占比逐步达到90%左右。

2.发展万担以上的种烟乡

加大县域内计划资源优化配置力度,逐步压缩零星分散的种烟乡烟叶计划,适度调整烟田轮作不充分的特大乡镇和大乡镇种植规模。要加快烟区"三变"改革,探索利用土地流转平台,加强优质连片土地使用权的掌控,营造有利于烟区烟农职业化、土地经营合作化和产业服务专业化的发展环境,逐步将计划资源集中到烟农积极性高、土地资源丰富、生态条件好的乡镇,打造生产规模1万担以上的种烟乡镇,产能占比逐步达到80%左右。

3.发展千亩以上的种烟村

加大乡镇范围内计划资源优化配置力度，探索以村为单位组建土地股份合作社，推进村域土地集中合作经营和烟区产业综合体发展。在基本烟田2 000亩以上的行政村逐步形成烟叶种植千亩以上，以烟为主、多产业融合的烟区产业综合体，提高烟田综合利用率、土地产出率和劳动生产率，打造生产规模达到千亩以上的种烟村，产能占比逐步达到60%左右。

三、基本要求

气候条件要适宜。烟叶成熟期平均气温≥20 ℃，日照时数≥450 h。土壤条件要适宜。土壤质地为壤土或砂壤土，土壤pH值5.5~7.0，土壤有机质含量1%~2%，0~60 cm土壤含氯量小于30 mg/kg。基础设施条件要适宜。"烟水、烟路、烟房、烟站"要综合配套，能够实施适度规模和连片轮作种植，山区、半山区最小连片以30亩为起点，平原区以50亩为起点。烟地条件要适宜。田间地头林木果树较多，遮阴严重和连作时间长、历年病害发生严重、地势低洼及排水不畅的田块不宜规划。

四、主要措施

（一）坚持烟草一盘棋，推进烟叶区域一体化发展

以供给侧为基础，搭建区域一体化发展管理平台，制定共同发展目标，建立一体化发展考核评价机制，纳入各单位年度考核之中，引导区域内烟叶资源整合，降低经营成本，提高管理效率。以需求侧为导向，统一区域烟叶特色定位，共塑烟叶品牌，共同对接工业客户，实现烟叶调拨资源共享、生产单元组合、统一调配，更好满足工业需求，形成发展合力。

（二）全面推进定制化生产，做优做实原料生产单元

划分生产单元对应不同工业企业需求，工商共同制定个性化生产技术方案、内在质量目标和收购样品，在生产环节落实定向生产技术，收购调拨环节实行专线收购，大力推进全收全调、站厂直调。建立生产单元烟叶数据库，以数据为支撑，搭建生产单元考核评价平台，工商共同制定生产单元考核指标，以商业为主开展生产管理水平考评，以工业为主开展生产单元烟叶质量评价，评价结果与计划安排、投入政策等挂钩。

（三）推进差异化投入补贴，引导烟叶布局优化

加大核心生态区生产投入力度，稳定重点生态区生产投入，重点向核心县、万亩乡、千亩村进行倾斜，推进资源集中配置，引导各产区做大核心产能，压缩普通产能。烟叶生产补贴实行差异化、精准化投入，拉大核心区与普通区、规模种植区与零散种植区的投入差距，根据年度动态布局评价结果，调整生产投入补贴投入比例。电能烤房等基础设施建设补贴要优先满足核心县、万亩乡、千亩村需要。

（四）完善烟叶种植保险，提升规模化种植积极性

积极协调省政府相关部门，联合保险公司，修订现有烟叶政策性保险政策，提高保险费率和保险额度，充分发挥烟叶保险资金的杠杆作用，加强各类风险保障措施投入，提高烟田风险保障能力，引导烟农提升规模化种植水平。

(五)优化设施配套,提升烟叶生产基础设施装备

围绕种植布局优化,合理安排烟叶生产基础设施建设规划。核心种烟县要加大新建项目倾斜力度,对农机装备、新能源烤房等项目要先行先建,率先实现烟叶生产设施装备的综合配套提升;重点种烟县要用好存量资源、做优增量,利用损毁项目修复政策,稳定、提高已建项目的完好率和利用率,查漏补缺有序开展新项目建设,逐步实现设施装备的综合配套;普通种烟县要聚焦重点,从严从紧安排项目建设,加强已建项目的管护,进一步完善闲置设施、装备的调剂使用政策,提高综合利用率,严控新建项目,确保烟叶生产可控可调。

五、保障措施

(一)同步推进高标准基本烟田规划建设

以推进乡村振兴战略为契机,主动与当地党委政府汇报沟通,把烟叶产业列入乡村振兴的重点产业,出台基本烟田保护制度。同时围绕烟区布局优化,以百亩以上连片区域为实施单元,探索推进以村委会、烟农专业合作社或家庭农场等为主体的土地集中长期流转。要以烟田水利设施、机耕路、土地整理为主要建设内容,对现有要素进行再配置、再提升,稳步推进高标准基本烟田建设,全面覆盖核心烟区、重点烟区。打造烟区产业综合体,建立基本烟田可持续种植经营机制,提升综合效益,确保优质烟区规划一片、流转一片、建设一片、稳定一片,保持基本烟田的长久稳定。

(二)同步推进烟叶生产设施装备提升

结合布局优化,在推进高标准基本烟田规划建设的基础上,因地制宜、分类做好育苗设施、密集烤房、高效作业机械以及支撑绿色发展的新技术装备等生产设施配套完善工作。核心烟区要加大新建项目倾斜力度,对农机装备、新能源烤房等项目要先行先建,率先实现烟叶生产设施装备的综合配套提升;重点烟区要用好存量资源、做优增量,利用损毁项目修复政策,稳定、提高已建项目的完好率与利用率,查漏补缺有序开展新项目建设,逐步实现设施装备的综合配套;普通烟区要聚焦重点,从严从紧安排项目建设,加强已建项目的管护,进一步完善闲置设施、装备的调剂使用政策,提高项目综合利用率,严格控制新建项目,确保普通烟区烟叶生产可控可调。

(三)同步推进烟叶生产方式转型

加快构建以集约经营、连片作业为基础的现代生产方式。创新生产组织形式,着力培育种烟大户、家庭农场等规模种植主体,引导烟农走职业化、技能化发展道路,打造职业化烟农队伍。探索土地合作经营,完善小农户利益保障机制,不断提升烟叶生产组织化程度。以合作社为主体和平台,健全完善烟叶专业化服务体系,探索打造一站式烟农服务平台,不断提高服务质量,优化服务方式,提升服务能力。以减工降本为目标,加大育苗、整地、起垄、移栽、覆膜等环节成熟机械的推广力度,重点突破施肥、培土、植保、拔杆等环节机械化作业,探索推进采烤环节机械化应用,逐步实现烟叶生产全程机械化作业。

(四)同步推进烟叶绿色生产

坚持绿色发展理念,围绕“一控两减三基本”目标,严格落实以烟为主的隔年轮作制度。推进化肥施用减量增效技术,加大有机肥施用推广力度,推动烟叶生产由化肥为主向以无机有机营养并重转变,不断改善土壤结构,增加土壤耕层活性,维护土壤耕层质

量。推进绿色高效植保技术,推动以化学防治为主向绿色防控转变。推进烘烤能源低碳技术,推动以传统燃煤烘烤为主向以电能为主的新能源智能化烘烤转变,构建绿色、低碳、环保的烘烤技术体系。推进烟田废弃物资源化利用技术,扎实推进烟秆、秸秆、菌渣、农地膜、无收购价值烟叶等废弃物回收加工,开发配套产品,变废为宝。努力打造烟叶绿色发展新典范,不断提升烟草农业绿色发展水平,实现烟叶生产持续稳定发展。

第二节 培育均匀化壮苗

俗语说“苗好一半收”,培育壮苗是实现烟叶均质化生产的第一步。所谓壮苗,是不带病害,根系发达,整齐度高,抗逆性强,移栽返苗快,成活率高的烟苗。现阶段一般采用漂浮育苗技术,该技术能提高烟苗生产效率,烟苗根系发达,均匀一致,干净卫生,移栽方便。

一、壮苗标准

苗龄 55~65 d,单株叶数 7~9 片,茎高 8~12 cm,单株叶面积 150 cm^2左右,叶色绿或浓绿,叶片稍厚,抗旱性好,烟苗群体均匀整齐。烟苗根系发达,单株根系达 300 条以上,单株根干重在 0.05 g 以上。柔韧性好,叶片在茎秆上分布均匀,叶片长椭圆形或宽椭圆形,不出现叶片狭窄或叶基过长现象。小苗膜下的烟苗移栽单株叶数 5~6 片,茎高 5~8 cm,机械化移栽的烟苗单株叶数 7~8 片,茎高 8~10 cm。

二、育苗大棚标准

标准四连体育苗大棚单跨度 8 m,每栋 4 个连跨,肩高 3 m,顶高 5 m,大棚共设 2 个大门。分别设置在第一跨和第四跨。门板材料:阳光板,尺寸规格为 2.0 m×2.0 m(宽×高)。两侧窗、顶窗采用电动卷膜器开窗,所有的开窗部分均安装 40 目银色尼龙防虫网,薄膜温室顶通风系统采用电动卷膜机构,利用顶部开窗交换空气、降低温室内部温度。通风窗位于中天沟一侧,顶窗宽度 1.3 m,温室除安装风机端以外,其余 3 面均安装 1.8 m 高开窗,采用电动卷膜机构。缓冲间尺寸为 4 m×1 m,在缓冲间内设消毒池,规格 0.5 m×0.6 m。外层薄膜使用 PEP 三层共挤复合薄膜,薄膜厚度 0.15 mm,单层透光率 90%。每座育苗棚为四跨,每跨设置两个育苗池,规格 41.38 m×33.45 m×0.2 m(长×宽×高)。大棚两端设置 1 m 宽过道,纵向有立柱部位设置 0.7 m 过道,中间设置 0.4 m 过道,所有过道均要水泥砂浆抹面且在同一水平高度以便剪叶机通过剪叶。

育苗前进行棚内外消毒,首选二氧化氯 1 000 液喷雾,也可选用 25%甲霜灵锰锌或 37%福尔马林,用 200~300 倍液喷雾。大棚内消毒后工作人员应尽快离开棚室,密闭棚室升温 3~5 d,提高消毒药效。消毒后棚膜卷起通风 3~5 d。棚外地面、走道、排水沟消毒可用 3%的石灰水或 5%的漂白粉喷撒消毒。

三、育苗盘与水质

漂浮育苗的育苗盘一般为 200 穴聚苯乙烯(EPS)格盘,苗盘长 68 cm,宽 34 cm,厚

5.5 cm;孔口尺寸 25 mm×25 mm,下口尺寸 15 mm×15 mm,底部孔口直径 5~6 mm,盘干重 200 g 以上。每 10 个为一个包装。盘面光滑平整,厚度均匀,孔大小、深浅一致,边角齐整,无毛刺(尤其是孔底部)。也有部分地区推广应用 128 穴、136 穴和 162 穴育苗盘。

水源对避免烟苗传染病害十分重要,而水质对苗池中营养液的 pH 值和各种元素的利用有影响。苗床用水必须清洁、无污染。可用深井水、自来水或无污染的河水,一般要求达到饮用水标准。禁止用坑塘水或污染的河水,以防黑胫病、根黑腐病等病害发生。有条件的地方,最好能事先做几次水质分析,掌握所采用水源的 pH 值及营养元素适宜性,以便调节水质和调控育苗营养物质。

四、育苗基质

育苗所用的基质是对土壤条件的模拟和优化,基质质量是漂浮育苗的关键因素。基质内的空隙可进行气体交换提供氧气供根系呼吸,并提供适宜的水分和营养供烟苗的生长发育需要,这是选择和配制基质的关键。基质由草炭、蛭石、珍珠岩等混合而成,要求混合均匀,颗粒状好,透气良好,持水均匀、适中,混配基质所用的草炭必须要保证质量要好,不含杂物,在基质中的占比一般不应低于50%。基质必须经过严格彻底消毒处理,达到无菌无毒、无虫卵、无草籽。包装袋标准为塑料双面附膜或内衬塑料袋或塑料单面附膜。

基质理化指标必须符合烟草行业标准 YC/T 310—2009。容重 0.15~0.35 g/cm^3,1~5 mm粒径≥40%,总孔隙度 80%~95%,有机质含量≥20%,腐殖酸≥15%,pH 值 5.0~7.0,水分含量 25%~40%,电导率(μs/cm)≤1 000。有效铁≤1 000 mg/kg。基质中的蛔虫卵死亡率和大肠杆菌指标符合 NY 884—2012 技术标准要求。

基质重金属指标必须符合中国烟草总公司烟草育苗基质重金属限量要求(YQ 56—2015),镉≤1.5 mg/kg,汞≤1 mg/kg,砷≤75 mg/kg,铅≤250 mg/kg,铬≤300 mg/kg,镍≤100 mg/kg。

五、装盘和播种

(一)苗盘消毒

育苗盘要求规格统一,除首次使用的新盘外,育苗前苗盘必须消毒。消毒前先进行苗盘清洗,将苗盘表面的泥土、沾在表面的基质、尘土和其他脏物冲洗干净,然后进行消毒。推荐使用清洗消毒一体机进行清洗消毒,效果好、效率高。消毒后的育苗盘,在运输保管过程中,不得接触任何烟叶制品,以确保育苗盘不被污染。

(1)漂白粉溶液消毒　将 30%有效氯漂白粉稀释成 20 倍液,将育苗盘浸入消毒池中浸泡 15~20 min,捞起后整齐堆码在垫有塑料薄膜的平地上,放置 20 min 后,用清水将育苗盘冲刷干净备用。

(2)二氧化氯消毒　将 2%二氧化氯稀释成 80~100 倍消毒液,将育苗盘浸入消毒液中,浸泡 3~5 min,捞起后堆码在垫有塑料薄膜的平地上晾干备用。也可用 50%的氯溴异氰尿酸进行消毒。

(3)育宝消毒剂消毒　将 40%育宝消毒剂稀释成 200 倍液,将育苗盘浸入消毒液中,轻微摇动育苗盘,使育苗盘表面无气泡,即可提起沥干,放置备用。

（4）熏蒸消毒　育苗盘集中散放在密封性能较好育苗大棚内的两侧，一个棚内可堆放同等大小4~5个棚的育苗盘量，苗盘堆放越乱越好，高度控制在1.0 m以下。消毒前对大棚进行密封性检查，然后根据消毒空间的体积和苗盘数量，确定“苗盘消毒剂”和“载体”的使用剂量，并配制成烟雾消毒液。作业时将“育苗盘消毒机”放置在大棚的上风口施药，以保证作业人员的安全。消毒完毕大棚至少密封24 h。如果苗盘暂时不使用，大棚可继续保持密封状态，不影响苗盘整体消毒质量。育苗前再将密封的消毒大棚进行通风1~2 d后，方可进行育苗操作。

（二）装盘播种

（1）播期确定　烟草漂浮育苗播种期应根据当地的最佳移栽期来确定。结合不同的移栽方式，漂浮育苗的苗期时间从出苗到移栽一般为55~65 d，应根据当地最佳移栽期和苗期的长短倒推播种期，尽量避免由于播种过早或过晚导致育苗时间过长或不足而影响成苗质量。

（2）基质装盘　装盘质量是避免产生干穴，保证育苗质量的关键技术之一。基质装盘前先调整好基质的水分含量，水分过干的基质装入育苗盘后，基质容易从底孔漏掉，造成空穴或孔穴中空不能吸水形成干穴，水分过大的基质装入育苗盘后，容易孔穴中空不能吸水形成干穴，从而影响出苗速度及质量。所以基质的水分以40%~50%为宜，即基质水分含量以手握能成团，松开后轻轻抖动能自然散开为拌入水分适宜量。将水分调配好的基质装满育苗盘的空穴，紧实度适宜，基质装得过多，过于压实，会影响烟苗根系的生长，影响营养液的供给，基质装得太松，育苗盘漂入营养池后，由于基质吸水下落后出现断层，影响营养液从毛细孔中上升，造成育苗盘表面干穴现象，也影响烟苗的正常生长。基质装盘时要保证每个孔穴边界不被遮盖。

（3）种子播种　装好基质的育苗盘应及时播种。先用压穴板或手指压出种穴，每个种穴播1~2粒种子，播完后用基质将种子覆盖，以表面刚好见不到种子为宜。最佳的播种深度2~3 mm，如果播在基质表面，容易形成气生根（也称螺旋根），虽然不影响出苗，但出苗后的烟苗在阳光的照射下易死亡。漂浮育苗的出苗率随播种深度的增加而下降，因此要严格控制好播种深度。播种后应将苗盘及时放入育苗池水中，以免育苗盘放置时间过长，导致基质水分丧失，影响基质的吸水。播好种的育苗盘轻轻地放入池中，放入育苗池1~2 h基质可充分湿润。要让基质自然吸水，切勿用力下沉育苗盘试图加快吸水，这样会使基质流失，影响出苗和烟苗的生长。种子播种推广使用智能化装盘播种一体化机械，调整为每个穴播1粒或2粒种子，采用专业化分工，流水作业的方法，播种均匀，用工少，效率高，减少育苗过程污染。

六、苗床施肥

根据苗床中水的容量决定施入肥料的量。肥料（以氮磷钾比例为20∶10∶20育苗肥为例）用量计算如下：（所需浓度/20）×0.1 g/L；例如，苗池盛1 000 L水，用20∶10∶20肥料配成100 mg/L营养液，（100÷20）×0.1＝0.5 g/L水，0.5 g/L水×1 000 L水＝500 g肥料。肥料施入苗池前，需先将肥料完全溶解于一人桶水中，然后沿苗池走向，将溶液均匀倒入苗池中，稍作搅动使营养液混匀。

营养液 pH 值在 5.5~7.5 之间均能正常生长，pH 值在 5.5~6.5 之间时更有利于矿质元素的吸收，当营养液 pH 值不符合要求需进行校正时应及时调节。如果 pH 值偏高，可用适量 0.1 N 的 H_2SO_4溶液校正，如果 pH 值偏低，可用适量 0.1 N 的 NaOH 溶液校正。每添加一次营养液，校正一次 pH 值。用 5.5~9.0 精密 pH 试纸测定即可。我国大部分地区水的 pH 值属中性，苗床期的 pH 值变化较小，pH 值较大幅度的变化主要受肥料的影响，建议使用烟草公司供应的肥料或专业厂家生产的肥料。

漂浮盘入水前可施入 100 mg/L 的肥料；播种后第 4 周、第 6 周苗池中各加一次营养液，浓度为 100 mg/L；移栽前两周，根据烟苗情况再施肥料，浓度为 50 mg/L。每次施肥后，再注入清水至起始水位，严格禁止从苗盘上方加肥料溶液和水。

七、苗床管理

（一）温湿度管理

播种后棚内应采取严格的保温措施，使盘表面温度保持在 25 ℃左右，以获得最大的出苗率，并保证烟苗整齐一致。从出苗到十字期，仍然以保温为主，晴天中午，若棚内温度高于 28 ℃，应及时将棚膜两侧打开，通风排湿，下午及时盖膜，以防温度骤降伤害烟苗。从十字期到成苗，随着气温升高，要特别注意掀膜通风，避免棚内温度超过 38 ℃产生热害（烟苗变褐死亡）。成苗期应将棚膜两边卷起至顶部，加大通风量，使烟苗适应外界的温度和湿度条件，提高抗逆性。在整个育苗过程中，大棚要经常通风排湿，使苗床表面有水平气流。为防止出现育苗期间有极端高温天气时四联体大棚降温困难的问题，可在棚内加装遮阳网。

（二）间苗和定苗

当烟苗长至小十字期开始间苗、定苗，拔去苗穴中多余的烟苗，同时在空穴上补栽烟苗，保证每穴一苗，烟苗均匀。间苗定苗时注意保持苗床卫生。

（三）烟苗剪叶

第一次适宜在烟苗封盘后，苗龄在 50 d 左右进行，需要轻剪，剪去生长较旺盛的大烟苗的最大叶片的一半，使大苗受到控制，让出空间，使小苗尽快生长，达到控大促小，形成均匀整齐烟苗。第二次剪叶在苗龄 55 d 左右为宜，可剪去上层叶片的一半，控大促小，实现匀苗，促茎秆健壮。结合成苗及移栽时间，在移植前 5 d 左右进行第三次剪叶，剪去叶层中的大部分，以不剪生长点为宜，充分通风透光，控苗炼苗，促进茎秆长高长粗，提高烟苗的抗逆性及移栽成活率。小苗膜下移栽的烟苗，剪叶一次即可。

剪叶过程中严格消毒，并在每次剪完叶后，用“病毒必克”等抗病毒药剂叶面喷雾，预防病毒感染。剪叶后结合控水肥，使苗盘漂浮起来，超过池面，增加茎基部的通风透光率，降低湿度，促进茎秆根系的发育，提高壮苗率。

（四）炼苗锻苗

漂浮育苗生产中烟苗一直处于较为优越的环境中，因此当烟苗达到成苗要求，即茎高 10 cm 左右时，应及时进行昼夜通风锻苗。锻苗程度以叶片中午萎蔫，早晚能恢复为宜。研究表明，锻苗能够增加烟苗糖含量，提高营养抗性和根系活力，加速次生长，使茎围增加，从而提高烟苗成活率，并使烟苗移入大田后生长迅速。但是，烟苗成苗能够进入大田移栽后，锻苗时间也不能过长，防止烟苗成为高脚苗或茎秆出现过度木质化。如果达不到深栽烟，烟苗移栽到大田后长势会较弱或易出现早花。

(五)病虫害防治及其他

(1)防治病害　猝倒病、黑胫病、立枯病是漂浮育苗生产中的主要病害，苗床卫生是苗床防病的关键，另外，苗床需经常通风排湿、加强光照，以提高烟苗抗性，减少病害发生。药剂防治可采用以下几种措施：①烟苗4~5片叶用1∶1∶150倍波尔多液进行苗床喷洒，每次喷一遍，禁止重复喷洒，对烟苗具有较好的保护作用；②用25%甲霜灵800~1 000倍液喷洒防治猝倒病；③用70%甲基托布津可湿性粉剂1 000~2 000倍液防治立枯病；④25%甲霜灵可湿性粉剂400~500倍液防治黑胫病。以上药剂对烟苗病害均有较好的防治效果。

(2)防治虫害　危害漂浮育苗烟苗生长的害虫主要有蚜虫、蛞蝓、潜叶蝇等。可用90%敌百虫1 000倍液或万灵1 500~2 000倍液或50%抗蚜威可湿性粉剂等防治。

(3)盐害　高温低湿和过分的空气流动，可促进基质表面水分的大量蒸发，导致苗穴上部肥料盐分的积累。盐分积累主要在基质上部1.3 cm处，能造成烟苗死亡。出苗后到大十字期间，是易于发生盐害的阶段，由于出苗时间长，加之幼苗对养分吸收利用少，通过基质表面水分蒸发，使肥料易于富积到苗穴基质的上部。发生盐害的苗盘可见基质表面发白，有盐分析出，通过喷水淋溶，即可消除盐害。

(4)冷害　早春育苗由于气温不稳定，有时会出现持续寒流，棚温夜间陡降，造成幼苗冷害，冷害发生后，叶片边缘内卷或舌状伸展，舌状叶和芯叶上有白色或浅黄色斑块，严重时会出现烟苗畸形，生长点死亡，停止生长。一般情况下经过4~5 d连续的温暖条件，烟苗可自行恢复正常生长。

(5)热害　晴天中午气温过高，若揭膜不及时，棚内温度持续高于38 ℃，则出现热害，烟苗叶片变褐死亡。小棚烟苗4片叶后沿苗床周边苗大，中部大面积苗小或缺苗较多，这种现象多是高温伤害造成。

(6)棚膜滴水　若没有采用无滴膜，或棚内通风排湿不及时，则造成棚膜滴水，一方面落下的水滴会将种子砸到基质表面，影响出苗，另一方面还会将基质溅起，覆盖在萌发的幼苗上，影响幼苗的正常生长或导致死苗。此外，滴水处湿度过大，绿藻滋生严重，使得整个苗床呈点片状绿藻斑块，影响烟苗正常生长。

(7)微量元素缺乏或中毒症　如果营养液配制不当或管理不善出现缺素症或中毒症。缺素症常见缺铁，如果营养液pH值过高，又遇低温，可出现缺铁症；如出现缺铁症，只要调整pH值到6.8左右，加入适量铁源(如Fe_2SO_4)，症状很快就消失。铵态氮肥施入量过高，出现铵中毒，叶绿上卷，变厚，叶色深绿，后期叶缘干枯。

八、消除绿藻与螺旋根

苗床空气湿度过高，或采用腐熟不充分的秸秆为基质材料，水面直接受光时易产生绿藻，绿藻对小十字期的烟苗影响较大。控制绿藻的具体做法如下：①在制作苗池时，依照苗盘的数量确定苗池的大小，尽可能使苗盘摆放后不暴露水面，若有露出地方，宜用其他遮光材料将其覆盖；②采用黑色塑料薄膜铺池；③用浓度0.02% $CuSO_4$杀藻，可在24 h内产生较为明显的杀藻效果，浓度高于0.2%，则对大十字期以前的烟苗产生伤害。

螺旋根是根系中存在的螺旋状或扭曲成不规则形状的、不产生侧根的僵化根系，应采取措施消除。避免螺旋根的主要措施：一是基质的有机质含量不宜过高，装盘疏松，否则通气不良，易产生螺旋根；二是出苗后避免过多的低温寡照天气；三是确保基质不漏失，漏失时苗穴中形成空洞，根系易集结形成螺旋根；四是避免成苗期接受过强的光照。

九、烟苗移栽及善后管理

为了提高烟苗抗性，防止根茎类病害发生，在移栽前 3 d 喷施 1 次瑞毒霉，然后即可移栽。烟苗移栽后，尽快将苗盘、塑料薄膜、棚架等收回，清水冲洗干净，存放备用。

育苗前烟叶生产工作站与育苗工场签订育苗协议，育苗工厂依据烟站核定的面积与烟农签订供苗协议。建立育苗管理档案，实行一育苗工厂一档案，交烟站备案建档管理。烟苗发放根据烟叶供苗通知单进行，通知单由烟站进行统一管理，一式两份，一份作为取苗凭据，一份留烟站存档。育苗过程由烟站指定专人对育苗工厂的苗盘消毒、播种质量、苗床管理、烟苗发放等进行全程监督指导。烟苗带叶运输，容易受到环境迫害，因此需尽可能缩短运输时间，在运输过程既要防止烟苗受冻，又要防止烟苗受热与损伤。

第三节　土壤肥力均匀调控

河南烤烟种植区域分布广泛，烟区生态环境差别较大，农艺措施各具特点，各烟区土壤养分与肥力差异较大。本节根据河南不同区域烟田土壤肥力分析，结合土壤肥力状况与相关科学研究，从烟田土壤碳氮平衡及养分均衡性调控方面阐明土壤肥力调控应用技术。

一、土壤碳氮比影响因素及均衡性调控

土壤 C/N 比是有机物质或其他成分中碳素与氮素总量的比值，是土壤有机质组成的一个重要指标，能很好地表征土壤的质量水平与质量特征，土壤的 C/N 影响着土壤微生物的生长及活性，也影响了土壤的碳氮循环及养分供应特性。为逐步实现区域内土壤肥力与养分均衡，协调好土壤的供氮能力与强度，需要减少区域间土壤的 C/N 比差异，以此协调不同地块氮素供应与烟株生长发育状态。

（一）土壤碳氮比及影响因素

1.土壤碳氮比及相互关系

土壤有机碳（SOC）以固体形态、生物形态和溶解态存在于土壤中，包括动植物残体、腐殖质、微生物及各级代谢产物等含碳化合物。土壤有机碳是土壤质量的核心，是土壤肥力的基础，是植物养分的重要来源，也是养分重要的库与源，因此土壤有机碳含量常被认为是评价土壤潜在肥力的一个重要指标，它的动态平衡直接影响土壤肥力和作物产量。土壤有机碳短缺会导致土壤肥力减弱，土壤养分不平衡，对作物生长产生负面影响，因此必须针对缺乏有机碳的土壤进行补充，以提高作物产量。

土壤全氮(TN),是指土壤中各种形态氮素含量之和。包括土壤有机态氮和无机态氮,但不包括土壤空气中氮。土壤全氮含量随土壤深度的增加而急剧降低。土壤全氮含量处于动态变化之中,它的消长取决于氮的积累和消耗的相对多寡,特别是取决于土壤有机质的生物积累和水解作用。对于自然土壤来说,达到稳定水平时,其全氮含量的平衡值是气候、地形或地貌、植被和生物、成土母质以及成土年龄或时间的函数。对于耕种土壤来说,除前述因素外,还取决于利用方式、轮作制度、施肥制度以及耕作和灌溉制度等。

土壤碳与氮之间存在着相互依存与相互制约的关系,雷宝坤等对从中国期刊网收集的自1980年以来69篇文献中长期定位试验数据分析表明,土壤碳与土壤氮两者存在着显著的线性正相关,可用 $y_C=7.66x_N+1.8162$($R^2=0.734^{**}$, $n=737$)表达,收集的80%的土壤样本有机碳含量主要集中在5.4~14.8 g/kg,收集到的92.9%的土壤样本土壤全氮含量集中在0.6~2.0 g/kg,并根据研究结论,土壤碳氮共济关系分成3种类型(C/N<9、C/N 9~12、C/N>12),将C/N<9与C/N>12作为土壤碳氮失衡类型,C/N 9~12为土壤碳氮平衡类型。

2.影响土壤碳氮比的因素

从大的方面考虑,影响土壤碳氮比主要有气候、植被、地形、成土母质、时间及人类活动。单从人类活动的农业生产措施考虑,主要为土壤施肥、土地利用类型、轮作制度等,这些措施影响土壤碳与氮的变化,实际上是影响了土壤结构、土壤微生物、有机质含量以及土壤中氮的形态、氮的利用。

(1)氮肥施用量 美国23年的长期定位试验研究表明,在施氮量较低的适宜范围内0~154 kg/hm^2,随着施氮量的增加土壤C/N也增加,但是,进一步增加施肥氮量,土壤的C/N下降。这主要是因为适当的氮素供应可以增加土壤中的有机碳含量,而过量的氮素供应使有机碳增加效应不明显。因此,通过人为施肥措施,将会升高与降低土壤的C/N,有机无机配施有利于提高土壤C/N,单施化学肥料,特别是偏施一种化肥,将显著降低土壤C/N。

(2)土地利用类型 许泉(2006年)利用中国第2次土壤普查数据,分析了水稻田与旱作方式农田耕层土壤有机碳与全氮的特征及区域差异,结果表明,水田与旱地土壤C/N分别为10.8和8.9,水田的土壤C/N普遍高于旱地。而在相同区域内,长期种植不同作物,土壤的C/N也逐渐发生变化,雷宝坤等分析了山东寿光种植粮食作物与种植蔬菜地块,土壤有机质、全氮与C/N的变化,结果说明其之间差异极显著,如2015年菜地有机质含量高于粮田4.1 g/kg,全氮相差0.61 g/kg,菜地C/N显著低于粮田。

(3)土壤碳携出与输入 在特定的环境条件下,土壤中的碳氮处于相对平衡状态,土壤通过种植作物,以秸秆还田,植物体残留,施用有机肥以及不同的碳氮物质的投入,增加土壤中有机碳数量,在碳投入的同时也有作物对碳的携出,输出大于或小于输入以及土壤中的碳转化强度,决定了土壤中有机碳的含量及变化。例如,在河南粮食主产区,近年由于作物秸秆禁烧大量还田,作物携出的碳又大量返回土壤,农田的有机质及有机质碳在逐渐增加。

(二)土壤碳氮均衡调节

土壤有机碳和全氮是土壤有机氮矿化的指标,碳氮比高供氮能力减低,碳氮比低促进有机氮的矿化分解,因此,从土壤培育与土壤碳氮平衡来考虑,土壤需要适宜的有机质含量,以保土壤肥力,同时也需要适宜的氮素含量,保证土壤氮素的供应强度。就目前河南烟田土壤碳氮比而言,总体上偏低,需要提高其比值。

1.基本思路

土壤有机碳与全氮代表了土壤质量,要逐步实现区域内 C/N 趋于一致并逐步提高,是实现区域内烟株生长与土壤养分供给均匀性的基础与前提。根据河南不同烟叶生产区域土壤养分总体状况分析,碳氮比总体上较低,且变异性较大,CV 维持在 37%左右,土壤氮含量偏高,尤其碱解氮 CV 在 30%以上,钾的利用率维持在 35%左右,磷的利用率不足 20%。因此,要提高土壤的综合生产能力与烟叶的质量,需要改善土壤碳库与氮库,提高土壤微生物活性,提高土壤养分平衡。土壤碳氮调节的基本思路:一是提高土壤有机碳量并保证碳的输入输出平衡,土壤微生物代谢活动在同化 1 份氮素的同时,需要消耗 25 份的碳,微生物的代谢活动在不断消耗土壤中的碳,因此需要不断为土壤输入碳素才能维持土壤碳素平衡,保持土壤可持续生产能力;二是"碳氮协调,以碳控氮",利用土壤碳素对氮转化调节功能及对氮转化的双向调节机制,通过土壤大量的碳素补充,增加土壤有机质含量,改善土壤的理化性状,增加土壤总体氮库并阻止氮的流失,提高氮素及磷钾的利用率。

2.土壤碳调节措施

(1)增施有机物料　在烤烟种植上调节土壤碳氮比是目前研究的热点,研究的内容涉及对土壤碳库管理指数(CPMI)、土壤氮磷钾养分的利用、养分矿化效率、微生物种群结构、土壤微生物有机碳、土壤物理性状、土壤硝酸还原酶等多种酶类、氮素硝化以及对烟叶的产量质量、化学成分、香气物质的影响等。综合分析,在土壤中添加不同碳氮比的有机物料总体上可改善土壤、培肥地力、协调氮磷钾供给能力,提高养分利用率,改善烟叶质量,增加油分及香气物质含量。有机物料来源不同,烟叶生产中使用的有机物料碳氮比及养分含量差别很大(见表 5-1)。河南烟叶生产中常用的有机物料绿肥类主要为大麦、黑麦草、油菜等,使用的有机肥类主要为芝麻饼肥、牛粪、羊粪、堆肥等。

(2)增施生物碳　生物炭是在部分或完全缺氧条件下,将生物质加热到 300~1 000 ℃之间时产生的固态产物。生物炭具有多孔结构和一系列官能团,富含营养元素,加之其分子结构高度稳定,使其在改良退化土壤、提高土壤质量和作物产量方面具有良好潜力。由于生物炭具有松散的堆积密度、特殊的空隙结构和巨大的比表面积,施用到土壤后能够对土壤物理特性产生影响,并能提高土壤的 pH 值。Laird 向土壤中添加 0、0.5%、1%和 2%(w/w)生物炭后,土壤有机碳含量随生物炭的增加而增加。吴崇书等通过向 8 种土壤类型输入生物炭,发现生物炭对有机质含量较高的土壤碳含量影响较少,但对有机质含量低的土壤促进作用明显。陈心想等研究发现,生物炭的输入能够增加土壤有效磷含量,增幅达到 3.8%~38.5%。Dong 等连续两年通过水稻秸秆生物炭与肥料配施发现土壤钾含量显著提升。

表 5-1 烤烟常用有机肥料养分表 （干基 %）

肥料种类		有机碳	氮	磷	钾
粪尿类	牛粪	36.78	1.67	0.43	0.95
堆沤肥类	高温堆肥	11.00	0.66	0.55	1.46
	沤肥	7.57	0.71	0.29	1.31
	羊粪	26.9	2.31	0.45	1.28
秸秆类	水稻秸秆	41.80	0.91	0.13	1.89
	玉米秸秆	39.90	0.65	0.08	1.05
	油菜秸秆	44.9	0.82	0.14	1.86
	小麦秸秆	38	0.61	0.071	1.02
绿肥类	紫云英	46.0	3.44	0.78	2.76
	箭舌豌豆	41.6	3.01	0.25	2.12
	黑麦草	40.0	2.03	0.22	0.51
	油菜	42.6	0.82	0.14	1.85
饼肥类	大豆饼	88.00	7.19	0.77	1.70
	油菜籽饼	42.50	5.90	1.08	1.29
	芝麻饼	17.60	5.08	0.73	0.56

注：相关数据引自《中国主要作物施肥指南》（2009 年），芝麻饼肥数据为干基的平均值，引自《中国植烟土壤与烟草养分综合管理》（2008 年）。油菜与小麦秸秆磷钾数据引自《农田土壤碳氮管理理论与实践》（2017 年）。

河南农业大学刘国顺教授科研团队提出烤烟“固碳培肥、减氮增效”施肥理论，通过增施生物炭基有机肥料，能显著提高烟株根际土壤碳氮比，改善土壤生物学特性和微生物多样性，提高土壤矿质养分均衡供应能力和利用效率。生物炭用量 50～80 kg/亩多年烤烟试验示范结果表明，一方面能够丰富植烟土壤碳库，增强土壤矿质养分均衡供应能力，协调烟叶碳氮代谢，提升烟株抗病性，减少 20%～35%化肥氮素施用量；另一方面，能够提高烟叶香气质量，改善烟叶等级结构，增产增收。

二、河南烟田养分平衡存在问题

养分供给及土壤肥力状况是烤烟生长发育的基础，烤烟在生长发育过程中，吸收的氮主要来源于土壤中可利用的氮及施用的肥料氮素，而北方烟区烟株吸收的氮素大约3/4来源于土壤，因此，土壤肥力基本相同的情况下，才能保证烟株生长发育的一致性。

（一）河南烟田土壤养分适宜指标

土壤养分评价有许多指标，各产地各地区对土壤养分评价的侧重点也有所不同；表 5-2 与表 5-3 分别列出了我国植烟土壤养分丰缺评价指标及植烟土壤供氮能力指标。在这些指标中常用的指标为有机质、有效磷、pH 值、无机氮、碱解氮等，对于种植烟叶而言，还要评价土壤中全钾、速效钾、水溶性氯离子等。土壤养分丰缺指标实际上代表了土壤肥力状况，也可称是土壤肥力指标，在应用这些指标时，应根据当地土壤与生态条件，通过田间校验试验，对这些指标进行校证。

表 5-2 我国植烟土壤养分丰缺指标

指标	单位	极缺(低)	缺(低)	适中	丰(高)	很丰(高)
pH			<5.5	5.5~7.0	7.0~7.5	>7.5
有效磷	mg/kg		<10	10~20	20~40	>40
有效钾	mg/kg	<80	80~150	150~220	220~350	>350
交换性钙	cmol/kg		<4	4~6	6~10	>10
交换性镁	cmol/kg		<0.8	0.8~1.6	1.6~3.2	>3.2
有效硼	mg/kg	<0.3	0.3~0.5	0.5~1.0	1.0~3.0	>3.0
有效锌	mg/kg	<0.3	0.3~0.5	0.5~1.0	1.0~3.0	>3.0

注:引自 2019 年中国烟叶公司《中国烟叶生产实用技术指南》。

表 5-3 我国植烟土壤供氮能力指标

指标	类型	适宜	丰富	很丰富
有机质/g/kg	壤土	<15	15~25	>25
	黏土	<25	25~35	>35
有效氮/(mg/kg)	碱解氮	<65	65~100	>100
	无机氮	<25	25~35	>35

注:引自 2019 年中国烟叶公司《中国烟叶生产实用技术指南》。

根据河南土壤肥力状况以及优质烟叶生产要求,结合生产实践,河南烟田养分适宜指标:土壤有机质含量 10~15 g/kg,速效氮含量 45~75 mg/kg,有效磷含量≥10 mg/kg,土壤速效钾含量≥120 mg/kg,土壤耕层氯含量≤30 mg/kg,阳离子代换量<10~20 cmol/kg,盐含量<0.1%。土壤环境重金属含量符合《烟草产地环境技术条件》NY/T 852—2004 要求。并根据土壤有机质与碱解氮含量划分了不同的土壤肥力状况,一般认为,有机质含量 10.0~12.0 g/kg,碱解氮含量 45~65 mg/kg 为中等肥力;有机质含量 12~15 g/kg 以上,碱解氮含量 65~80 mg/kg 为中等偏高肥力;有机质含量 15.0 g/kg 以上,碱解氮含量 80 mg/kg 以上,为高等肥力。

(二)河南烟田养分平衡存在的主要问题

1.土壤速效氮含量偏高

豫中、豫西、豫西南、豫南四个烟区土壤碱解氮含量平均为 71.5 mg/kg,且变异系数均值 37.4%。土壤速效氮总体上偏高,地块间差异较大。根据符云鹏等研究黄淮烟区褐土烤烟吸收的氮素 18%~29%来自肥料,71%~82%来自土壤。河南烟区烟田中后期土壤温度高湿度大,土壤氮素矿化能力较强,后期供氮能力较高,烟叶开片较大,顶叶圆顶良好。但土壤氮素偏高,也带来一些不利因素,如影响到烟叶落黄及生育期延迟等。

2.有机质含量差别较大

河南植烟土壤有机质含量一般在 10.0~15.0 g/kg 比较适宜。根据全国第二次土壤普查土壤有机质含量调查,豫中烟区平均有机质含量为 13.9 g/kg,范围 3.2~28.9 g/kg,变异系数 23.5%,适宜范围内占比 57.5%;豫南烟区平均有机质含量为 12.6 g/kg,范围5.4~27.3 /kg,变异系数 21.8%,适宜范围内占比 72.1%;豫西南烟区平均有机质含量为12.0 g/kg,范围 5.5~

24.1 g/kg，变异系数 19.1%，适宜范围内占比 72.8%。土壤有机质含量是烟叶生长的基础肥力，过大的差异会造成肥力基础差别较大，产区烟叶质量的均衡性变差。

三、河南烟田养分均衡性调控技术

养分平衡是指土壤养分的收支状况，它反映土壤中养分的消耗和投入之间的关系。土壤养分的收支平衡主要取决于土壤养分的获得和土壤养分的支出状况。土壤养分平衡有三种类型，即养分盈余型、养分亏缺型和养分平衡型。土壤养分平衡对于农田生态系统养分循环和作物平衡施肥均具有重要意义。养分平衡常用养分平衡指数来衡量。作为一定区域内土壤养分平衡的调控，其主要目的是减少土壤肥力的差异，在土壤有机质、氮磷钾及微量元素等方面，具有较强的供应能力，养分利用率提高，速效养分含量基本趋同。如此调控才能实现烟叶生长发育的均衡一致，提高烟叶质量的均质性。

（一）建立以烟为主的耕作制度

郭芳阳等研究了小麦–玉米–烤烟（M1）、小麦–花生–烤烟（M2）、小麦–大豆–烤烟（M3）、小麦–芝麻–烤烟（M4）、小麦–红薯–烤烟（M5）、烤烟–大麦绿肥–烤烟（M6）与烤烟–冬闲–烤烟（M7）7 种模式对烤烟前茬土壤养分及烟叶质量的影响，不同轮作模式烤烟前茬作物种植后土壤养分变化情况见表 5–4。结果表明，M1 模式烤烟前茬碱解氮较高为 88.14 mg/kg，水溶性氯最高为 32.08 mg/kg，烟叶质量较差；M2 模式速效氮较高为 73.14 mg/kg，速效磷最低为 10.04 mg/kg，烟叶质量最差；M3 模式碱解氮较高为 76.94 mg/kg，烟叶质量较差；M4 模式碱解氮适中为 63.98 mg/kg，烟叶质量好；M5 模式速效氮适宜为 68.7 mg/kg，速效磷最高为 17.36 mg/kg，烟叶质量好；M6 模式速效氮适宜为 63.2 mg/kg，烟叶质量较好。M7 模式速效氮适宜为 67.03 mg/kg，烟叶质量中等。M4、M5、M6 为烤烟适宜轮作模式，M1、M2、M3 为较不适宜模式。在一定的区域内实现烟叶生长基本一致，烟叶质量差异性减少，需要从农业种植结构上调整，选择烟叶适宜的前茬作物，而不选择氮残留较高的豆科作物或玉米。

表 5–4　不同轮作模式土壤养分含量变化

处理	pH 值	有机质/%	碱解氮/（mg/kg）	速效磷/（mg/kg）	速效钾/（mg/kg）	水溶性氯/（mg/kg）
M1	−0.18	−0.09	20.2	−0.07	−8.38	7.94
M2	−0.09	−0.04	5.23	−2.53	−6.71	−3.14
M3	−0.03	0.03	9.00	−1.44	3.02	−5.09
M4	0.08	0.01	−3.96	1.30	1.58	0.84
M5	0.05	−0.05	0.76	4.79	−20.51	−1.35
M6	−0.06	−0.04	−5.11	2.63	−11.36	−0.89
M7	−0.03	0.02	−1.28	1.49	−2.6	0.30

建立以烟为主的烤烟轮作制度，需要从当地实际出发，考虑前后茬作物茬口效应、病害同源性等，合理确定轮作周期和作物配置。结合河南主要烟区的烟叶生产实际，在轮作周期方面，尽量减少连作，连作一般不超过 3 年，在轮作作物配置方面，可采用“三年两头种”或“四年两头种”的轮作方式，烤烟前茬种植施肥量小，又有较好的市场优势的作物，结合大

农业发展一些特色作物,如结合当地酒业市场种植红高粱;种植特色高收益的食用鲜红薯(如西瓜红品种),或种植高淀粉的红薯,深加工发展三粉产业;也可种植高产芝麻或谷子等作物。通过长期的以烟为主的轮作制度实施,不断调整土壤肥力与养分含量,改良土壤物理结构,提高养分释放供应的协调性,逐渐实现区域内地块间基础肥力基本一致。

(二)统筹轮作作物养分管理

烤烟轮作不仅要考虑茬口效应,同时也应该重视轮作周期内各作物肥料统筹施用的问题;不但考虑烤烟前茬作物施肥量,而且也要考虑前茬施肥的氮磷钾协调,整个轮作周期内养分管理要平衡,在保证前茬作物产量与效益的同时,为烤烟种植提供良好的土壤环境与养分含量。生产实践中,应根据各轮作作物养分需求特点、统筹考虑养分投入对当季和后季作物影响,协调养分投入量和比例,保证养分携出与投入平衡,实现烟田养分的良性循环。刘巧真等研究表明,玉米-烤烟轮作通过养分统筹管理,减少了肥料投入,轮作周期内养分投入携出趋于平衡,既保证了烟叶前期生长发育对氮的需求,同时改善了生育后期土壤氮素供应状况,烟叶生长发育良好,成熟落黄较好,烤后烟叶外观质量和评吸质量提高,实现了总收益最大化。统筹施肥不仅要考虑轮作作物施肥,由于近年来秸秆还田率大幅提高,如何利用好秸秆还田效应也是烤烟轮作过程中肥料统筹安排考虑的一个关键因素。各地应根据实际,探讨总结不同轮作模式的肥料养分管理,提高肥料利用率,减少前茬作物养分残留,降低后茬作物施肥被动性。对于河南烟区来说,关键是减少轮作作物尤其是烤烟前茬作物氮肥和含氯肥料投入,降低土壤氮和氯残留,并合理利用轮作作物秸秆,同时,烤烟当季增施磷钾肥,适量氮肥,补充微肥。坚持长久的轮作作物肥料统筹,不断调整土壤肥力与养分状况,会逐渐实现烟田土壤肥力的均衡性与一致性。

(三)土壤前茬残留氮素消减

冬闲作物主要为油菜、大麦、冬牧 70、苕子、黑麦草、光叶紫花苕等。这些作物在第 1 年秋季的 9 月底到 10 月中上旬种植,能越冬生长,加强冬春季管理,在第 2 年开春及时返青,可保证有 300 kg/亩以上的干生物量。根据近年研究,不同的作物在第 2 年 3 月中旬收割,作为食用蔬菜或饲草,既能增加收入也可大量带走土壤中残留的氮素,不同冬闲作物收割携出氮量结果见图 5-1 。通过研究还发现,禾本科冬闲作物富集携出氮能力最强,然后是十字花科冬闲作物,豆科冬闲作物虽然也能携出大量氮素,但因为其本身可以固氮,减少土壤残留氮的能力较差。

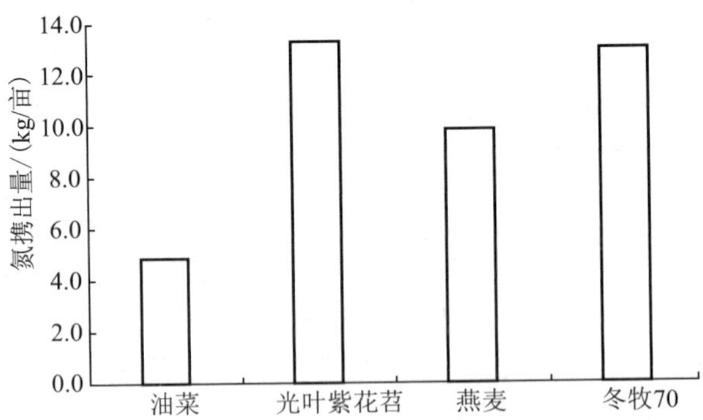

图 5-1 不同冬闲作物收割氮携出量

河南烟叶产区烤烟前茬土壤残留的氮总体上偏高,并且高低差异较大,高残留烟田烟叶后期成熟落黄较慢,为均质化生产带来了影响。为了实现烟田地块间烟株生长基本一致,对高残留的烤烟前茬,通过种植冬闲作物并根据土壤基础肥力状况,进行全部收割或部分收割携出部分残留氮素,可以降低高肥力土壤基础氮量,这也是实现区域内地块间烤烟差别趋小的一项重要技术措施。

四、土壤肥力均匀调控技术规程

(一)烟田规划布局

基本烟田合理规划布局是优质烟叶生产的基础。基本烟田规划布局原则:一是基本烟田要向自然生态条件好的地区和乡镇规划发展;二是要向具备一定规模的地区和乡镇规划发展,土地面积要有充分保证,能够实现轮作,能够集中连片;三是要向烟叶品质优,竞争优势强的地区规划发展。烟田规划布局包含生产区域、基本烟田、连片烟田、烟田环保等。从永久农田基本烟田建设方面,配套相关措施减少地块间肥力差异性,提高土壤肥力的均衡性与持续性。

1.生产区域

按照一个县或一个乡镇农业生产种植布局,土壤类型及土壤肥力、灌溉条件、地势地貌、海拔高度、水源条件等划分不同的生态生产区域,在相同的生产区域内统一组织农业生产与管理,尽量保持生产区域内自然条件、生产措施基本相同或一致,在一定的生产区域内保持生态条件的基本一致性。

2.基本烟田

永久农田内建立基本烟田保护制度,以烤烟轮作为基础,安排宜烟前茬作物,配套相应的道路、灌溉设施、灌溉水源、插标定界;建立基本烟田信息制度,确定地理分布、肥力状况,耕作制度等。

3.连片烟田

在一个村或相邻的几个村一定的区域内,烟叶生产的前一年小麦收割前统一规划,实施小片土地集中流转,烟田集中连片;在规划的连片烟田内统一种植一种宜烟秋作物(红薯、谷子、芝麻等),秋作物收获后,种植绿肥或冬前深耕;以统一的生产管理安排烟叶生产,在前茬、肥力、生产条件等方面,基本保持连片烟田一致,为烟叶生长整齐均匀创造基础条件。

(二)轮作土壤肥力调控

烤烟与其他作物轮作是提高土壤肥力、平衡土壤养分和改善作物生长环境的重要措施。烟田轮作坚持以下基本原则:一是要以烟为主轮作,轮作周期内所有轮作作物的选择和施肥要考虑烟叶种植;二是要兼顾烟叶质量和轮作期内总体经济效益;三是要因地制宜,结合地区生态条件及种植习惯。

1.轮作作物配置

轮作周期内适当安排配置轮作作物,夏季作物为小麦,秋作物为红薯、芝麻、谷子、高粱等施肥少或高耗氮作物;在连片烟田内尽量种植相同的作物,以保证连片烟田土壤肥力基本一致。不连片烟田,不选择种植施肥量较大的前茬作物,如玉米、辣椒等。

2.轮作种植方式

根据河南烟区实际情况,坚持“四年两头种”或“三年两头种”或“种三隔三”的轮作种植方式。“四年两头种”种植方式:第一年(烟叶/小麦)—第二年(玉米、谷子、豆类、红薯等/小麦)—第三年(红薯、芝麻、谷子/冬闲深翻或冬闲作物)—第四年(烟叶)。

3.作物肥料统筹

(1)肥料类型　基本烟田内农作物种植禁止使用中氯与高氯含量的肥料,建议使用两元素与三元素的复合肥料,少用单一含氮素的化学肥料;增加有机肥用量,如农家肥中的土杂肥、牛粪、羊粪、饼肥等。

(2)肥料用量　根据不同农作物采用适当的肥料用量,轮作体系中的小麦、玉米需肥量较大,在保证产量的情况下,减少肥料投入和氮素残留;种植红薯、花生、大豆等需肥相对较少的作物,适当增加磷、钾肥的用量。

(三)冬闲种植绿肥调控土壤肥力

河南烟田有近 6 个月时间为冬闲期。冬闲期适宜种植绿肥掩青、种植菜薹型油菜和牧草。

1.掩青绿肥种植与土壤条件

①适宜土壤条件:土壤肥力中低等烟田,可采用冬前种植绿肥,第二年春天掩青,改善土壤结构,提高土壤养分活性,均衡不同烟田土壤肥力。②掩青绿肥种类:大麦、油菜、冬牧 70、小黑麦等作物均适宜种植。土壤肥力较低情况下,也可种植光叶紫花苕等豆科绿肥。③绿肥种植:一般在 9 月中下旬至 10 月上旬播种,以保证第二年绿肥掩青生物量。黑麦草、冬牧 70 或大麦每亩播种 10 kg 左右;油菜每亩播种 0.5~1 kg。播种时要保证整地质量和适宜的土壤水分,黑麦草、冬牧 70 或大麦播种深度 3~5 cm;油菜播种深度 1 cm 左右;春季加强绿肥管理,在 2 月中下旬根据墒情灌溉 1 次。④绿肥掩青:结合生物量(鲜重达到 30 000~45 000 kg/hm^2),烟叶移栽前 40 d(3 月中下旬)左右,进行绿肥掩青。豫南烟区绿肥播种早,冬前生物量大,也可冬前结合深耕进行翻压掩青。掩青时或烟田起垄时,每亩施用绿僵菌或白僵菌 5 kg 防止地下害虫。

2.菜薹型油菜种植

选择土壤肥力中等偏上,有灌溉条件烟田。利用冬闲期种植菜薹型油菜,第二年春天油菜出薹后,采摘菜薹食用,剩余部分翻压掩青,以消耗土壤过量氮肥,调节土壤肥力。为获得产量较高、品质较好的菜薹,选择甘蓝型双低杂交油菜品种或白菜型油菜品种。

油菜播种要趁早,利用最适宜的墒情,犁耙后播种,确保出苗率。一般于 9 月下旬到 10 月初播种。播前土壤墒情较差情况下,需喷灌后再播。第二年 2 月至 3 月上旬,油菜抽薹至 30 cm 左右时,摘取 15~20 cm 粗壮菜薹,其余分枝及时做绿肥翻压掩青。

3.冬闲绿肥饲草种植

针对土壤肥力高或氮素残留较高烟田,采用冬闲种植绿肥用作饲草,第二年春天达到适量生物量后,收割饲用携出土壤过量残留氮素,消减土壤氮含量。在 3 月中下旬,鲜生物量达到 3 000 kg/亩以上,采用机械收割打捆,留茬 3~5 cm 翻压还田。

第四节 烟株营养均衡调控

施肥与营养对烟株生长发育、长势长相、分层落黄有较大影响,施肥与营养调控是烟叶生产中重要的技术措施,对烟叶均质化生产至关重要。烟叶生产中很多施肥不合理的问题,不仅会使肥料的利用率降低,烟叶品质降低,还会破坏土壤生态环境。要提高烟叶产量与质量均质化程度,实现施肥精准化,烟株营养平衡化,是提高烟叶均质化重要技术措施。

一、施肥存在的主要问题

(一)施肥量总体偏高

河南省是传统的农业大省,复种指数较高,在烤烟的轮作体系中作物配置未形成良好的以烟为主的种植制度,玉米、大豆作物前茬较多,花生与辣椒作物前茬也不少,同时,为了追求高产高效,前茬作物肥料施用量较大,使土壤残留氮素较多。优质烟叶适宜的碱解氮 45~75 mg/kg,河南有 30%左右的土壤碱解氮大于 75 mg/kg,土壤“越来越肥”。河南主栽的中烟 100 品种具有较高的耐肥性,在施肥量较大的情况下,烟叶也能较好烘烤,表现出良好的丰产特性。生产中部分烟农为了高产高效,在有灌溉条件下大量施入复合肥与硫酸钾,根据 2018 年豫中烟区调查,65%农户氮肥使用量超过了正常氮素推荐量,纯氮量最高可达 6.5 kg/亩,烟叶生产脱离了优质适产目标,叶片大深厚,单叶重偏高,烟叶浓香品质风格下降。

(二)施氮量把握不准

烟农还没有完全掌握科学方法做到精准施肥,施氮量的多少常根据自己的生产经验确定,施氮量随意性高,合理性较差,不能较好地依据土壤条件、前茬作物种类、前茬作物产量、灌溉条件、施入肥料的种类等多种因素综合确定,做到氮量适宜且与质量目标吻合。近年来,沪豫烟叶基地单元每年均根据不同的地力条件与茬口特性制定了配套的施肥方案,以此来指导烟农合理科学施肥,但在实施过程中部分烟农不能较好落实,烟田施氮量把握不准。

(三)施肥均匀性较差

一是基础地力与茬口差别较大,氮素含量变异系数较大,施肥不易调控一致,而在烤烟种植前茬方面如玉米、大豆、花生等茬口增多,目前农村土地经营仍然以家庭为主,连片烟田往往出现多种茬口,不同茬口土壤肥力的差异,造成烟田施肥量不易把控,进而使地块间烟株长势不均。二是肥料形态不利于均匀施肥,烟区施用的肥料既有粉状也有颗粒状,既有小颗粒也有大颗粒肥料,无论是用机械还是人工施肥,均存在掺混不匀、肥料易分层等,影响了施肥均匀性。三是经验施肥仍是烟区主流,虽然目前科学施肥方法很多,但受各种因素影响,经验施肥仍占主导地位,土壤肥力状况不易确定,部分烟农施肥存在盲目性或为追求产量而大量施用氮肥和钾肥,常造成有的烟田施肥多,有的烟田施肥少,烟田施肥均匀性差异较大。

二、精准化均匀施肥关键技术

(一)精准化施肥原则

1.以烟株营养为核心精准施肥

烟田施氮量受气候条件、烤烟品种、土壤肥力、前茬作物、肥料种类及施用方法等诸多因素影响。确定施肥量策略上,应对上述诸多因素进行综合分析,制定切合实际的用量。烟株对氮素的需求总体表现为团棵期前较少,旺长期最多,现蕾后降低,后期过多氮素持续供给会造成烟叶贪青晚熟、烟叶质量明显下降。因此,施用原则上应适量供给,适当前提,使肥料释放供给与烟株需求规律一致。

2.考虑土壤潜在供肥能力

土壤养分是烟株吸收积累的主要来源,尤其氮素大部分来源于土壤。河南烟区土壤供氮能力强,生育前期以吸收肥料氮为主,中后期以吸收土壤氮为主。因此,土壤供氮能力是烟叶施肥中重要考虑因素。需要经过土壤化验检测,才能较为准确地了解烟田基础肥力状况,进而根据土壤含氮量、有机质含量等测定结果才能确定合理的施肥量。

3.平衡施肥提高养分有效性

烤烟对氮钾需求量相对较大,磷需求量稍低,中微量元素需求量较少,但根据营养元素木桶原理,任何一种元素的缺乏都可能成为影响作物生长的主要因素。因此,烟叶生产中要测土配方施肥,根据肥料田间试验和土壤检测结果,按照营养分类管理的理念,进行土壤营养分级,制定合理的氮、磷、钾及中微量元素肥料配方,均衡烟株营养供给,提高肥料养分的有效性。

(二)改进排肥器,提高施肥匀度

烟草目前多用施肥起垄机械完成施肥,但尚无烟草机械专用排肥器,使用较多的是结构简单、通用性较强的外槽轮式排肥器。表 5-5 列出了外槽轮式排肥器不同机型施肥效果(除施肥深度外均为硬地面试验),三个机型施肥的均匀度为 61.2%~68.9%,断条率为 1.18%~1.35%,说明采用此种排肥器不同机型施肥匀度均为一般。

表 5-5　外槽轮式排肥器不同机型施肥性能指标测试结果

机具型号	复合肥施肥量/(kg/亩)	深度/cm	作业行数	幅宽/cm	断条率/%	肥料均匀度/(g/m)	肥料适应性/(好、中、差)
1YSG-2(双垄)	33.5	16.4	1	6.5	1.35	66.6	中
1YSG-1(单垄)	35.7	15.7	1	6.5	1.18	68.9	中
1QL-160A(单垄)	32.3	16.1	1	6.1	1.26	61.2	中

针对施肥中外槽轮式排肥器的缺陷,在排肥器方面国内不断进行改进与完善,基于槽轮式排肥器原理,设计了螺旋输送式与链条输送式排肥器结构,能够实现肥料的连续、均匀施用,且链条输送式可实现变量施肥,但链条输送式排肥器结构复杂,需要较高的零部件加工精度和安装精度,推广应用还需要进一步优化。

河南省烟草公司许昌市公司针对烟草均匀施肥要求，结合农艺与农机技术，2020 年研发了一款新型结构的施肥排肥器，将肥料箱设计成一体两部，可同时施用两种粒径配比不同的肥料；采用仿形技术设计排肥盘，排肥盘上有数量相等且均布的大孔与小孔，大孔在外侧，小孔在内侧；同时，优化了排肥控制板设计，通过控制箱体孔与排肥盘孔的有效接触面积控制排肥量。传动系统采用地轮带动链条，实现了排肥速度与机器行走速度匹配，提高了烟用肥料施入均匀度。

（三）测土配方精准施肥量

测土配方施肥以土壤测试和肥料田间试验为基础，根据烤烟需肥规律、土壤供肥性能和肥料效应，在合理施用有机肥料的基础上，提出氮、磷、钾及中微量元素等肥料的施用数量、施肥时期和施用方法。测土配方施肥技术的核心是调节和解决烤烟需肥与土壤供肥之间的矛盾，同时有针对性地补充烤烟所需的营养元素，实现各种养分平衡供应，满足烟叶生长的需要，提高肥料利用率，提高烟叶品质与质量均质化程度。

1.样品采集与检测

在预留烟田内选具有代表性的地块取样，土壤样品的采集地点必须具有代表性，能代表该点附近的地形、地貌和土壤类型等。选取好地块后，采用对角线或“S”形取样法，采集土层深度 0~20 cm 土壤，每一样品采样点不少于 5 点。对需要分析微量元素的土壤样品，必须用不锈钢土钻或木铲取样。取的土壤样品，在潮湿状态下用手掰碎并充分混匀，挑出作物根系、秸秆、石块等杂物，用干净的布袋或双层塑料袋盛装，袋里和袋外各放已写好的标签，取样当天将样品放在阴凉、通风的干燥处凉干，均匀混合后按四分法每个土壤样品选取土样 0.5 kg，送相关部门化验检测，根据化验检测结果评价土壤肥力，作为确定施肥量的依据。

2.确定土壤肥力与基准施氮量

河南烟田土壤肥力划分 3 个档次，分别为中等肥力、中偏高肥力、高肥力（具体指标见本章第三节），根据不同土壤类型、不同种植品种、不同产量目标确定需氮量，再根据土壤全氮和碱解氮含量检测结果，参照土壤养分丰缺指标确定具体基准施氮量。

3.确定磷钾肥配比

对于磷肥基本思路是根据土壤有效磷检测结果和养分丰缺指标进行分级，当有效磷水平处在中等偏上时，可以将目标产量需要量（只包括带出田块的收获物）的 100%~110%作为当季磷肥用量，随着有效磷含量的增加，需要减少磷肥用量，直至不施；随着有效磷的降低，需要适当增加磷肥用量，在极缺磷的土壤上，可以施到需要量的 150%~200%。在 2~3 年后再次土壤样品检测时，根据土壤有效磷和产量的变化再对磷肥用量进行调整。钾肥用量确定方法参照以上磷肥确定方法，但需要考虑有机肥和秸秆还田带入的钾量。

4.中微量元素用量

中微量元素养分的含量变幅大，与土壤特性（尤其是母质）、作物种类和产量水平等有关。根据土壤检测结果，进行有针对性因肥补缺的施肥。

5.推荐施肥用量

(1)中等肥力烟田　平原区纯氮施用量3.5~4.5 kg/亩;浅山丘陵区3~4 kg/亩。氮磷钾比为1:1.2~1.6:3。施农家肥1 500~2 000 kg/亩,腐熟芝麻饼肥30~40 kg/亩。

(2)中偏高肥力烟田　平原区纯氮施用量2.5~4.0 kg/亩;浅山丘陵区2~3.5 kg/ha。氮磷钾比为1:1.5~1.6:3~4。腐熟芝麻饼肥30 kg/亩。

(3)高肥力烟田　平原区纯氮施用量1.5~2 kg/亩;浅山丘陵区1.5~2.5 kg/亩。氮磷钾比为1:1~1.5:4~5。腐熟芝麻饼肥20 kg/亩。

根据前茬作物、土壤质地调整施肥量,如前茬作物是玉米、大豆作物时,因土壤中积累残存的氮素较多,施氮量相对减少;砂性土壤适当多施,黏性土壤适当少施;根据种植品种进行调整施肥量,相同条件下云烟87品种比中烟100品种适当减少5%~10%,不耐肥豫烟13号品种减少30%~40%。

(四)调整基追比例看烟看地追肥

1.施底肥

起垄前,全部的芝麻饼有机肥、磷肥、烟草专用复合肥的70%~80%、硫酸钾的50%用作底肥,采用机械或人工方法施肥。机械施肥应根据施肥量,计算好每垄应施用量,把不同的肥料掺混均匀,按量装在机械的排肥器肥料箱中,机械行走完成施肥起垄作业;人工施肥应在行距划定的起垄中心线两侧10~15 cm处开沟双侧条施,条施肥料撒施均匀,覆盖整个沟面。移栽前3~10 d,按预定的株距挖穴,直径25 cm左右,深度20 cm左右,施入烟草专用复合肥的20%~30%,并与穴土充分搅拌均匀。

2.土壤追肥

一般用硝酸钾、硫酸钾作追肥,特别是保水保肥能力较差的砂壤土更应注意追肥。为提高烟叶钾含量,50%左右的硫酸钾用作追肥;栽后30~40 d,按3~5 kg/亩硝酸钾和剩余的硫酸钾溶入水中,在距烟苗10~15 cm处挖穴灌注土壤追肥。

3.叶面追肥

团棵后至现蕾期,根据烟株长势及土壤地力可适当喷施叶面肥,主要是微量元素和磷钾肥的补充。按浓度要求配好溶液,在叶片的正反两面均匀喷雾,叶面追肥应在阴天或晴天下午4时以后进行为宜,避免在晴天中午和雨天喷施。大田烟株表现缺磷或缺钾时,用磷酸二氢钾或其他肥料溶液浓度0.3%~0.5%叶面喷施,7~10 d一次,连续2~3次,微量元素的喷施浓度一般为0.1%~0.3%。

(五)基于SPAD值烟株氮营养精准管理

1.SPAD值测定方法

叶片不同时期SPAD值(叶绿素仪测定)与叶绿素a、叶绿素b和叶绿素总量呈显著相关,其中叶绿素总量与SPAD值相关性最大,叶绿素a次之,叶绿素b最小,表5-6结果数据表明,SPAD值与叶绿素含量呈极显著相关,而图5-2结果说明,在移栽后25 d、40 d、70 d中烟100品种不同生育期SPAD值与叶片氮含量也呈极显著相关。因此,可用SPAD值表征叶片叶绿素含量及叶片氮营养状况。

表 5-6 中烟 100 不同时期叶绿素与 SPAD 值相关性

时期	叶绿素 a	叶绿素 b	叶绿素总量
15 d	0.881**	0.603**	0.851**
20 d	0.862**	0.767**	0.902**
25 d	0.847**	0.854**	0.894**
30 d	0.833**	0.701**	0.848**
40 d	0.879**	0.671**	0.887**

注：* * 表示相关性极显著，下同。

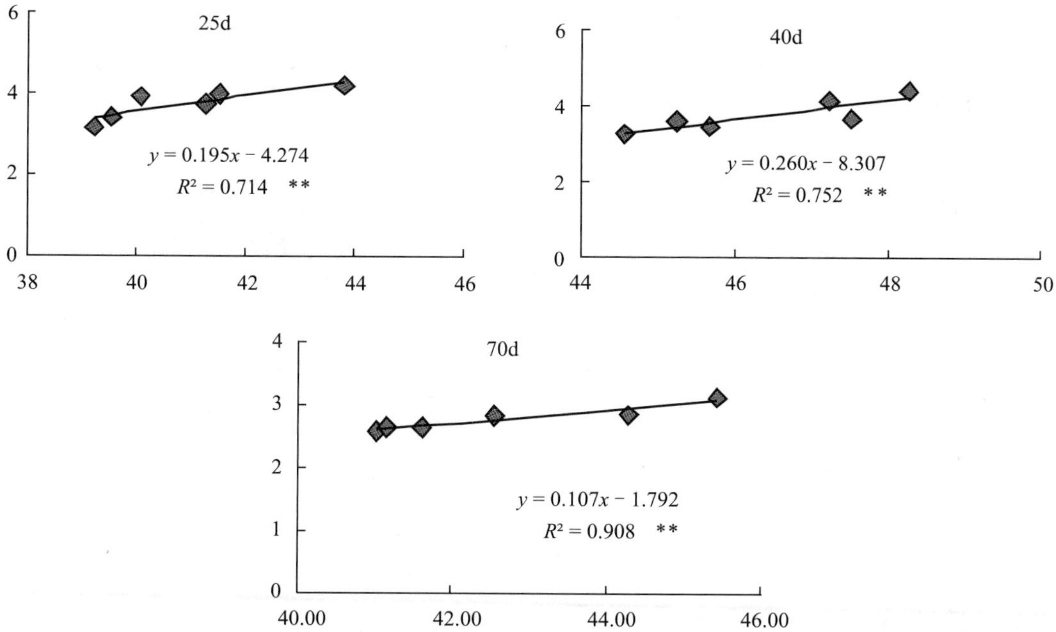

图 5-2 不同生育时期中烟 100 **SPAD** 值(横坐标)和叶片氮含量(%,纵坐标)相关性

根据不同时期不同叶位 SPAD 值及其变异系数研究结果说明(见表 5-7)，中烟 100 品种，团棵期顶部三片叶的 SPAD 值没有显著变化、无明显差异；旺长期阶段顶部三片叶的 SPAD 值从上到下依次升高，顶三叶差异显著，顶一叶和顶三叶的变异系数较低；而在成熟期，顶部三片叶的 SPAD 值没有显著变化，其中顶三叶的变异系数为最低。综合不同时期的比较结果，顶部完全展开的第三片叶是测定 SPAD 值的最佳叶位，测定的叶片 SPAD 值可表征烟株营养状态。

表 5-7 不同叶位 SPAD 值及变异系数

品种	叶位	团棵期		旺长期		成熟期	
		SPAD 值	变异系数 /%	SPAD 值	变异系数 /%	SPAD 值	变异系数 /%
中烟 100	顶一叶	35.7±2.34a	7.24	40.0±4.10b	0.10	29.8±1.31a	4.38
	顶二叶	41.5±5.15a	12.15	41.4±2.12ab	0.05	29.6±0.96a	3.49
	顶三叶	41.1±2.68a	7.07	46.0±1.33a	0.03	30.8±0.59a	2.45

注：同一列不同字母表示在 $P<0.05$ 水平上差异显著。

根据顶三叶不同位点SPAD值代表系数研究结果表明，中烟100品种在团棵期、旺长期和成熟期均表现叶片中部测定的SPAD值代表系数最高，数值相对稳定。因此，测定叶片SPAD值的最适位置是顶三叶中部叶脉两侧，其均值具有较高的代表性。在测定SPAD值时，选取代表性10株已展开顶三片叶子，在主脉中部两侧4个位点测定4次，取其平均值作为该叶片的SPAD值。测定时需要用酒精棉对测点和测试窗口进行擦拭。

一天中从6时到19时的光强呈抛物线变化趋势，即先升高后降低，中午从11时开始光强急剧加强，12时~13时光强最强，14时后光强逐渐下降。在8时~10时、12时~14时两个阶段，SPAD值处于较稳定阶段，其他时段SPAD值的波动较大，研究证明，这两个阶段是利用SPAD仪进行测定的最佳时段。综合考虑，12时~14时是一天中光强最强的时间，且此时田间温度最高，不便于进行大田测定，而8时~10时光强较弱，温度相对较低，SPAD测定值较稳定，是大田测定SPAD值的理想时间。

2.SPAD值氮营养管理应用

用SPAD叶绿素仪进行氮素营养诊断时，在上午8时~10时测定时间，选择有代表性的烟株10株，选用顶部完全展开的第三片叶子，分别在主脉中部两侧4点测定SPAD值，取平均值。如果在移栽后20 d、30 d、40 d、50 d测得中烟100的SPAD值小于表5-8中的阈值时，则进行施肥与配套管理。

表5-8 中烟100各阶段的SPAD值营养管理阈值

品种	20 d	30 d	40 d	50 d	70 d	90 d
中烟100	42.0	47.0	47.5	52.5	42.5	48.5

如果在移栽50 d后测得中烟100 SPAD值小于阈值，则采用中耕除草、培高烟垄、减少留叶数、及早打顶抹杈、喷施叶面肥等措施，增加烟株养分吸收，提高营养水平。如果SPAD值大于阈值，则采用增加留叶数、推迟打顶时期或二次打顶、灌溉浇水、喷施磷钾叶面肥及微肥等措施，调控叶片营养状态，协调营养促进叶片成熟落黄。

三、水肥一体化营养精准技术规程

(一)滴灌水肥一体化

1.施肥原则

根据烤烟水肥需求规律，综合考虑烟田水分和养分管理，使两者相互协同。充分发挥滴灌节水效能，合理调控自然降水，减少灌溉总量，降低灌溉水中氯离子进入烟田数量；“看烟施肥”，科学制订施肥方案，水肥一体少量多次，精准调控肥料供应，满足烟株养分需求，提高水肥利用效率。

2.实施方式

(1)全生育期水肥一体化　磷肥基施，移栽时窝施适量烤烟专用复合肥或移栽时滴灌水溶肥。按照1:3的比例将氮钾肥在旺长期分2~3次追施，对于烤烟长势过旺的烟田，可在打顶后适当追施单质钾肥或提钾落黄烤烟专用水溶肥。

(2)部分追施氮钾肥水肥一体化　将总施肥量50%~70%的氮钾元素采用常规肥料

基施，总施肥量的20%~30%氮钾采用水溶肥追施。一般在旺长期分3次追施，最后一次追施时应根据烟叶长势调整施肥量。

(3)追施钾肥水肥一体化　在常规肥料科学施用的基础上，每亩增施2~4 kg水溶性钾肥，以提高烟叶钾含量，促进烟叶落黄，提升烟叶质量。一般在旺长期追施两次，现蕾到打顶追施一次。

(4)机械化移栽配套水肥一体化　将氮磷钾复合水溶肥溶解于移栽机水箱中，浓度为0.2%，然后机械移栽，后期采用水肥一体化系统进行追肥。

(二)肥料要求

1.水溶肥主要种类

水溶性肥料可采用通用肥料如硝酸铵、硝酸铵钾、硝酸磷铵、硝酸铵钙、磷酸一铵、磷酸二铵、磷酸二氢钾、聚磷酸铵、硝酸钾、速溶性硫酸钾、氨基酸类(氯离子含量≤1.5%)、腐殖酸类(氯离子含量≤1.5%)、螯合态微量元素肥料等，也可采用复配的烤烟专用水溶肥。

2.水溶肥技术指标

烤烟滴灌用水溶肥要求完全迅速溶于水，可通过叶面喷施、滴灌施肥等措施给烤烟提供营养的液体或固体肥料，氯离子含量≤1.5%，水不溶物含量≤0.5%或5.0 g/L。按照烤烟生育阶段可分为两种：一是用于烤烟前期促进生长的烤烟专用水溶肥(促生长型水溶肥)，NO_3-N含量≥总无机氮量的50%；二是用于烤烟后期提钾落黄的烤烟专用水溶肥(提钾落黄型水溶肥)，不含氮或含氮微量高钾型大量元素水溶肥以及腐殖酸(包含矿源黄腐酸)水溶肥，氮含量≤0.5%。

3.水溶肥肥料选择

(1)烤烟滴灌用水溶肥料标准应遵守行业系列水溶肥料标准，大量元素水溶肥应符合NY 1107—2010标准，微量元素水溶肥应符合NY 1428—2010标准，氨基酸水溶肥应符合NY 1429—2010标准，腐殖酸水溶肥料应符合NY 1106—2010标准。水溶肥的选择和施用，不应以肥料登记作物作为限定条件。

(2)养分和腐殖酸含量不低于以下标准：大量元素固体水溶肥大量元素含量≥50%，大量元素液体水溶肥大量元素含量≥500 g/L，含腐殖酸水溶肥料大量元素含量≥20%或200 g/L，腐殖酸含量≥3%或30 g/L，腐殖酸原料为矿物源腐殖酸。氯离子含量≤1.5%；无机氮中NO_3-N含量应≥50%。

(3)水溶肥要求速溶，其中可添加肥料增效剂，有机营养与无机营养相结合；施用时根据烤烟养分吸收特征和土壤养分实际情况，分阶段确定肥料搭配方式或配方。

(4)灌溉水中Ca^{2+}和Mg^{2+}含量高的水源区，应避免因施用含磷水溶性，易形成不溶物引起滴头堵塞，如需施用含磷水溶肥，可以通过添加聚天门冬氨酸或将正磷酸盐改为聚磷酸盐等途径解决滴头堵塞问题。

(5)不同肥料搭配施用时，应充分考虑肥料品种之间的相容性，避免相互反应产生沉淀或拮抗作用，混合后会产生沉淀的肥料要单独施用。水溶肥一般情况下不用作基肥。肥料溶液最好现配现用，特别是在水质不好的情况下，防止肥料成分与水中物质产生反应。在与农药混配进行灌根时，要避免酸性肥与碱性农药混配、碱性肥与酸性农药混配。

(三)水溶肥用量与方法

1.用量指标

水溶肥用量根据烤烟品种、土壤肥力、降雨量等情况确定。以纯养分计算一般为传统肥料合理用量的1/2~2/3。

2.施用方法

(1)滴灌的肥料浓度掌握在0.1%~0.5%,具体浓度大小可根据土壤湿度调节,土壤干燥时浓度为0.1%~0.2%,土壤湿润时浓度为0.3%~0.5%,但浓度较高时要减少单次施肥用量。

(2)土壤温度较高时,应选在早上10时之前或下午4时以后施用,禁止在高温、强光或雨天滴灌施肥。避免在土壤过湿时滴灌施肥,可采用起高垄,开沟排水等方法,降低土壤湿度后再进行滴灌施肥。

(3)滴灌施肥前应先滴清水30 min,之后再滴灌施肥,维持足够时间完成本次滴灌施用量,最后滴清水30 min。如遇特别干旱天气,滴灌时间较长时可先滴水,在滴水结束前60 min左右再滴肥,确保水溶肥滴入烤烟根系生长区域,避免因滴水时间过长将水溶肥淋出根区。

(4)水溶性肥料施用宜早不宜晚,在计划施用时间前如有降水,可提前2~3 d施用,同时根据降雨量多少,在雨后下次施用时,酌情增加肥料用量。

第五节　病虫害控制绿色植保

控制烟田病害虫害,确保田间烟株抗性强、病虫害少,才能保证烟叶生产均匀一致,缩小质量差异性。烟草绿色植保是指以确保烟叶质量安全和烟区农业生态安全为目标,以减少化学农药使用为目的,综合采取农业措施、生态控制技术,生物防治技术、理化诱控技术和精准高效用药等技术措施控制烟田病虫害的行为。绿色植保坚持"农业防治为基础、生物防治为重点、物理防治为辅助、化学防治为补充"技术体系,以绿色防控实现烟叶生产安全、质量安全及生态安全。

一、烟草绿色植保技术

(一)农业防治

农业防治是烟草病虫害防治中的基础性保障措施。主要包括合理轮作、冬耕深翻、绿肥掩青、无病壮苗培育及保健栽培管理等技术措施。

1.合理轮作

合理轮作是一项重要的土壤保育措施,合理轮作对改善土壤理化性质、提高土壤肥力、消除土地中有害物质、减轻病虫害尤其土传病害和提高烟叶质量具有重要作用。该项技术措施对根茎类病害具有较好的防治效果,"四年两头种"是根茎类病害防治较为合理的轮作制度。在选择烟草前茬作物上,尽量避免土壤残留氮较多的作物,如玉米、大豆等，若无法避开，应对前茬施用氮量与含氯肥料加以控制，以免对下茬烟草产生较大的影响。烟草适宜前茬作物为红薯、芝麻、谷子等，同时，轮作体系作物配置中不能与烟草有同源病害，如马铃薯、番茄、辣椒、茄子等茄科作物及南瓜、黄瓜、西瓜等葫芦科作物。

2.冬耕深翻

冬季深翻土壤能够有效地降低越冬害虫和病原菌的基数，激活土壤活性物质，抑制多种土传病害。山区耕作深度 25 cm 以上，平原丘陵区 30 cm 以上，有条件的区域可采用低氯含量灌溉水进行 1~2 次冬灌，能够有效提高对根茎类病害的防治效果。

3.绿肥掩青

绿肥掩青能够增加土壤中有机质含量，改善根际微生态环境，为有益菌群提供适宜增殖的条件，从而达到防治根茎类病害的目的。河南烟区适宜种植的绿肥主要包括大麦、黑麦草、油菜等。

4.无病壮苗培育

育苗环节以“高效消毒、物理隔离、免疫诱抗、病毒检测”为技术重点，注重炼苗与提高壮苗率，加强规范操作管理。①高效消毒：育苗前用菌毒灵、育宝、二氧化氯等消毒剂，对育苗工场周围、苗棚内外、育苗物资等进行全方位严格消毒。苗棚内外设消毒池、洗手池，备肥皂，设置警示牌。操作前必须洗手消毒，进入苗床前对鞋子消毒。剪叶时要边剪叶边消毒，烟苗在剪叶前后喷施一次抗病毒药剂，可选用 2%嘧肽霉素水剂 600~1 000 倍液，或 5.6%嘧肽 · 吗啉胍水剂 1 000~1 200 倍液，或 24%混脂 · 硫酸铜水乳剂 600~900 倍液，或 8%混脂 · 硫酸铜水乳剂 500~1 000 倍液，或 8%宁南霉素水剂 1 200~1 600 倍液。②物理阻隔：育苗棚全程覆盖 40 目防虫网，远离蔬菜等设施农业的大棚。③免疫诱抗：烟苗移栽前喷施免疫诱抗剂，实施带药移栽，提高烟苗的抗性。可选用氨基寡糖素水剂、香菇多糖水剂等叶面喷洒。④规范管理：在育苗棚进出口设置缓冲间和消毒池。在苗床设置禁止吸烟、规范消毒等标识牌，做到规范管理，严格消毒。⑤病毒检测：移栽前用聚合链式反应（PCR）技术或酶联免疫（ELISA）技术或烟草花叶病毒（TMV）快速检测试纸条进行检测，带毒苗池烟苗禁止移栽。

5.保健栽培管理

（1）科学移栽　选择规范剪叶、充分炼苗的无病壮苗移栽，烟苗移栽前用免疫诱抗剂（氨基寡糖素水剂、香菇多糖水剂等）和防蚜生物农药（烟碱、苦参碱等）喷施，实行带药移栽。有条件的烟田可推广小苗膜下移栽，避蚜防病。所有待栽烟苗，在运输、存放和移栽等环节必须全程覆盖 40 目防虫网保护，阻断有翅蚜传毒。大田覆盖银色或白色地膜，做到边移栽边盖膜。

（2）高垄栽培　严格按照起垄高培土模式操作，适时揭膜培土，保持垄体高度在30 cm 以上。田间和烟田四周排水通畅，严禁流水串灌，雨后及时排水，防止烟田积水受涝。

（3）平衡施肥　控制氮肥的用量，提高生物有机肥（菌肥）的用量，通过有效改善根际微生物环境，促进烟株前期发育，提高烟株抗病性，抑制病害的发生。

（4）人田管理　灌溉时选择洁净水源，进入旺长前减少灌溉，冷空气降温时，禁止灌溉，严禁中午灌溉和大水漫灌；揭膜培土、中耕、优化下部叶和打顶等实行规范化操作，减少人为传播病害；田间管理时，应遵循先健株后病株的原则，田间作业时严禁吸烟，及时清除烟株残体、残留地膜、杂草等废弃物，做好清洁生产，减少初侵染源；及时清理优化下部叶，改善通风透光条件，减少叶斑类病害的发生传播；烟叶采收后及时拔除烟秆并清理出田间，防止病原物遗落烟田，减少病源积累，减少初侵染源。

（二）生态调控

生态调控技术是重点采取推广抗病虫烟草品种、深入优化烟草种植模式和品种科学布局、培育健康无毒烟苗、改善水肥管理等健康栽培措施，结合烟田生态工程、田埂重塑、作物间作套种或复种、天敌诱集带等生物多样性调控和自然天敌保护利用等技术，改造病虫害发生侵染的源头及滋生环境，人为增强自然控害能力和烟草抗病虫能力。

烟田四周或田埂上保留禾本科杂草，为天敌提供过渡寄主；或田埂种植苜蓿、大豆和香雪球等显花植物，保护和提高蜘蛛、寄生蜂等天敌的控害能力；或田边种植罗勒、紫苏、芹菜和茴香等趋避植物，减少田间害虫种群基数。

（三）物理诱控

1.杀虫灯诱杀

杀虫灯诱杀技术是利用害虫的趋光、趋波等特性，对害虫成虫进行诱杀的一种物理防治技术，可防治地老虎、烟青虫、棉铃虫、金龟子等害虫成虫。对地老虎进行诱杀时，3 月初开启杀虫灯，移栽后 40 d 结束；对烟青虫或棉铃虫进行诱杀防治时，在移栽后 1 周内开启杀虫灯，至打顶后结束。每 30~50 亩设置 1 套，定期清理杀虫灯电网及诱集虫袋中的虫体，以免影响诱捕效果，诱捕结束后及时检修杀虫灯并妥善保管。

2.性诱诱杀

性诱诱杀技术是应用昆虫性信息素防治害虫成虫（雄虫）的一种防治技术。每种害虫的诱芯不同，对地老虎进行防治时，在移栽前 1 个月左右设置性诱装置，移栽后 40 d 结束；对烟青虫或棉铃虫进行防治时，在移栽后 1 周内设置性诱装置，至打顶后结束。诱捕装置设置在垄间，高度为距离地面 1.2 m 左右。当田间有多种害虫混合发生时，诱捕器应呈棋盘式交叉放置，诱捕器诱芯两两间隔 30 m 左右，每 1 个月左右更换 1 次诱芯，诱集袋中虫量较多时应及时清理，避免因时间过长成虫腐烂而影响诱虫效果。诱捕结束后，及时收回诱捕器和支撑杆并妥善保管。

3.食诱诱杀

食诱诱杀是利用靶标害虫成虫特别敏感或偏好的挥发物组合，如挥发性有机物、蛋白、糖类等，诱杀靶标害虫成虫的技术，对地老虎和烟青虫、棉铃虫防治装置设置时间同性诱杀和灯诱杀技术。

4.色板诱杀

色板诱杀是利用昆虫对蓝、黄等颜色具有强烈趋性的特点，对农业害虫进行防治的一种技术。其中蓝色捕虫板主要防治蓟马，黄色捕虫板主要诱杀粉虱和蚜虫。该技术主要用于育苗大棚内害虫的防治和监测。大田中由于黄板和蓝板大都以不可降解的聚丙烯（PP）或聚乙烯（PE）材质为原料，使用后对环境造成二次污染，同时对天敌（如蚜茧蜂）也可造成大量的杀伤，因此，在释放蚜茧蜂大田中应杜绝使用。

(四)生物防治

生物防治主要指利用害虫的天敌昆虫、有益生物或其产物控制害虫的技术。

1.生物天敌

天敌生物防治技术是利用害虫的天敌控制害虫的技术,天敌昆虫包括寄生性天敌和捕食性天敌。烟草上推广应用的天敌昆虫主要有烟蚜茧蜂、蠋蝽、瓢虫、东亚小花蝽、丽蚜小蜂、赤眼蜂等。

烟蚜茧蜂是一种寄生性天敌,主要用于对蚜虫的生物防治。在大田移栽后开始监测蚜虫发生情况,于无翅蚜始见期进行第一次放蜂,此后根据烟蚜发生情况进行后续放蜂。可采用点状放蜂和区域放蜂相结合的方法进行释放。在烟蚜为害呈点状的区域采取点状放蜂,在烟蚜均匀分布的区域按每5亩设置1个放蜂点进行放蜂(放蜂量参见表5-9)。

表5-9 烟蚜发生程度对应放蜂量

无翅烟蚜发生程度	蚜量/(头/株)	放蜂量/(头/公顷)
零星发生	1~5	500~2500
轻度发生	6~20	3 000~10 000
中度发生	21~30	10 000~15 000

蠋蝽是一种捕食性天敌,主要捕食烟青虫、棉铃虫等鳞翅目害虫的卵、幼虫、蛹,在烤烟进入团棵期前,进行释放,根据田间害虫幼虫的虫口基数,按照20~50头/亩释放蠋蝽5龄若虫,对烟青虫、棉铃虫及斜纹夜蛾幼虫具有较好的防控效果。由于蠋蝽耐饥饿能力强,成虫在自然条件下可存活近2个月,烤烟季节释放1次即可,烤烟生长后期根据害虫发生量,酌情补充释放,达到有效防控,长期释放可建立自然种群。

东亚小花蝽是一种捕食性天敌,主要捕食蚜虫、烟粉虱及烟青虫、棉铃虫等鳞翅目害虫的卵、幼虫。在害虫发生初期,按照200~500头/亩释放成虫,后期根据害虫发生量,酌情补充释放,以增强防控效果。

2.微生物农药

微生物农药是指由细菌、真菌、放线菌、病毒等微生物及其代谢产物加工制成的农药,分为活体微生物、农用抗生素、蛋白或寡糖素类。其中活体微生物包括白僵菌、绿僵菌、苏云金杆菌(Bt)、枯草芽孢杆菌、荧光假单胞杆菌、木霉菌等。农用抗生素包括阿维菌素、多抗霉素、井冈霉素、宁南霉素等。蛋白或寡糖素类包括阿泰灵、S-诱抗素、壳聚糖、超敏蛋白、氨基寡糖素、香菇多糖等。

3.植物源农药

植物源农药是利用植物根、茎、叶、花、果实和种子等部分浸提或分离到的活性成分加工成的制剂。按其用途,可分为植物源杀虫剂、杀菌剂和抗病毒剂等。目前,植物源农药在烟草害虫防治中应用较多,主要有苦参碱、鱼藤酮、印楝素、烟碱、除虫菊素等。

(五)科学用药

选择高效、低毒、低残留、环境友好型农药,采用优化集成农药的轮换使用、交替使用、精准使用和安全使用等配套技术,加强抗药性监测与治理,普及规范使用农药的知识，严格遵守农药安全使用间隔期。

烟草上宜重点选用生物源农药，利用真菌、细菌、植物源农药等生物制剂来防治烟草病虫害，最大限度减少化学农药使用。在山区、丘陵烟区和小面积种植区，重点推广静电喷雾药具和微量喷雾器械，提高药液在烟株叶片表面的沉积量，提升农药的有效利用率，减少农药使用量。在平原烟区或家庭农场，推广无人植保机或弥雾机喷雾技术，提高喷雾效率和防控效果，形成局域防控一体化。

二、主要虫害绿色植保

(一)地下害虫

常见的地下害虫主要有地老虎、蝼蛄、蛴螬、金针虫四大类。主要为害地下部分及近地表的嫩茎，常常造成缺苗、断垄或幼苗生长不良。此外，地下害虫还传播土传病菌，地下害虫较多的相田，常常根茎类病害发生较重。

1.物理防治

针对地老虎的防治，可选用性信息素诱杀，在地老虎越冬代成虫发生前，约移栽前60 d，设置地老虎性信息素诱捕器诱捕成虫，一般每亩设置1套，移栽后40 d左右结束。

2.生物防治

选用生物农药，种类有阿维菌素、核型多角体病毒、白僵菌、绿僵菌等微生物制剂。使用方法有顺垄条施、穴施、灌根。

3.药剂防治

用辛硫磷等颗粒制剂农药，与基肥混合均匀，随基肥顺垄施入。配制毒饵：将90%敌百虫晶体0.5 kg加水1~5 kg，喷在25~30 kg磨碎炒香的菜籽饼或豆饼上，将毒饵于傍晚撒到烟苗根际，用量为15~30 kg/亩。高效低毒农药喷淋：用高效氯氰菊酯、氟氯氰菊酯、敌百虫、辛硫磷等农药，在烟苗移栽后覆膜前喷淋烟苗及周围土壤。

(二)烟蚜

烟蚜主要是吸食烟叶汁液，影响烟叶生长，传播病毒，造成产质损失。

1.生物防治

应用天敌进行防治，在烤烟团棵期和旺长期，因地制宜采用僵蚜苗、僵蚜卡、放蜂笼、移动网箱和田间小棚等释放模式，进行点状、面状、区域性释放烟蚜茧蜂。也可在烤烟团棵期和旺长期，辅助释放瓢虫、草蛉、食蚜蝇等捕食性天敌，提升蚜虫防治效果。

2.药物防治

防治烟蚜的生物农药主要有藜芦碱、阿维菌素、苦参碱、除虫菊素等。高效长效低毒化学农药主要有吡虫啉、啶虫脒、噻虫嗪、吡蚜酮等。防治烟蚜的主要目的是防止烟蚜传播病毒。因此，防治要早，大田只要发现有零星迁飞蚜虫，就要开始喷药防治。首次应用内吸型或内吸触杀兼顾的化学农药(如吡虫啉、噻虫嗪等)，可较长时间控制蚜虫蔓延。再次用药时最好换一种农药，以避免蚜虫抗性，提高防效。在喷施的农药中最好加入防治病毒病的药物，兼顾预防病毒病。应注意的是一种农药最多使用2次，避免残留积累，导致农药残留超限。

(三)烟青虫和棉铃虫

烟青虫和棉铃虫啃食叶肉,造成叶片孔洞,影响烟株生长,降低等级质量。

1.生物防治

应用蠋蝽进行防治。在烤烟进入团棵期前,进行释放,根据田间烟青虫/棉铃虫幼虫的虫口基数,释放蠋蝽5龄若虫,对烟青虫/棉铃虫幼虫具有较好的防控效果。后期根据害虫发生量,酌情补充释放,达到有效防控。也可释放东亚小花蝽进行防治。

2.物理防治

在当地害虫羽化高峰期前1~3天,或害虫成虫大量出现时设置食诱装置,或在当地烟田烟青虫/棉铃虫第一代成虫发生前一周左右设置性信息素诱捕器或杀虫灯,诱捕至打顶后结束。

3.药物防治

主要生物农药有苏云金杆菌、阿维菌素、苦参碱、印楝素等。高效低毒的化学农药主要有氯溴菊酯、氯氰菊酯、氯氟氰菊酯、噻虫嗪、甲氨基阿维菌素等。具体防治方法为:在大田发现有5%的烟株有幼虫出现时开始喷药,提倡用生物农药进行防治。防治时要轮换用药,一种农药使用不超过2次,以提高防效,防止农药残留积累。

三、主要病害绿色植保

目前烟田主要病害有黑胫病、根黑腐病、病毒病、赤星病等。这些病害往往在大田混合发生,是造成产质损失的主要原因之一。

(一)根茎类病害

烟草根茎类病害包括黑胫病、根黑腐病、镰刀菌根腐病等,是目前影响烟叶均质化较大的病害。又因根茎类病害往往混合发生蔓延,单靠一种药物难以控制,给利用农药防治带来了一定难度。

1.生物防治

即采用根际微生态调控技术,使用枯草芽孢杆菌或者哈茨木霉制剂或其他拮抗菌剂,移栽时穴施,或在发病初期喷淋茎基部,以丰富烟田土壤中有益菌群,提高烟田土壤质量,保护烟田生态,值得注意的是,该技术需与土壤保育和有机肥增施技术相结合。

2.药剂防治

防治黑胫病的生物农药主要有枯草芽孢杆菌、寡雄腐霉素、木霉菌等;化学农药主要有甲霜灵、甲霜灵锰锌、烯酰吗啉、霜霉威、辛菌胺、氯溴异氰尿酸等。防治根黑腐病和镰刀菌根腐病的主要农药有甲基硫菌灵、多菌灵、福美双、氯溴异氰尿酸等。由于在大田前期不容易区分根茎类病害种类,且这些病害多是混合发生,因此,在防治时最好一并用药,具体防治方法为:①烟苗移栽前穴施氯溴异氰尿酸或既防黑胫又防根黑腐的两种混掺药物(如甲霜灵和甲基硫菌灵);②发病初期再用药物对烟株进行灌根;③揭膜后培土前,对烟株茎基部和周围土表面再进行一次喷施;④使用生物农药时不能与杀菌剂混用,两者之间要间隔一定时间;⑤防治时要注意轮换用药,一种农药最多使用2次,以提高药剂防效。

(二)烟草病毒病

烟草病毒病主要包括普通花叶病(TMV)、黄瓜花叶病(CMV)、马铃薯Y病毒病(PVY)等,近年来,由于烟草大面积生物防治烟蚜成效显著,减少了病原传染来源,花叶病发生蔓延整体下降,但在部分区域和地块,发病依然严重,造成了较大损失。

1.无病壮苗生产

无毒苗生产技术是烟草病毒病防控最为关键环节,也是烟叶生产基本保障措施,其中设施消毒、物理阻隔、过程消毒、病毒检测等四项技术是实现无毒育苗的有效解决途径。详见农业防治技术中的无病壮苗培育。

2.免疫诱抗技术

移栽后15 d以内喷施1次免疫诱抗剂。可选用的免疫诱抗剂有超敏蛋白、寡糖·链蛋白、氨基寡糖素、香菇多糖等。具体防治方法为:①烟苗移栽前,喷施防病毒病加防烟蚜的农药提前预防;②膜下移栽烟苗应在掏苗后及时喷施防病毒病加防烟蚜的农药,提高烟苗抗性;③关注天气预报,如有较大降温和阴冷天气较长的情况下,及时喷施药物;④在病毒病初显时,及时喷施药物防治,以后间隔10 d左右再喷1次,连喷2~3次,持续不断防控病毒病;⑤烟苗长势较弱时,防病毒病药物中加入营养素等叶面营养液,促进烟株生长,提高抗性。

(三)叶斑病类病害

烟叶大田叶斑病主要有赤星病、蛙眼病、角斑病和野火病,这些病害在大田往往混合发生。近年来,由于部分区域土壤肥力较高,烟叶成熟推迟,加上上部烟推迟采收,叶斑病危害有上升的趋势。

1.病原菌源头控制

打顶前15 d左右,均匀喷施波尔多液预防病害发生。可选用商品化波尔多液可湿性粉剂,也可自行配制。

2.叶际微生态调控

烟叶旺长前期喷施1~2次枯草芽孢杆菌等微生态制剂,形成有利于有益微生物生长、不利于病原菌生长的良好叶际微生态环境。

3.药剂防治

赤星病和蛙眼病的生物防治农药主要有多抗霉素、枯草芽孢杆菌、尖孢芽孢杆菌等;化学农药主要有波尔多液、菌核净、代森锰锌、异菌脲、氯溴异氰尿酸等。野火病和角斑病的生物防治农药主要有枯草芽孢杆菌、春雷霉素等;化学农药主要有波尔多液、代森锌、氯溴异氰尿酸、噻菌铜、硫酸铜钙等。由于叶斑病混合发生较多,因此在选择用药上要首选兼防的农药,如波尔多液、枯草芽孢杆菌等。也可以防治赤星病加防治野火病的农药,混用兼防多种叶斑病,但要注意生物农药与化学农药不能混用。具体防治方法为:在烟叶初显病害时及时喷药防治,以后每间隔7 d左右喷1次,连喷3~4次。在用药过程中可轮换用药,以减少抗性,提高防治效果。

第六节 烟田均匀化农艺管理

烟叶大田移栽到采收结束的田间阶段，移栽方式、移栽时间、移栽行株距配置、田间生产管理等农艺技术措施，对田间烟叶生产的均衡性起到一定的调控作用，在基本相同的条件下采用一致的技术措施，可实现烟叶田间生长的均匀性，为烟叶质量均质性提供基础保障。

一、整地起垄调控土壤均匀性

（一）烟田整地

整地的目的是通过耕耙整理，改善土壤的水、肥、气、热条件，改良土壤结构，消灭杂草、病菌和虫卵，通过土地整理，达到地块高低一致，土壤肥力一致，为烟株生长创造良好的土壤环境。烟田整地包括土地平整、深冬耕及春耙。

1.土地平整

有些地块高低不平，不便排灌，往往造成水土流失，表土冲刷，养分流失，造成肥力不匀，烟株生长不一致。所以这些地块要在未施基肥之前挖高垫低，进行平整。平整土地要注意不动活土，只动心土，不乱耕层，避免“地平肥不平”。对于坡度较大的丘岗烟田，土地整理要顺等高线坡势进行，同一坡高内进行土地平整。因此，土地整理要结合烟田实际，因地制宜进行，“宜平则平、宜坡则坡”。

2.深冬耕

在烟草前茬收获后，土壤封冻之前进行一次深冬耕。其作用：一是改善土壤的物理性状，提高土壤肥力。冬耕可以加深活土层，提高土壤的通透性和蓄水保肥能力，有利于改善土壤的理化性状，加强土壤养分转化和根系发育，对促进烟叶生长发育和提高产量、质量等具有重要作用。冬耕以后，土壤中一些难溶性或不溶性物质被翻到上层，在阳光、风雨的作用下充分分解，可以使土壤更加疏松，有助于各种养分直接被作物吸收利用。二是减少病虫草害。农民有“耕田过冬，虫死土松”的说法，“冬”指的是耕田应在立冬后、封冻前进行，可选择在小雪、大雪节气之间深耕一遍。

冬耕宜深，但不宜过深，过深易打乱土层，也不能过浅，过浅影响根系下扎，机耕一般30~40 cm，为保持肥力稳定，耕层可逐年增加。烟田冬耕前，需要清除前茬作物残体，特别是连种烟田，应彻底清除前茬烟杆，减少病原体。另外，冬耕过程中应使用反转犁进行平耕，确保深耕土地平整均匀一致，并在地块两头深耕，做到不漏边、不漏行。

3.春耕春耙

在冬耕的基础上，来年的二、三月份随着气温回升，农田解冻，有效降水增加，要及时进行春耕春耙。春耕春耙主要起到平地、碎土、促墒、促长、除草、灭虫等作用。春耕春耙宜早宜浅，过晚不利保墒，过深翻动生土，春耕深度一般为25~30 cm，春耙深度一般为10~15 cm，不同土壤质地要求不同，黏土多耙，砂壤土少耙，雨后浅耙。做到随耕随耙，耙透耙平，保住底墒，上虚下实，不留坷垃。

（二）烟田起垄

烟田起垄增加了烟田的受光面积，可以提高地温，起垄还有利于旱天灌溉，涝天排水，从而给烟株根系发育创造相对适宜的温湿度环境条件；起垄后活土层和肥力集中，改善了土壤的通透性和营养状况，增加了肥料利用率。起垄质量的好坏不仅影响栽后成活率、烟株根系发育和营养吸收，还影响烟株根部病害发生。

1.起垄方向

烟垄方向的确定应避免烟株阴影相互遮蔽，最大限度地提高光合作用效率；同时，要提高烟田通风性能，改善田间微环境，促进烟株生长发育。在实际生产当中，应结合当地地形、气候和田块形状确定垄向。一般来说，平地的朝向以南北走向为宜，缓坡地可沿等高线起垄，亦可根据当地风向选择，以利通风透光和防止倒伏。

2.起垄时间

春耕后应根据墒情及时起垄，起垄过晚不利于蓄水保墒，后期不利于移栽成活和还苗，起垄时缺墒会加厚土壤的干土层，即使起垄后有降水，也容易形成“两湿加一干”的现象，即垄体表层和深层湿，中间层干，而影响烟叶生长（尤其是栽后遇到旱情时）。一般情况下，在烟苗移栽前 1 个月左右，结合施肥，按生产要求的行距及时起垄。

3.垄体大小

垄体太小、垄高过低起不到垄栽的作用，导致烟叶产量和品质降低；起垄的高度也不宜太高，过高不易培土，起不到促根发根的作用，还易于倒伏。一般来说，垄底宽80~100 cm，垄高 20~30 cm 为宜。同时，起垄时应结合土壤条件、气候条件和生产技术要求的密度合理调整垄高和行距。缺水干旱区可起宽垄，同时垄高不易太高，以利土壤保墒；平原灌区可采用低起垄高培土，即先起垄垄高 20 cm 左右，略呈拱形，后期结合揭膜，培土使垄高在 30 cm 左右。同时，要注意垄体大小和垄间距均匀一致。具体操作时，可按行距要求人工先画线，然后施肥起垄；或起垄机自带卫星定位装置，定线起垄一次完成。无论哪种方式起垄，垄体成型后均要达到垄直如线，垄体饱满，垄间距和垄体大小均匀一致。

二、提高烟苗素质调控烟株均匀性

烟苗素质影响烟苗移栽至大田后还苗时间、烟株生长发育、大田整齐度，进而影响后期烟叶产质量。壮苗率是反映烟苗素质的重要指标。据近年对各产区烟苗素质调查，大部分育苗棚或育苗工场烟苗壮苗率在 70%~80%，弱苗率相对较高。烟苗健壮大小一致是烟叶均质化生产的重要基础，生产中表现出的烟株高低不一往往与烟苗有很大关系。

（一）烟苗素质现状

烤烟漂浮育苗是在温室或塑料棚内，利用成型的格盘为载体，装填以人工配制的适宜基质，将包衣种子直播于基质中，然后将苗盘漂浮于含有完全营养的水池中，完成烟草种苗的萌发、生长和成苗的一种育苗方式。适宜的光、温、水、肥条件是成苗的关键。基质温度、池水温度、棚内温度相互影响，最终影响种子萌发和烟苗生长。棚温和水温明显受外界温度变化影响，上午随外界气温增加，棚温明显上升，傍晚随外界温度下降明显降低;苗池水温变化相对温和,上午随外界气温和棚温增加缓慢升高,傍晚又随外界气温和棚温下降缓慢下降。与常规育苗方式相比,漂浮育苗水温总体较低,苗床面温度升降变幅大,造成播种到出苗时间相对较长,容易出现前期生长慢,后期随温度升高快速生长现象。苗床中后期适度炼苗有助于控制烟苗快速生长,促进各器官均衡发展;加之,漂浮育苗为烟苗提供的是充足的水肥环境条件,与烟苗移栽至大田环境条件差异较大,因此炼苗是漂浮育苗必不可少的一个阶段,只有炼苗到位,才能提高烟苗的抗逆性和增强烟苗移栽后对大田环境的适应力。目前河南各烟叶产区漂浮育苗烟苗素质低的主要原因就是前期温度低,出苗时间长,后期生长时间短,炼苗不足。见图 5-3、表 5-10。

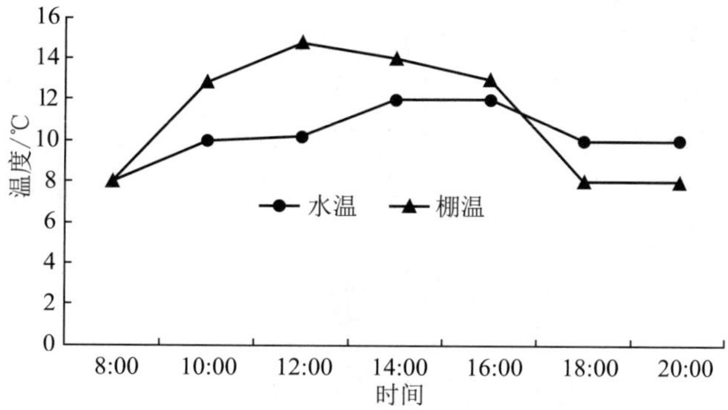

图 5-3　漂浮育苗棚内温度和水温变化规律

表 5-10　漂浮育苗植物学性状的动态变化(刘国顺,2003)

生育时期	茎高/cm	茎围/cm	根鲜重/(g/株)	茎鲜重/(g/株)	根干重/(g/株)	茎干重/(g/株)	叶干重/(g/株)	总干重/(g/株)
小十字期	0.75	0.65	0.05	0.03	0.004	0.003	0.035	0.042
大十字期	2.23	1.58	0.39	0.28	0.021	0.014	0.145	0.180
七叶一心	4.20	2.13	0.48	0.91	0.027	0.038	0.179	0.244
成苗期	9.50	2.13	1.15	2.78	0.055	0.120	0.292	0.467

从目前漂浮育苗每盘不同移栽率烟田整齐度结果情况看(见表 5-11),烟田还苗率、弱小株率及整齐度存在明显差异,100%移栽 3 d 还苗率和移栽成活率分别为 90.9%和97.3%,明显低于 75%和 50%移栽,不同移栽率对弱小株率影响更大,100%移栽弱小株率达 19.4%,显著高于 75%移栽和 50%移栽,其整齐度也相对较差。因此烟苗移栽前进行一定的壮苗挑选能够显著提高还苗率,降低弱小株率,大田烟株整齐度明显提高。但烟田整齐度主要还是受壮苗率的影响,提高烟苗整体素质是提高烟田移栽后整齐度的关键。

表 5-11　不同移栽率对烟田整齐度影响

移栽率/%	3 d 还苗率/%	成活率/%	弱小株率/%	整齐度评价
100	90.9	97.3	19.4	差
75	96.2	100	10.8	中
50	100.0	100	5.3	好

(二)提高烟苗素质技术方法

影响烟苗均匀度和壮苗率的因素较多,育苗操作工序多,苗床管理要求高,其中任何一项操作都可能影响苗的均匀性和壮苗率。就河南各产区育苗实际情况,从技术层面来看,缩减出苗时间,延长烟苗有效生长期,后期适度锻苗和干湿交替能够较好地提高烟苗素质与壮苗率。

1.调控育苗池水深度

苗床的水温和基质温度影响烟苗出苗时间,其与不同的育苗方式及供水的多少密切相关,在一定范围内,苗床池水越深其温度相对越低,一般表现为随着池水的深度增加而出苗期延迟。降低漂浮育苗前期水深,水温上升较快,从而加快了种子的萌发,有利于提早出苗与幼苗的生长发育。孔银亮等研究了浅层水床湿润育苗(2 cm 浅水育苗)与常规漂浮育苗对苗池水温、基质温度的影响(见表5-12),结果表明:8:00、14:00 和 20:00 时,水床湿润育苗基质温度分别高于常规漂浮育苗基质温度 0.8 ℃、0.9 ℃、0.6 ℃,水床湿润育苗水池温度分别高于常规漂浮育苗水池温度 0.8 ℃、2.1 ℃和 0.7 ℃。说明水床湿润育苗的水分管理模式更有利于基质温度及烟苗根部温度的提高,从而促进了前期烟苗生长发育(见表5-13)。

结合实际操作,漂浮育苗出苗前池水深度控制在 5 cm 左右,中期调整为 10 cm,有利于前期种子萌发,后期烟苗生长,能够提高总体烟苗素质和壮苗率。另外,双棚增温、苗池循环增氧等措施也可以极大地改善育苗基质中温度、水分和氧气条件,为烤烟幼苗生长发育创造良好条件,从而提高成苗期烟苗素质。

表5-12　不同育苗方式日均温度变化(孔银亮,2010)

育苗方式		日温度/℃			日平均温度/℃
		8:00	14:00	20:00	
浅层水床	水温	16.2	23.9	16.3	18.8
	基质温	16.6	24.6	16.6	19.3
常规漂浮	水温	15.4	21.8	15.6	17.6
	基质温	15.8	23.7	16.0	18.5

表5-13　不同育苗方式成苗期植物学性状调查(孔银亮,2010)

育苗方式	茎高/cm	茎围/cm	叶片数/片	叶长/cm	叶宽/cm	最大叶面积/cm^2
浅层水床	11.5	2.4	9.0	13.0	10.5	85.3
常规漂浮	10.5	2.3	9.0	12.0	10.0	75.0

2.重视中后期锻苗

锻苗主要包括控温、控水、控肥等措施。移栽前 10 d 左右进行锻苗,逐步控肥、控水、控温,逐渐增加大棚通风量和通风时间,提高烟苗适应外部环境的能力。成苗后期适度的干湿交替使烟苗逐步适应外部自然环境,促进烟苗根系发育,增加根冠比,提高烟苗的抗逆性,栽后烟苗还苗期短,生长发育良好,是一种有效的锻苗方法。具体做法是:结合烟苗生长情况,移栽前 7~10 d,排掉池中部分营养液,使营养液在烟苗自然吸收和蒸发情况下逐渐减少，待烟苗出现轻度萎蔫（中午萎蔫，晚上恢复）后，灌入清水 3 cm 或喷洒清水，使基质充分吸水，然后反复干湿交替，至移栽前一天晚上，再次少量灌水或喷水，使基质充分吸水，以利栽前拔苗，防断根。

3.移栽前二次选苗

在培育壮苗基础上，还需移栽前进行二次选苗。整盘成苗在外观上很难区分壮苗和弱苗，只有逐棵拔出才能区分。因此，移栽前在选择成盘壮苗的基础上，逐棵再进行选择，或移栽前先把弱苗剔除，可基本保证移栽烟苗大小一致。

三、优化移栽调控烟田均匀性

（一）移栽期确定

1.移栽期影响因素

确定移栽期，应根据气候条件、品种特性、种植制度、栽培方式和历年生产经验多种因素综合考虑，把烤烟生长安排在最佳的生长季节，趋利避害，使烤烟的生长发育与气候条件相吻合，最大限度地利用自然资源。

（1）气候条件　烤烟大田生长期的最适温度为 25～28 ℃，最低为 10 ℃，最高为 35 ℃，成熟期要求日均温度在 20～25 ℃，且持续 30 d 以上；大田生育期积温在 2 200～2 800 ℃，日照时数大于 500 h。因此移栽时，要求气温稳定通过 12～13 ℃，10 cm 地温稳定通过 10 ℃，且呈上升趋势，同时应考虑把烟叶成熟期安排在日均温大于 20 ℃的天气条件。另外，水分是烟株生长的重要条件，移栽后有少量降水，以利还苗；还苗后少雨有利于伸根；旺长期要求降水充足，以促进烟株开秸开片；成熟期少量降水，有利于成熟采收烘烤。因此确定移栽期，还要考虑当地常年降水分布情况，尤其是旱作区，更应注意降水的时空分布，把旺长期尽可能安排在雨量较多的季节。

（2）种植制度　适宜的移栽期，既要满足烤烟生长发育的要求，又要有利于前后作物的安排。在一年一熟的山岗旱地，移栽期不受前后作物的影响，在一年两熟的平原灌区，种烟时还应考虑前后茬作物的种植等。河南各烟叶产区烤烟大田生育期一般在 4 月中旬至 9 月中旬之间，烟叶之后可种植冬小麦，或在当年 10 月到下年 3 月烟田空闲期，种植绿肥提前掩青，减少对烤烟适期移栽的影响。

（3）品种特性　不同品种抗病性、抗逆能力不同，生育期有长有短，对生态条件的要求也不同，在确定移栽期时应充分考虑种植品种的品种特性。最大限度地把品种安排在最适宜的环境条件下，避开不利因素，发挥其优良种性，实现优质丰产。如有的品种易感赤星病，就要避开生育期过晚，早移栽；有的品种对低温敏感，就要避免过早移栽，防早花。

2.适宜移栽期

移栽期不同，烟株生长发育期间的光、温、水等气候因素配置发生变化，进一步影响了烟株生长发育和烤后烟叶产质量差异。综合多年、多人、多点的研究结果来看，随移栽期推迟，各生育期有一定推迟，但移栽—团棵时间、团棵—现蕾时间及整个烤烟生育期总体呈缩短趋势（见表 5-14）。另外，从对烟株农艺性状影响来看（见表 5-15），4 月 20 日移栽，茎围较粗，叶片较大；5 月 2 日移栽，烟株叶片数最多，株高最高；随移栽期推迟，叶片数、株高、茎围有降低趋势。不同移栽期烤后烟叶上、中、下部位单叶重、产量及产值均随着移栽期的后移而逐渐降低，其中产值降低最为明显，均价、上等烟比例均随着移栽期的后移表现出先上升再下降的趋势，以 4 月 28 日至 5 月 12 日之间移栽处理的均价及上等烟比例最高，而产量也在一个较为适宜的范围之内（见表 5-16）。关于移栽期对烟叶化学成分影响，不同研究结果略有差异，但关于糖、碱含量影响结果相对一致。随移栽期的推迟，烟叶还原糖含量逐渐增加，而烟碱则逐渐减少，糖碱比增加。在烟叶的风格特征中，随着移栽期的推迟，烟叶的香型风格不会发生变化，但浓香型得分逐渐降低，烟气中的各种杂气、生青气、青杂气、枯焦气和木质气等逐渐升高，烟气的细腻程度、柔和程度和圆润感逐渐降低。

表 5-14　不同移栽期对烤烟生育期影响（2018，许昌）

移栽期	团棵期	现蕾期	打顶时间	收烤结束
4.20	5.24	6.20	6.30	8.25
5.02	6.04	6.25	7.12	8.30
5.09	6.04	6.26	7.12	8.30
5.16	6.08	6.28	7.19	9.04

表 5-15　不同移栽期对烟株农艺性状影响（2018，许昌）

移栽期	叶片数/片	株高/cm	茎围/cm	最大叶长/cm	最大叶宽/cm
4.20	22.0	117.3	10.8	59.8	30.3
5.02	23.0	122.0	9.8	56.7	26.9
5.09	21.3	118.0	9.7	56.3	25.3
5.16	21.1	116.6	9.5	56.4	25.4

表 5-16　不同移栽期对烤烟经济性状的影响（杨园园，2013）

移栽期	单叶质量/g			产量/（kg/hm^2）	产值/（元/hm^2）	均价/（元/kg）	上等烟比例/%
	上部叶	中部叶	下部叶				
4.21	14.37	9.19	7.60	2 821.20	46 042.05	16.32	50.94
4.28	13.74	8.92	7.24	2 422.50	43 508.10	17.96	56.26
5.05	12.34	8.68	7.28	2 286.75	43 173.75	18.88	58.51
5.12	11.75	8.66	6.53	2 121.75	38 021.70	17.92	59.18
5.18	10.29	6.70	6.16	2 054.70	31 067.10	15.12	49.66
5.24	9.25	5.97	4.82	1 686.45	23 272.95	13.80	38.57

烟苗移栽过早，受低温影响，易出现花叶病或早花等问题；移栽过晚，烟苗前中期处于高温高湿的环境，生长速度过快，干物质积累少，叶片薄，产质量降低，成熟期日均温较低，不利于浓香型质量风格形成。移栽期的不同，烤烟的生长发育，产量和质量差异较大。选择合适的移栽期，有利于充分利用气候资源，为烤烟生长提供较适宜的大田生长环境，明显地改善烤烟各项田间农艺性状，优化田间长势，促进烤烟生长代谢，使烟叶的化学品质更加协调，烟叶的内在质量和品质得以提升，烟叶产质量提高。研究和实践表明，豫中和豫西烟区 4 月下旬到 5 月上旬移栽，豫南和豫西南烟区 4 月中旬到 5 月初移栽，烟叶气候配置优良，品质风格突出，能较好地彰显浓香型特色，是最优移栽期。另外，区域内为保证烟叶成熟采收时间一致及烟叶质量风格特色一致，移栽时间应基本一致，同一地块内应在 3 d 内完成移栽，同一乡镇不同地块间应在 7 d 内完成移栽。

（二）移栽方式

目前河南各产区主要采用的移栽方式为常规地膜覆盖移栽、膜下小苗移栽，近几年又尝试推广应用了井窖移栽。

1.膜下小苗移栽

（1）膜下小苗移栽特点　膜下小苗移栽，就是把适龄小苗（四至五叶一心）移栽在膜下，待烟苗长至离膜顶 1 cm 左右时，进行掏苗、施肥、封穴的方法。膜下小苗移栽是一项充分利用光、温、气、水、肥、土等自然资源和地膜覆盖的作用，解决前期低温干旱问题，节水保苗、节本增效的有效技术措施。

1）提高了膜下环境温湿度　河南各产区膜下小苗移栽时间一般在 4 月中下旬，膜下小苗移栽可以显著提高穴内温度和土体温度，在温度上弥补了外界大气环境对小苗前期发育不利因素。同时，膜下移栽的温度变幅较小，烟苗生长环境温度相对稳定。另外，膜下小苗移栽情况下，土壤水分向大气蒸发时，因有地膜的阻隔，在膜下形成了水分小循环，减少了土壤水分蒸发量；同时由于毛细管的作用，还可把土壤深层水分吸至耕作层，使耕层湿度加大。膜下小苗移栽为烟苗前期发育提供了更适宜和稳定的温湿度环境，为烟株形成庞大的根群创造了有利条件，同时较高的温湿度条件下土壤养分矿化速度加快，有利于烟株营养吸收和早发。

2）降低了病毒病危害　膜下小苗移栽烟苗在膜下生长，膜下温湿度较高，蚜虫不易长时间滞留，有翅蚜量明显减少，蚜虫传毒发病机会减少，蚜传花叶病发病率明显降低。孔银亮等进行膜下小苗移栽与常规地膜覆盖栽培对比试验，结果表明：膜下小苗移栽方式能有效避开蚜虫迁飞高峰，减少病毒传播。在病毒病发生较重年份烟株发病率可减少 32 个百分点，病情指数减少 18.35，相对防效达到 76.84%；正常年份烟株发病率可减少 13.11 个百分点，病情指数减少 5.06，相对防效达到 89.22%。

3）促进了烟株早发快长　膜下小苗移栽较常规移栽提早 10～15 d，加上膜下小苗温湿度环境改善，栽后还苗期短，烟株能够早生快发，其生育期较常规移栽提前。另外，膜下小苗移栽栽后 20～30 d 内要进行掏苗、揭膜高培土等操作，显著地促进了不定根的发育，与同期的膜上移栽相比，膜下小苗移栽可以显著提高烟株的主根、侧根和不定根发育及株高、茎围、有效叶面积，膜下小苗移栽有效地促进了烟株前中期的生长发育（见表 5-17 ）。

表 5-17　膜下小苗移栽对烟株农艺性状影响(孔银亮,2011)

调查时间	移栽方式	株高/cm	茎围/cm	叶片数/片	最大叶(长×宽)/(cm×cm)
移栽后 20 d	膜下移栽	12.5	4.5	11.0	23.3×10.9
	对照	8.0	3.7	11.0	22.7×11.8
移栽后 40 d	膜下移栽	34.0	5.7	13.3	38.3×21.7
	对照	20.4	5.4	14.0	36.8×21.1
移栽后 60 d	膜下移栽	101.7	7.7	24.7	56.4×29.3
	对照	76.3	6.6	20.3	45.3×24.4

4)提高了烟叶产质量　前期烟苗处于相对稳定的光、热、水、温条件下,受外界环境影响较小,减少了病毒病发生,促进了烟苗早生快发,烟叶产质量相对稳定。同时,由于改变了各生育期气候因子配置,光合产物积累增加,内含物充实,促进了优质烟叶形成,烟叶的易烤性增强,烤后叶色多橘黄、金黄,油分足,烟叶单产提高 22.3%,上等烟比例提高 12.17 个百分点,均价提高 10.7%,产值提高 35.3%;烟叶外观质量有较大改善,化学成分比例协调(表 5-18 与表 5-19)。

表 5-18　膜下小苗移栽对烟叶经济性状影响(孔银亮,2011)

年份	处理	产量/(kg/667 m^2)	均价/(元/kg)	产值/(元/667m^2)	上等烟/%	中等烟/%	下等烟/%
2007	膜下移栽	144.80	11.40	1 650.72	51.10	38.46	10.44
	对照	102.88	9.06	932.09	27.79	45.25	26.96
2008	膜下移栽	189.50	12.91	2 446.45	43.50	47.80	8.70
	对照	157.50	12.03	1 894.73	38.30	50.80	10.90
2009	膜下移栽	153.00	12.16	1 860.48	30.00	52.00	18.00
	对照	138.00	11.87	1 638.06	22.00	51.00	27.00
平均值	膜下移栽	162.43	12.16	1 975.15	41.53	46.09	12.38
	对照	132.79	10.99	1 459.36	29.36	49.02	21.62

表 5-19　不同移栽方式烟叶外观质量评定(孔银亮,2011)

处理	等级	成熟度	油分	身份	组织结构	色度
膜下移栽	B2F	成熟	有-多	稍厚	尚疏松	中-强
	C3F	成熟	有	适中	疏松	中-强
	X2F	成熟	有	适中	疏松	中
对照	B2F	欠熟	稍有	稍厚	稍密	中
	C3F	尚熟	稍有	适中	尚疏松	中
	X2F	尚熟	稍有	稍薄	疏松	中

(2)膜下小苗移栽技术要点

1)烟苗标准　膜下适栽小苗,苗龄 35 d 左右(出苗至成苗),苗高 5~8 cm,四叶一心至五叶一心,根系发达,叶色正绿,清秀无病。

2)移栽要求　豫中各基地单元 4 月中下旬,豫南和豫西南基地单元 4 月中旬移栽;膜下移栽,要挖大穴,要求烟穴直径 35~40 cm、穴深 15~20 cm。这样可确保栽后烟苗顶部与地膜有 5 cm 以上的距离,以防高温时接触灼伤烟苗;栽前,每亩施穴肥 5 kg(烟草专用肥 10:10:20),并用木棍搅拌,与土混匀,防肥料集中烧苗;每穴灌水 2~3 kg,明水栽烟;边栽烟边盖膜,当天移栽当天盖好地膜。盖膜时要确保烟苗顶部与地膜有 5 cm 以上的距离;盖膜后,用细土压实,以保温保湿。

3)田管要求　栽后当膜内温度超过 45 ℃时,应及时破口,通风降温,防高温灼伤甚至烫死烟苗(烧苗),具体方法是在烟苗顶部两侧各开一个 1~2 cm 的小孔或 1 个 3~4 cm 小孔,温度持续升高情况下,继续开大膜孔至 8~10 cm;栽后 15~20 d,等烟苗长到快顶着地膜时,将烟苗上方的地膜继续开大至 10~15 cm,即破膜;破膜后 1~2 d,待膜内热气散发、烟苗逐步适应外部环境后,再掏苗,掏苗后,用细土压实封严地膜破口。需要注意的是:一是不能边破膜边掏苗,以避免烟苗立即从膜下到膜上,不能适应外部环境而影响正常生长。二是切忌中午高温掏苗,宜在早晚进行。三是破口封土前,要及时给烟株补充水分。

4)追肥要求　结合掏苗,将追肥以烟苗为圆心 5~8 cm 为半径进行环状施肥或兑水浇施。施肥后用细土盖住烟苗茎秆基部和肥料,封严膜口,使烟穴呈凹形盘状以便存留雨水。掏苗封穴后,根据墒情每株补水 1~2 kg。

5)揭膜培土要求　由于膜下小苗移栽是采用大穴、浅栽的方法,烟根附近的活土较少,因此要及早揭膜培土,增加烟株根系附近的活土层,促进根系生长。

2.井窖小苗移栽

井窖小苗移栽又分地膜覆盖井窖小苗移栽和杯罩井窖小苗移栽。井窖小苗移栽是指在垄体适宜含水量(60%~80%)情况下,覆盖地膜,然后采用移栽机械工具在烟垄上打制出一定规格(深度 18~20 cm,直径 5~8 cm)的深井窖式烟穴,然后将一定大小烟苗(高 2~5 cm,4~5 片真叶)垂直放入井窖内,并施以定根肥水,或是采用塑料杯罩代替地膜,于烟苗放入井窖后,覆盖杯罩,使烟苗在井窖内生长一定时间从而实现烤烟适时早栽、壮苗培育和高垄深栽的一种烟苗移栽方式。

(1)井窖小苗移栽特点

1)稳定的温湿度环境　陈维林等对地膜井窖移栽和杯罩井窖移栽两种井窖移栽方式井窖内空气温度和湿度进行了 24 h 监测,结果表明,杯罩移栽利用杯罩仅对井窖区域进行扣杯处理,大幅减小了垄体覆盖,井窖区域外的垄体温度显著降低,但井窖区域的温度减小较小,同时杯罩形成了较为封闭的烟苗生长空间,这种类似"微型温室"的空间结构给烟苗提供了更为稳定的温湿度环境;地膜井窖移栽对土壤温度和窖内空气温度提升作用大于杯罩井窖移栽,其温度变化幅度稍大于杯罩井窖移栽。但两种井窖移栽方式对窖内温度调节作用是一致的,即白天外界气温较高时,井窖具有减缓增温作用,降温作用明显;夜间外界气温降低时,井窖具有一定的增温效应,保温作用明显。正是这种独特的，相对稳定的井窖区域小环境影响了烟苗前期生长发育。

2）促进烟株生长发育　井窖小苗移栽具有相对稳定、适宜的温湿度环境，烟苗成活率高，还苗期短，在没有病虫害的情况下移栽烟苗的成活率可达100%，井窖适期早栽促进了烟苗根系体积和直径的提高，使烟苗在井窖内实现壮苗培育，且深栽后封土可促进烟苗不定根产生，烟株长势强、发育整齐一致，大田生育期延长，烟叶有机物质积累增加。见表5-20。

表5-20　不同移栽方式烟株农艺性状（郝浩浩，2020）

移栽方式	株高/cm	茎围/cm	叶片数/片	最大叶长×宽/（cm×cm）
常规覆膜移栽	129.8	9.6	19.6	64.7×33.2
井窖+覆膜移栽	135.3	10.1	21.9	66.3×34.5
井窖+覆杯罩移栽	136.8	10.3	22.1	66.7×34.6

3）降低了病害发生　井窖小苗移栽只需要最多1次剪叶，减少了烟苗剪叶环节传播病害机会，移栽后蚜虫迁飞对烟苗传毒机会也减少，研究表明井窖小苗移栽降低了大田期烟蚜传病毒病的能力，黄瓜花叶病毒（CMV）和烟草花叶病毒（TMY）的发病率比膜上常规栽培烟苗低；马铃薯Y病毒的发病率也比膜上常规移栽烟苗低。另外，井窖小苗移栽减少了地老虎危害烟苗的数量，却增加了蜗牛等软体动物的数量。

4）提高了烟叶产质量　南阳、驻马店、许昌市等烟草公司，2018—2019年开展了井窖移栽方式的尝试和应用。结果表明，实施井窖移栽能有效解决烟苗深移栽问题，同时能降低烟农生产投入；井窖+覆杯罩移栽能解决揭膜难度大、地膜残留造成地膜污染的难题，且烟叶长势强，内在化学成分协调（见表5-21），增加了烟农收益，主要是提高了烟叶产量、产值、均价、上中等烟比例，产值较常规覆膜移栽提高3 750元/hm^2，均价较常规覆膜移栽提高1.06元/kg（见表5-22）。

表5-21　不同移栽方式烟叶化学成分比较（郝浩浩，2020）

移栽方式	样品等级	烟叶化学成分含量/%						
		钾	氯	烟碱	还原糖	总糖	总氮	淀粉
常规覆膜移栽	B2F	2.01	0.69	3.92	20.27	24.15	2.66	2.21
	C3F	2.36	0.65	1.89	29.97	36.03	2.05	2.03
	X2F	2.71	0.53	2.08	25.29	29.60	2.48	2.01
井窖+覆膜移栽	B2F	2.72	0.44	4.26	21.02	24.71	2.41	1.88
	C3F	2.68	0.35	3.62	19.71	23.62	1.89	1.78
	X2F	2.55	0.77	2.69	29.93	34.30	2.39	2.26
井窖+覆杯罩移栽	B2F	2.09	0.69	3.71	19.08	24.01	2.54	2.03
	C3F	2.16	0.49	2.64	26.16	31.27	2.05	2.81
	X2F	2.78	0.47	1.62	30.74	35.37	1.94	2.54

表 5-22　不同移栽方式烟叶产量和经济效益分析(郝浩浩,2020)

移栽方式	产量/(kg/hm^2)	产值/(元/hm^2)	均价/(元/kg^1)	上中等烟比例/%
常规覆膜移栽	2 325	64 500	27.74	70.36
井窖+覆膜移栽	2 340	65 925	28.17	71.35
井窖+覆杯罩移栽	2 370	68 250	28.80	73.30

(2)井窖小苗移栽技术要点

1)井窖小苗移栽技术规程

①整地、施肥、起垄。3 月上旬~4 月上旬整理烟地,要求土壤细碎平整。起垄前,将熟的农家肥、烤烟专用肥沟施或条施于垄底。垄高 25~30 cm,垄底宽 70~80 cm,垄间距 1.1~1.2 m,垄体饱满,垄面细碎。

②覆盖地膜。待垄体土壤墒情好时,用机械或人工覆盖地膜。

③制作井窖。移栽时使用井窖制作工具制作井窖,要求井窖口呈圆形,直径 5~8 cm,井窖深度 18 cm 左右,井窖间距 55~60 cm。

④丢苗移栽。将茎高 2~5 cm,5~6 片真叶的烟苗垂直丢于井窖内,移栽后烟苗顶部距井口 3~4 cm。

⑤淋施肥药水。将烟苗丢进井窖后,马上淋施水、肥、药混合液,其配比是:每 50 kg 水加 0.25~0.5 kg 专用追肥和适量的防虫农药,充分拌匀后盛于专用水壶内,顺井壁淋施,冲刷少量泥土至井窖底部与烟根接触,每井淋施 80~200 mL。

⑥第一次追肥。移栽后 7~10 d,用浓度为 1%~2%的专用追肥液顺井壁淋施,每株 150~200 mL。

⑦填土封口。当烟苗长出井窖口,生长点超过井窖口 2~3 cm 时,用细土向井窖内填充,地膜烟要将膜口用土密封。

⑧第二次追肥管理。移栽后 25 d 左右顺垄体正中两侧的叶尖下打深 10 cm、宽 2 cm 的追肥孔,将剩下的专用追肥分穴施入,用细土密封好追肥孔。之后按常规生产技术操作。

2)井窖小苗移栽注意事项

①足墒覆膜移栽。垄体土壤墒情是井窖小苗移栽成功的关键。土壤墒情低,井窖内易落土,井窖深度不够,难以成型;土壤墒情过大,易使打穴工具黏附土壤,影响打穴效率,“井窖”成型效果差。土壤墒情过大过小均不利于“井窖”成型,因此应在雨后或灌溉后,土壤墒情适宜情况下覆膜,研究表明土壤相对含水量在 60%~80%情况下,易于垄体打穴,“井窖”易成型,移栽后土壤含水量适宜,易于烟苗生长发育。

②适量定根肥。烟苗移栽后适量的定根肥有利于烟苗早生快发,是伸根期烟株营养的主要来源,栽后浇施一定的定根肥是非常必要的,定根肥施用不当易出现烧苗、烧叶等现象,定根肥应沿井壁慢慢淋入,浓度不能太高,一般选用 0.5%~2%硝酸钾溶液,每井 100 mL左右。遇到浇肥烧苗的问题,应及时喷淋清水稀释肥害。

③防高温烧苗。井窖小苗移栽井窖内温度呈自下而上逐渐升高趋势,窖口温度最高,当烟苗长至窖口时,如遇上高温天气,地膜覆盖井窖小苗移栽窖口温度过高易出现烧苗现象,因此在烟苗长至窖口时,在持续高温天气情况下,要注意及时扩大膜口,降低温度,防高温烧苗。

3.移栽方式选择

不同移栽方式移栽期和生育期不同,会造成烟叶质量一定差异。因此,同一区域最好采用一种移栽方式,以减少质量差异,达到技术的规范统一。

膜下小苗移栽提前成苗,减少了育苗剪叶过程传毒机会,同时栽后烟苗于膜下生长,其相对较高的温度环境减少了蚜虫滞留时间,在烟叶生长前期(即蚜虫迁飞高峰期),有效躲避了蚜虫对烟草的传毒机会,因此对病毒病发生具有较好的预防作用;膜下小苗移栽改善了烟株生长的温湿度环境条件,有效促进了烟株的早生快发,成熟期提前,烟株得以充分利用外界光照与温度等环境条件,烟叶干物质积累充实,烟叶外在和内在质量得到改善,烟叶产量与产值提高。但膜下小苗移栽方式适宜在土层较厚、水利条件较好的烟田应用。在无水源、土层较薄的山岗干旱区,不易推广应用,原因是膜下移栽前期温、湿度适宜,烟株生长速度较快,旺长期提前 10 d 以上,此时若无有效降雨又无灌溉条件,会严重影响烟株生长发育及后期产质量形成。

井窖小苗移栽烟苗能够适时早栽、高垄深栽,栽后烟苗基本没有还苗期,成活率高,早生快发,烟株生长势强,整齐度好,病虫害减少,抗旱能力增强,实现了减工降本、提质增效。但井窖移栽对垄体土壤含水量要求较高,过高或过低的垄体土壤含水量均不利于烟苗前期生长发育,井窖小苗移栽结合当年降水情况,适时覆膜保墒是一种较好的利用水资源措施,但从河南南阳和驻马店杯罩井窖小苗移栽实际情况来看,杯罩井窖小苗移栽较常规膜上移栽整齐度明显提高,但生育期相对滞后,延长了大田生育期,增加了大田后期叶斑类病害和烘烤风险。

总体来看,膜下小苗移栽和井窖小苗移栽较常规地膜覆盖移栽为烟株前中期生长发育提供了更加稳定的温湿度环境,烟株生长发育均匀性和整齐度提高,更有利于后期烟叶质量均匀性的提高。实际生产中,应结合当地实际情况及当年气象因素,因地制宜地选择适宜的移栽方式。

四、水分管理调控烟株均匀性

(一)河南烟区水分丰缺状况

按照烟叶生长季节的水分丰缺程度,河南烟区主要为缺水干旱区和半丰水易旱区这两种类型。缺水干旱区:如豫西烟区,烟草生长季节降雨量低于 450 mm,基本能满足烟叶生长发育的需要,但雨量分配极不均匀,在烤烟的还苗伸根期、旺长期和成熟期发生干旱的频率均较高,经常出现长时间的阶段性干旱,严重影响烟株正常的生长发育。半丰水易旱区:如豫中、豫西南和豫南烟区,烟叶生长季节降雨量在 450~600 mm,能够满足烟叶正常生长发育的需要,但年际间、季节间降水分布严重不均,降水比较集中,在烟叶生长过程中时常出现季节性和阶段性干旱，影响烟叶的正常生长发育。如豫中烟区降雨多集中在烟叶的旺长中期和成熟期，前期发生干旱的频率较高，致使烟叶生长受抑，生育推迟，开片不良。

1.还苗伸根期水分亏盈状况

河南主要产烟县还苗伸根期需水量在 87～123 mm 之间，水分亏缺量 14～62 mm，除泌阳县水分亏缺量 14 mm、亏水概率 0.614 外，其他产烟县水分亏缺量均在 30 mm 以上、亏水概率均在 0.7 以上，减产≥10%概率 50%左右。总体来看，还苗伸根期水分亏缺量较大，除泌阳外其他各县在 40 mm 左右，亏水概率较大，此期干旱是威胁苗期生长及后期烟叶产质量形成的一大因素（见表 5-23）。

表 5-23　河南主要产烟县还苗伸根期需水量及水分亏盈量（龙怀玉，2007）

产区县	参考作物蒸散量/mm	需水量/mm	水分亏盈量/mm	亏水概率	减产 10%概率
襄城县	130	109	42	0.805	0.548
郏县	142	120	57	0.900	0.700
临颍县	123	104	37	0.761	0.520
内乡县	120	98	38	0.700	0.600
泌阳县	104	87	14	0.614	0.352
灵宝市	147	123	62	0.900	0.400
洛宁县	112	91	43	0.800	0.700
卢氏县	105	89	32	0.788	0.365
汝阳县	140	114	59	0.800	0.600

2.旺长期水分亏盈状况

各产烟县旺长期烟叶蒸散量较还苗伸根期明显增加，其中洛宁县烟叶蒸散量稍低，襄城县、郏县、临颍县、内乡县、灵宝市和汝阳县烟叶蒸散量均在 150 mm 左右；烟田需水量 128～169 mm，水分亏缺量 50～100 mm，均较还苗伸根期明显增加；亏水概率 0.8 以上，减产 10%概率在 0.7 以上。总体来看，旺长期烟叶蒸散量、需水量、水分亏缺量均相对较大，亏水概率和减产影响也较大。旺长期烟田耗水量占整个生育期的 50%左右，如果这一时期缺水，烟叶生长将会严重受阻，因此，必须重视这一时期的水分管理，满足烟株生长对水分的需求，促进烟株正常生长发育（见表 5-24）。

表 5-24　河南主要产烟县旺长期需水量及水分亏盈量(龙怀玉,2007)

产区县	参考作物蒸散量/mm	需水量/mm	水分亏盈量/mm	亏水概率	减产 10%概率
襄城县	150	171	87	0.882	0.805
郏县	155	169	50	0.900	0.700
临颍县	153	168	91	0.875	0.824
内乡县	152	166	91	0.900	0.900
泌阳县	135	148	70	0.815	0.775
灵宝市	154	169	100	1.000	1.000
洛宁县	117	128	61	0.900	0.900
卢氏县	132	145	72	0.868	0.849
汝阳县	150	164	79	0.800	0.800

3.成熟期水分亏盈状况

各产烟县成熟期烟叶蒸散量和需水量均较旺长期急剧增加,均在 200 mm 以上,水分亏盈量各地不同,襄城县、郏县、临颍县、内乡县、泌阳县成熟期水分有盈余,汝阳县和卢氏县烟叶降水量与需水量基本持平,洛宁县有少量亏缺,灵宝市亏缺量稍大。总体来看,成熟期各产烟县自然降水相对充足,亏水概率明显低于还苗伸根期和旺长期,亏水对烟叶减产影响也相对较小,但年季和阶段性亏缺仍存在,同时存在水分盈余风险(见表 5-25)。

表 5-25　河南主要产烟县成熟期需水量及水分亏盈量(龙怀玉,2007)

产区县	参考作物蒸散量/mm	需水量/mm	水分亏盈量/mm	亏水概率	减产 10%概率
襄城县	259	252	-67	0.476	0.265
郏县	262	263	-46	0.400	0.300
临颍县	254	248	-62	0.458	0.244
内乡县	253	246	-165	0.400	0.300
泌阳县	257	251	-78	0.444	0.290
灵宝市	278	270	86	0.700	0.700
洛宁县	226	219	24	0.600	0.600
卢氏县	248	242	3	0.547	0.377
汝阳县	259	252	-3	0.400	0.200

(二)不同生育期水分管理

1.还苗及伸根期水分管理

伸根期土壤水分亏缺指标为 48%~50%,伸根期随烟苗增大,对水分亏缺越敏感。灌溉可以弥补还苗及伸根期水分亏缺现状,但因此期气温不稳定,昼夜变幅较大,地温相对较低，灌溉不当易引起根系发育不良，病毒病或根部病害加重。一般情况下，伸根期尽量少灌或不灌，可以浇足移栽水，通过移栽水调足底墒，满足还苗期和伸根期水分需求，提高移栽成活率，引根下扎，促根早发。常规挖穴移栽情况下，根据移栽时土壤墒情，移栽水一般每穴 2~3 kg，移栽时要挖大穴，以便多浇水。

2020 年河南省农科院烟草研究所对垄体滴灌膜上移栽进行了尝试应用，即先在垄体上铺设滴灌带和塑料薄膜，然后滴灌一定时间使垄体达到一定含水量，然后膜上打穴栽烟，覆土。结果表明，常规移栽（先挖穴，然后穴内灌水移栽，后覆膜掏苗）栽后烟株周围土壤含水量达 70%，株间土壤含水量 30%左右，垄体不同位置有湿度差，而滴灌后，整个垄体含水量相对较均匀。栽后 5 d、20 d 测定土壤温度，常规>滴灌 70%>滴灌 90%，土壤湿度相反，增加垄体含水量降低了垄体温度。从栽后 30 d 烟株长势来看，滴灌 70%处理长势最好，整齐度高，滴灌 90%处理整体长势较差，常规移栽整齐度差于滴灌 70%处理。移栽时适宜的土壤含水量不仅影响还苗时间、成活率，还进一步影响伸根期及后期烟苗生长发育。烟苗移栽时土壤含水量相对较高的情况下更有利于提高成活率，但土壤含水量增加会降低垄体温度，另外，过高的土壤含水量情况下，土壤含氧量降低，微生物活性降低，不利于烟苗根系生长。移栽时 70%左右的垄体土壤含水量更有利于还苗伸根期烟株生长发育及均匀性的提升（表 5-26 ~表 5-27 ）。

表 5-26　不同垄体含水量土壤温湿度变化（上午 10:00）

处理		栽后 5 d		栽后 20 d	
		温度/℃	湿度/%	温度/℃	湿度/%
常规（对照）株周 70%株间 30%		21.5	18.2	27.2	11.6
滴灌后栽	70%	21.2	18.5	26.3	15.4
	90%	21.0	22.5	26.0	16.2

表 5-27　不同垄体含水量对烟株生长发育影响（栽后 30 d）

处理		株高/cm			叶片数/片			整体度评价
		最大值	最小值	平均值	最大值	最小值	平均值	
常规（对照）株周 70%株间 30%		23.6	15.2	19.1	12	8	10.8	较整齐
滴灌后栽	70%	23.4	19.3	21.3	12	10	11.3	整齐
	90%	20.1	15.4	18.4	11	9	10.1	较整齐

2.旺长期水分管理

旺长期是烟株一生中需水量最大的时期，此期土壤干旱指标为≤70%。团棵至团棵后 2 周是烟叶需水临界期，对干旱缺水十分敏感，此期干旱会造成开秸开片不良，对烟叶质量造成较大影响，因此旺长期灌水一定要及时、足量。当田间土壤持水量在干旱指标以下时，要及时进行灌溉，即使近期有降水，降水量较小情况下，也要及时灌水。旺长期内，结合降水情况及土壤墒情，要连续灌水 2~3 次。第一次是在团棵进入旺长时，第二次在旺长中期,第三次在现蕾期,使烟田土壤表面保持湿润而不积水,手抓土可成团。

旺长期灌水需水量较大,可采用沟灌或滴灌方式灌溉。沟灌时,水沟不宜过长,两端沟尾堵住,使沟中水分向两边烟垄渗透,每次灌水量35~40 m^3/亩,土层湿润深度达50~60 cm,土壤相对含水量80%以上,但不能使垄沟中积水时间过长。采用滴灌情况下,由于滴灌为局部灌溉,可以根据根系分布确定适宜的土层湿润深度和范围,旺长期滴灌一般要求垄体湿润深度40~50 cm。另外,旺长期是养分需求旺盛期和钾肥追施的关键时期,适宜推广应用滴灌水肥一体化,即结合烟田滴灌同时追施钾肥。滴灌施肥适宜的肥料浓度为0.1%~0.5%,肥料浓度可根据田间土壤条件适当调节,土壤较干旱时可采用低浓度多灌水,土壤较湿润时可采用高浓度少灌水。滴灌施肥,应先滴清水10 min,再滴肥水维持足够时间完成施肥,再滴清水10 min。需要注意的是:每次滴肥后,滴清水15 min,将管道中残留的肥液全部稀释清洗排出,以免滴头处长青苔、藻类等,堵塞滴头;滴肥过程中,定时采样电导率仪监测灌水器流出的水溶液浓度(安全浓度范围通常为1.0~3.0 mS/cm),避免肥害;定期清洗离心过滤器;定期检查、及时维修系统设备,防止漏水;烟叶首次滴灌前和末次灌溉后用清水冲洗系统。

3.成熟期水分管理

成熟期需水量相对少于旺长期,但适宜的土壤含水量有利于烟叶开片圆顶、成熟烘烤和产质提升。成熟期土壤干旱指标为≤60%,当土壤含水量低于干旱指标情况下,干旱无雨情况下,要适量灌溉,可以采用隔沟灌溉或滴灌,适宜湿润土层深度为30~40 cm,即土壤表面稍湿润。同时,由于河南烟区成熟后期降水相对较丰富,同时还要注意烟田排水,防积水。

根据大田期烟草的生长发育特点和需水规律,移栽时水分要充足,促使烟苗还苗成活,伸根期要适当控制水分,促使烟株根系向纵深处发展,旺长期要有充足的水分供应,满足烟草旺盛生长对水分的需要,成熟期应适当供水,促使烟叶成熟和形成优良品质,防止水分过多而造成"返青"或底烘。整个烟草生育期内的土壤水分管理应遵循"控、促、控"的原则。

烟叶生长需要水分较多,但同时对土壤通透性要求也很严格,雨水过多易发生病害,积水还会造成烟株死亡。因此,供水和排水一样重要。要注重烟田排水,尤其烟田生长的后期,烟田积水过多容易导致烟叶"底烘"或"淹死"。多雨天要及时清理沟渠,防止淤塞,雨后田间积水时应及时排除,保持水流畅通,切实做到雨过田干,确保能及时排除田间渍水。

五、群体结构调控烟田均匀性

群体结构一致包括种植密度(行、株距)、打顶留叶数和叶片结构优化的一致,其任何一项措施的差异都可能会增大烟叶均质性的差异。

(一)种植密度

种植密度实际上包含单位面积株数和行株距配置两方面的内容。种植密度受气候因素、品种特性、土壤肥力以及地力因素等影响。降雨条件较好的烟区,叶片发育大,密度宜稀;少雨干旱区,密度宜稍密。叶长而宽,茎叶角度大的品种,密度宜稍稀,反之稍密。土壤结构良好的高肥力烟田，烟株生长旺盛，密度宜稍稀，反之宜稍密。水浇地宜稍稀，旱地宜稍密。平原烟区宜稍稀，丘岗烟区密度宜稍密。确定种植密度要因地制宜。

种植密度影响烟田光照、风速、温度、湿度等田间小气候（见表5-28），烟株团棵期后进入旺长期，随密度增加田间郁蔽程度加大，田间小气候变化。许海良等研究表明，随密度增加，烟草群体叶面积指数（LAI）增加，叶尖距减小，冠层透光率减少。冠层透光率是反映作物群体光环境的重要指标。在烤烟的发育过程中，如果冠层基部透光率过大，意味着群体发展不充分，冠层光截获量减少，漏光损失增大；反之，如果透光率过低，则冠层基部受光不良，是群体郁闭的特征。透光率的差异进一步影响烟叶的光合特性差异。张喜峰等研究表明，随密度增加，光合速率（Pn）、气孔导度（Gs）、胞间 CO_2浓度（Ci）、蒸腾速率（Tr）、叶绿素含量均表现出先升高后降低的趋势。这说明随密度增加，群体叶面积指数（LAI）增加，烟叶光合作用增加，但当密度过大形成郁蔽情况下，气体交换和补偿减弱，田间光合有效辐射量减小，叶片的光合磷酸化过程减弱，对 CO_2的同化能力下降，净光合速率降低，易导致中下部叶片发育不良，影响个体发育和群体发展的协调性，同时郁蔽造成旺长后期烟田空气相对湿度较大，还会加重病害发生流行。

表5-28 不同种植密度对烟田小气候影响（2011年，襄城）

行株距/（cm×cm）	风速/（m/s）			光照强度/（$\mu mol \cdot m^{-2} \cdot s^{-1}$）			温度/℃			湿度/%		
	上部	中部	基部	上部	中部	下部	上部	中部	基部	上部	中部	基部
100×50	0.253	0.148	0.123	597.8	511.8	214.3	24.98	25.10	25.65	54.7	55.4	55.1
120×50	0.285	0.280	0.130	664.0	612.5	293.8	25.63	25.88	25.93	54.0	54.1	54.7
120×60	0.325	0.285	0.165	909.5	814.0	369.0	25.45	25.75	26.05	50.7	53.3	53.4

烟田个体和群体发育受种植密度影响显著（见表5-29）。种植过密，个体营养面积小发育不良，根系欠发达，茎细而弱，叶薄而小，特别是中下部烟叶易底烘，不能正常呈成熟特征；种植过稀，烟株高大，叶片肥厚，烟筋暴梗，虽然单株产量高，但群体小、地力、光能利用率低。适宜种植密度可协调群体与个体发育矛盾，使个体健壮，群体优良，呈优质丰产长相。

表5-29 不同种植密度对烟株农艺性状影响（2011年，襄城）

行株距/（cm×cm）	株高/cm	茎围/cm	叶片数/片	最大叶面积/cm^2
100×50	105.25	8.83	22.42	1 291.57
120×50	106.00	9.09	22.88	1 331.49
120×60	106.30	9.33	23.14	1 433.07

群体结构的适宜性最终体现在烟叶产质量的获得上（表5-30～表5-32）。烤烟个体生长发育状况是构成烟叶品质的主要因素，单株产量和群体产量构成烟叶田间产量，品质和产量共同构成烟田经济效益。密度过大，虽群体产量高，但单株产量低，叶片发育不良，致使烤后烟叶片薄色淡，油分少，内含物不充实，化学成分不协调，香气差，上等烟比

例少,经济效益差;密度过小,易形成过厚的“牛皮烟”、叶片光滑,烟碱、蛋白质含量高,内在化学成分失调,香气吃味低劣,产量低,经济效益差。适宜的种植密度和行株距配置可使个体发育良好,群体结构合理,烟叶产量与质量提高。

表 5-30 不同种植密度烟叶外观质量(2011 年,襄城)

行株距/(cm×cm)	成熟度	结构	油分	色度	叶长/cm	叶宽/cm	单叶重/g	身份	叶色
100×50	成熟	尚疏松	有	中	50.5	25.6	12.4	适中	70%F、30%L
120×50	成熟	疏松	有	强	54.3	25.1	13.8	适中	80%F、20%L
120×60	成熟	疏松	有$^-$	中	55.8	27.4	12.5	适中$^+$	80%F、20%L

表 5-31 不同种植密度烟叶化学成分含量(2011 年,襄城)

行株距/(cm×cm)	烟碱/%	总糖/%	还原糖/%	总氮/%	钾/%	氯/%	糖碱比	两糖比	氮碱比	钾氯比
100×50	2.26	26.62	21.22	1.96	1.29	0.36	9.39	1.25	0.87	3.58
120×50	2.37	24.25	19.26	2.10	1.61	0.39	8.13	1.26	0.89	4.13
120×60	2.70	23.68	18.50	2.10	1.30	0.36	6.85	1.28	0.78	3.61

表 5-32 不同种植密度烟叶产值情况(2011 年,襄城)

行株距/(cm×cm)	产量/(kg/亩)	产值/(元/亩)	均价/(元/kg)	上等烟比例/%
100×50	169.5	1 633.8	9.6	17.0
120×50	168.1	1 689.7	10.1	17.6
120×60	167.2	1 673.8	10.0	16.2

行株距的配置应遵循“适当拉大行距,适量缩小株距”的原则。大行距保证烟田通风透光,促进个体发育,提高烟叶质量;小株距有利于增加群体,增加产量,最终实现个体群体的和谐统一。目前河南各烟叶产区多采用等行距单垄移栽方式,平原区行距 1.2~1.3 m,株距 0.5~0.6 m,每亩栽烟 900~1 100 株较宜,丘岗区行距 1.1~1.2 m,株距 0.5~0.55 m,每亩栽烟 1 000~1 100 株较宜。

(二)打顶留叶

打顶时间与留叶数多少是调控生育后期烟田群体结构的有效手段(见表 5-33)。同一留叶数,随打顶时间的推迟,株高和节距呈逐渐增高的趋势;同一打顶时间,株高和节距随着留叶数的增加呈现逐渐增高趋势。同时也会在株型方面表现出差异,少留叶烟株更易出现伞型,多留叶烟株更易出现塔型。中部烟叶以下叶片的大小受打顶影响相对较小,上部叶片大小受打顶时间和留叶数影响较大,表现为随着打顶时间的推迟和留叶数的增加,上部叶面积减小趋势。合理的打顶和留叶数有利于保证一定的株高、节距和上部叶开片,使烟田处于相对合理的群体结构、适宜的群体叶面积指数(LAI)和良好的通风透光条件,从而为优质丰产奠定良好基础。

表 5-33 不同留叶数对烟株生长影响(黄一兰,2004)

处理	项目	留叶14片	留叶16片	留叶18片	留叶20片	留叶22片	留叶24片
现蕾打顶	株高/cm	43.67	49.22	60	67.56	80.22	87.11
	茎围/cm	9.38	9.22	9.39	9.24	9.00	9.02
	节距/cm	3.12	3.08	3.33	3.38	3.65	3.63
	株型/cm	伞型	伞型	腰鼓型	腰鼓型	塔型	塔型
花蕾伸长5 cm打顶	株高/cm	47.56	59.17	63.22	77.11	82.00	85.22
	茎围/cm	9.39	9.28	9.17	9.03	9.17	9.13
	节距/cm	3.40	3.70	3.51	3.86	3.73	3.55
	株型/cm	伞型	伞型	腰鼓型	腰鼓型	塔型	塔型
20%中心花开放打顶	株高/cm	50.56	62.28	70.67	80.06	88.33	91.22
	茎围/cm	9.2	9.06	8.77	8.92	8.97	9.17
	节距/cm	3.61	3.89	3.93	4.00	4.02	3.8
	株型/cm	伞型	伞型	腰鼓型	塔型	塔型	塔型

打顶时间和留叶数影响烟叶产量和内在品质。留叶数较少时,烟叶烟碱含量相对较高,推迟打顶和增加留叶数,烟叶烟碱含量降低。随着留叶数的增加和打顶时间的推迟,中上部叶单叶重总体呈降低趋势,单产呈增加趋势;相同留叶数,随打顶时间的推迟,产量略有降低,留叶数少时,打顶时间对产量的影响更大,留叶数多时,打顶时间对产量的影响相对较小。相同密度下,烤烟产量、产值均随留叶数增加而显著上升;留叶数一定时,随密度增大,产量呈上升趋势,但产值先升后降。

河南烟叶产区具体打顶留叶要求:肥力中等烟田,一般采用初花打顶,烟株现蕾后随花梗伸长,烟株茎秆伸长,节间距增加,此期打顶有利于改善不同部位烟叶的空间分布,增加叶片间距,改善不同部位烟叶的受光环境,烟田通风透光良好,易形成中棵筒型烟;肥力偏高烟田,可以推迟打顶时间,盛花打顶,使花梗伸长,消耗一定量的过剩营养;肥力稍差烟田,一般采用现蕾打顶,即花蕾抽出 2~3 cm 时打顶,减少花序养分消耗,促上部叶开片。打顶时具体留叶多少也要结合烟田肥力营养状况,肥力偏高情况下,晚打顶多留叶,肥料偏低情况下,早打顶少留叶,中等肥力烟田,一般留叶 20~22 片。另外打顶高度要均匀一致,同一块烟田根据绝大多数的烟株营养状况,在技术规范要求之内,选择一个合适的打顶时期和高度进行打顶,全块烟田烟株高度差异不超过±5 cm,留叶多少要均匀一致,同地块相差不超过 2 片,使烟田不同部位烟叶成熟采收一致。

(三)不适鲜烟优化

烟株在大田自然环境中生长周期长达 120 d,由于受本身部位生长特性、土壤环境、气候因素、病虫侵害、栽培管理等多方面的影响,总有一部分叶片烤后质量达不到卷烟工业的要求而废弃。田间不适采收烟叶优化,就是将这些叶片在烤前提前在田间人为优化处理掉，以达到提高烟叶质量和等级结构及减少烘烤浪费的目的。

1.不适鲜烟优化意义

(1)满足卷烟企业需求　近年来工业企业围绕“大品牌、大市场、大企业”的战略目标，积极推进品牌扩张，品牌规模持续发展和结构拉升，对烟叶原料保障提出了更高的要求，其中对上等烟和中部烟需求量大，市场偏紧，结构性矛盾突出；而上部烟使用量偏少，库存较多，下低次烟更是无人问津，成为烟叶“废品”。因此，面对当前形势，烟叶生产上要满足市场需求，优化田间叶片结构，提高优质烟叶有效供给能力，确保卷烟工业企业战略目标的实现。

(2)提升烟叶质量及其均衡性　一般烟株有效叶数在20~22，下部叶片由于处在光照差、温度低、湿度大的环境，干物质积累少，不耐成熟，烤后叶片薄、油分差、香气量少、吃味平淡，工业可用性差；而顶叶长期处在较强的光照下，干物质积累过于丰厚，烤后身份厚、叶片僵硬、劲头大、刺激性强，同样可用性较差。同时，过多的叶片会造成上下烟叶质量反差过大，质量均衡性受到严重影响，给卷烟配方造成了一定困难。

适时优化这些不适叶片，不但能提升采收叶片的烟叶质量，而且还进一步提高了烟叶质量的均衡性。江厚龙等研究表明，随着打顶期摘除下部叶片的增加，中上部烟的糖分和烟碱含量显著增加，中上部烟以分别摘除2片和3片处理的致香物质含量为最高。欧阳磊等研究表明，随摘除下部叶片的增加，上中部烟叶钾含量显著增加，摘除3片与不摘相比，增加幅度在12%左右；二次打顶叶数对上部烟烟碱含量影响显著，在不摘除底叶的基础上，打掉3片顶叶比不打顶叶，上部烟碱含量增加31%；综合分析产值、等级结构、化学成分等，以摘除2片底叶，打掉1片顶叶为宜。优化不适叶片能促使部位间质量更加均衡，据危阜斌等研究表明，下部优化2片叶加顶部1片叶，烤后烟叶各部位单叶重更加均衡，与对照相比，平均B2F与X2F单叶重的差值，由4.22 g减少为2.37 g。

综合国内大量研究来看，适当优化田间叶片结构，改善了中下部烟叶的通风透光条件，增加了叶片干物质积累，提高了叶片耐熟性，有利于叶片成熟，并使养分分配更加均衡；并不同程度地提高了烟叶外观质量、物理性状、化学成分协调性、评吸质量和烟叶质量的均衡性，使得各个部位烟叶的可用性有了较大的提升。

(3)提高等级结构和经济效益　正常生长的烟株，叶片所处的生长部位基本上确定了其等级质量。脚叶很难进入中等烟序列，下二棚靠下2片叶进入不了上等烟序列，顶叶也较难进入上等烟序列，优化这些叶片就可提高烟叶等级结构，进而提高经济效益。黄夸克等研究表明，摘除不适宜鲜叶可提高烟叶的等级结构，上等烟比例增加5.52%~23.67%，均价增加0.52%~4.56%。江厚龙等研究表明，摘除下部叶片后，烟叶等级结构和经济效益都有不同程度的提高；高肥力地块，摘掉下部2片叶，比不摘除产量提高12.84%，产值增加3.73%；低肥力地块，摘除2片、3片、4片下部叶，产值比不摘除分别提高1.03%、5.15%和7.30%，上等烟分别增加24.32%、29.73%和67.57%。刘丽研究表明，在摘除2片脚叶的基础上再摘除2片下部叶，尽管产量略有减少，但上等烟比例和均价都有所提升，产值效益有明显提高。危阜斌等研究表明，摘除下部2片和留下1~2片顶叶不烤，与常规措施相比，上等烟提高8.77~10.07个百分点，产值增加4.7%。

(4)降低烘烤成本增加收益　一般烟田打掉不适宜叶片3~4片，加上病残叶片，一亩地可优化掉 100~150 kg 鲜烟叶，约占总量的 20%。按每亩采收烘烤挑拣分级成本 600 元计算，可节约成本 120 元左右，同时减少了人力和资源的浪费。

2.原则和方法

田间不适宜烟叶优化的基本原则。一是要依据市场需求：目前全国烟叶生产绝大部分是针对相应的卷烟工业企业实行的定制化生产，优化结构就是要根据工业企业的需求进行适宜的优化。如某些企业偏重中下部叶，对上部叶需求较少，那么在优化时要偏重优化掉上部叶片，适当多留下部叶；如工业企业偏重"上六片"，则要保留达到一定营养的顶叶，重点优化下部叶片。二是要依据当地烟叶收购的等级结构：收购的等级结构包含部位结构比例和等级结构比例，基本上反映了市场需求，优化不适宜烟叶也要围绕着当地收购导向，调整优化目标，使烟叶产出基本与收购吻合。三是要根据经济效益：烟叶生产是高投入农业行业，每亩投入综合成本在 3 000 元左右，每亩收购单产约 150 kg，每千克成本约 20 元，低于 20 元的烤后烟等级就会带来负效益；通过田间预判，及时优化掉价格过低的低等次烟叶，以减少后期的投入，提升综合效益。

（1）部位优化　正常烟株打顶后一般留叶 21 片左右，按部位来分，通常分为上部6 片叶，中部 9 片叶，下部 6 片叶。见图 5-4。

图 5-4　烟株叶片部位分布

下部叶由于通风光照差，干物质积累少，烤后色淡，香气差，工业应用少，因此是首选的优化对象。再有，大多数烟草部门收购下部烟时只收购 X2F 等级以上的烟叶，而 X2F 以上烟叶只能产自靠中部叶的 1~2 片叶，因此，下部叶要优化掉 3~4 片，保留以上烟叶 18 片左右。

上部 6 片叶包含 1~2 片顶叶，而顶叶长期处在较强的光照下，干物质积累过多，烘烤易挂灰含青，烤后身份厚、叶片僵硬、劲头大、刺激性强，杂气多，工业可用性也较差，可根据当地收购等级结构，适当优化掉 1~2 片顶叶。此外，部分烟田施肥管理欠缺，营养供应不足，顶叶未充分开片，达不到上中等烟的尺寸要求，则必须优化掉顶叶，以保证其他上部烟的质量。

部位优化技术方面，一般是在打顶后 5~7 d 优化掉下部 3~4 片叶，在采烤上部叶前优化掉顶叶 1~2 片，或留下顶叶不予采烤，保证可收叶片 16~18 片。

（2）营养优化　对肥力较高的烟田，采取晚打顶多留叶早优化多优化的技术措施，以调节叶片营养均衡。打顶时在盛花期打顶并多留 2~3 片叶，视顶叶生长情况可采取二次打顶。打顶后及时优化掉下部 4~5 片叶片，改善田间通风光照条件，避免下部叶片养分向上转移。

对肥力欠缺的烟田，采取早打顶少留叶晚优化少优化的措施，避免养分流失。初花时就应及时打顶，连同花叶以下的 1~2 片顶叶打掉，打顶后 10 d 左右待顶叶基本圆顶后再优化掉下部 2~3 片烟叶，使得将被优化叶片的营养向其他叶片转移。

因干旱、雨涝等产生的假熟叶片，烤后无使用价值，也应及时优化掉，以改善田间气候条件，确保其他叶片正常生长和成熟落黄。

（3）病叶优化　烟叶在大田中生长周期长，易遭受多种病虫危害。受到侵害的烟株叶片往往生长发育不良，干物质欠充分协调，烤后易产生花片和挂灰，等级和内在品质较差，并且会造成病害的蔓延，因此，也要及时对达到一定程度危害的叶片进行田间优化。

遭受根茎类病害的叶片，一般叶片发黄与正常落黄明显不同，表现在叶色发深，看似落黄但烤后极易形成花叶和糟片，并且整株叶片逐渐失去烘烤价值，因此，对此类病害烟叶不仅是叶片优化，更主要的是整株优化，及时拔除受到侵染的病株。

遭受病毒病侵染的叶片，生长迟缓，营养不良；中等危害时，烤后易产生灰斑；病情较重时，在田间就形成花叶，失去烘烤价值。因此，对达到 3 级以上危害程度的病株要进行整株优化，病情较轻者要加强防治和管理，避免病情进一步加重。

烟叶叶片在大田中后期易出现叶斑类病害，病叶表现出斑点或斑块死亡；根据分级原则，病斑面积超过 20%不能在优等烟内定级，因此，病斑面积超过 20%的叶片也要及时进行优化。

3.优化掉叶片处理

优化掉的烟叶叶片数量较多，不少含有病叶，因此要及时科学处理，避免造成新的污染；同时，还可利用生物技术，生产有机肥料或综合利用，“变废为宝”。处理方法一般有以下几种：①就地掩埋：在地头、地边或附近荒地，挖深坑将优化掉的叶片进行掩埋，以防病株或病叶形成再次病原，侵害健康烟株和污染烟田。②集中销毁：烟草部门可采用适当补助或收购的措施，将优化掉的烟叶集中到指定的销毁地点，统一进行销毁处理。③制作肥料：将不适用鲜烟叶堆放入池子内，浇上少量的水，分层按每 100 kg 鲜烟叶加入 2 kg 生石灰堆捂发酵后，可用作果园、蔬菜园等肥料。也可利用生物技术，将废弃的鲜烟加入一定比例的辅料和发酵剂，经腐熟后制作氨基酸肥料。④生物利用：据《新烟草》报道，中大赛尔公司选用蛋白饲料处理的方式，把不适用烟叶用普通的切草机粉碎，作为抗烟碱蛋白饲料的生长原料，并在其中添加麸皮、糠粉等辅料，经过 5 d 左右的时间，就可以孵化出幼虫。再利用昆虫生物学技术，调节温度、湿度和溶氧量等，诱使幼虫自动爬离处理料配方，这样可以分别得到蛋白饲料鲜虫和剩余基料。

第七节 均质化精准采收烘烤

精准采收烘烤,是实现烟叶均质化生产的重要环节。烟叶成熟度是烟叶品质的核心,成熟采收是提升烟叶质量均质化的先决条件;精准烘烤是提升烟叶质量的重要保证,也是降青减杂提高烟叶等级纯度的重要手段。

一、烟叶成熟与采收

烟叶的成熟度是指烟叶的成熟程度,包含两个方面:一是指在充足的营养条件下,烟叶发育达到的成熟度,称之为田间成熟度;二是烘烤调制过程中内含物质转化达到的成熟度,称之为烘烤成熟度或分级成熟度。田间成熟度是分级成熟度的质量基础,分级成熟度是田间成熟度的最终体现。实现烟叶质量的均匀性,在田间成熟采收方面,就要把控好一次采收的叶片都达到成熟标准,奠定好质量基础。

(一)田间成熟度划分

烟叶田间成熟度是烟叶均质化生产全过程的技术核心,也是衡量烟叶质量的第一要素。根据烟叶在田间生长发育状态和烤后烟质量特点,通常将烟叶成熟度划分为生青、未熟、欠熟、生理成熟、近熟、工艺成熟、完熟、过熟和假熟等不同档次。

在不同成熟度对烟叶质量影响方面,蔡宪杰等研究表明中上部鲜烟淀粉含量以工艺成熟为最高,其次为生理成熟、欠熟和过熟;而烤后烟叶淀粉含量工艺成熟最低,还原糖含量最高,化学成分最为协调,评吸质量最优,其次为生理成熟,过熟和欠熟表现较差。

国家烤烟 42 级分级标准(GB 2635—1992),将烟叶成熟度划分为过熟、成熟、尚熟和未熟四个档次。成熟相当于工艺成熟和完熟,尚熟相当于生理成熟和近熟,未熟相当于不熟和欠熟。上等烟叶都是在成熟档次中产生的,因此,成熟采收是提高烟叶质量和效益的先决条件之一。

(二)烟叶成熟采收

1.烟叶成熟的共同特征

烟叶进入工艺成熟期,由于叶片内复杂的生理生化代谢,烟叶外观形态与色泽发生了明显的变化,烟叶成熟具有以下特征:①叶色变浅并呈现黄色,叶脉变白发亮或退青,整个烟株自下而上分层落黄,成熟烟叶通常表现为绿色减退变为绿黄或浅黄色。②叶面起皱,叶片自然下垂弯曲呈弓形,叶边下卷。③叶面茸毛脱落或部分脱落,有光泽,手摸有黏手的感觉。④叶基部产生分离层,容易采摘,采后断面整齐,不带茎皮。

2.不同部位烟叶成熟特征

烟叶除共性成熟特征外,不同部位还有较大的差异。因叶片着生部位不同,其生理特性、营养、通风、光照等都有很大差异,表现在成熟特征上的差异也较大,因此,在采收时要区别对待,灵活掌握,做到适时采收。一般原则是:下部叶适时早收,在生理成熟期采收;中部叶适时稳收,须达到工艺成熟时采收;上部烟适时晚收,待上部 4~6 片达到工艺成熟或完熟后一次采收。①下部叶：主脉变白，叶尖茸毛部分脱落，叶色呈现黄绿色，以浅绿为主，叶尖叶缘稍下垂。叶龄 50~60 d。②中部叶：主脉侧脉变白发亮，叶面明显落黄，黄绿各半，茸毛部分脱落，叶尖叶缘下垂，叶面起皱，有成熟斑显现。叶龄 60~70 d。③上部叶：主脉全白发亮，叶面黄色明显，以黄为主，叶尖叶缘发白下卷，叶面多皱，黄白色成熟斑明显，田间表现为黄灿灿、亮堂堂。叶龄 70~90 d。

(三)提高质量均质化的采收措施

烟叶质量的均匀性与成熟度、叶片部位、一次采收量等有很大的关系。理论上来讲，正常生长的烟株叶片，每片叶的生长时期和成熟落黄程度在同一时间节点上有所差异。理想状态下，成熟一片采收一片可最大化保证烟叶质量，但实际生产操作中却不现实。一般情况下优化掉下部部分叶片后，每株可收叶片 18 片左右，分 4~6 次采完，平均每次每株采收 3~4 片，再次采收间隔时间 7 天左右。提高质量的均匀性，就是要在一次采收的叶片内，部位和成熟度尽量一致，以缩小叶片内外在品质的差异。

1.分清部位按部位采收

正常烟株上部 6 片为上部烟，其下 9 片为中部烟，在其下为下部烟。由于下部烟市场需求不高，收购等级要求又严，因此烟株叶片优化结构后留可收叶 18 片左右；同时对下部叶成熟度要求不高，所以第一炕一次把下部叶收烤完，最后一炕收烤上部烟，这样就不会造成部位混乱，有利于提高本部位正组率。

2.判定成熟烟叶要准确

烟叶是否成熟，主要是通过感官判定的，单靠烟农自我把握往往会造成一定的失误。因此，采收前烟农要会同专业技术人员共同判断，确定采收的标准和方法。可采用烟草公司发放采收证的方法，在管理上进行干预，避免采收失误。

3.一次采收数量要适宜

采收的数量原则上要掌握“看部位、看成熟度、看烤房、看天”适量采收，做到采收数量与烤房容量相适应。正常情况下，下部叶因耐熟性差，一次可多采 1~2 片叶，上部叶最后 4~6 片待全部达到成熟时一次采收。对中部叶而言，处在烟叶质量最佳的位置，且耐熟性也较好，一次采收数量过多，会造成叶位间质量差异较大，因此，要适量少采多炕，做到“熟一片采一片，不采生不漏熟”，一次每株采收 2~3 片为宜。

4.做好分类采收

由于生产和管理的差异，采收的烟叶素质不是绝对一致。采收前应事先根据田间生长情况，大致划分为烘烤特性相似的几种类型，依采收人员的技术水平分配采摘某种类型的烟叶，做到专人负责、分类采收、分类运输，便于分别编杆和装炕。

5.把控好采收时期

下部烟叶光照差、干物质积累少、成熟较快，适熟期短，要适时早收；一般在处理不适用下部鲜烟叶的基础上，封顶后 10~15 d 内采收。中部烟叶光照充足，通风较好，内含物积累多，叶片厚薄适中，含水量适宜，较耐成熟，要成熟稳收；一般在封顶后 30~40 d 开始采收中部烟叶或下部叶采烤结束后停炕 7 d 左右再采烤。上部烟叶光照充足、通风良好，光合作用强，内含物充足，叶片厚、含水量少，落黄成熟慢，耐熟、适熟期长，可以适当浇水，要充分成熟采收：一般在封顶后 50~60 d 实行上部 4~6 片叶一次性成熟采收。

6.掌握好采收时间

一般应在晴天早晨日出之前采摘，此时容易识别叶色、茎叶角度等成熟特征，同时便于实现当天采摘当天装炕。旱天应趁露水采烟，以利烘烤保湿变黄；涝天应在下午采烟，以减少叶片水分。对于过旱的烟田，应提前几天适当灌水，然后采摘，利于烘烤。烟叶成熟后若遇降雨，可在雨后立即采收，以防烟叶返青。若降雨时间较长，并出现了返青烟，应等其重新落黄后再采收。

二、分类编烟合理搭配装炕

（一）鲜烟分类编（夹）烟

鲜烟分类编（夹）烟是根据鲜烟叶实际成熟的表现、营养水平、损伤程度及叶片大小等，将不同素质的鲜烟叶划类分开，分别进行编（夹）烟。它是提高烟叶质量均匀性的重要手段之一。在实际生产上，同一批次采收的鲜烟，总会混有不同部位、不同成熟度、不同大小的叶片，不进行分类编烟上杆，除造成烘烤工艺掌握困难，烤后烟质量较差外，还影响分级的等级纯度，容易造成混部位、混色、混杂打捆。据鲜烟分类对烟叶质量影响研究，对采后烟叶进行成熟、过熟、未熟与病残叶分类编烟装炕烘烤，与未分类混编的相比，均价提高 5.6%，上等烟增加 5.1%，烤后烟质量较为均匀，初分预检很方便，降低了用工成本。

鲜烟分类编（夹）烟技术方法：①采收分类，采收时根据鲜烟素质的不同分类采收，并分类装运。②编（夹）烟分类，根据鲜烟叶的成熟程度、营养状况、叶片大小等因素划分类别，编（夹）烟前分类挑拣、归类放置，然后进行同类编（夹）烟上杆。③同杆（夹）同质，同一杆（夹）要求部位、成熟度、叶片大小、含水量等基本一致。④密度均匀合适，编（夹）烟时要统一编烟密度，做到密度均匀合适，防止杆与杆之间密度差异过大给烘烤带来困难。编烟过密，会造成通风不畅，易形成挂灰、蒸片和花片；编烟过稀，会造成水分排出过快，易形成青筋青把；同炕编烟密度不匀，会造成通风“短路”，易形成挂灰、蒸片、青筋等杂色烟。正常情况下，长 150 cm 的烟杆，每杆编烟 100~120 片 50~60 束，每束 2 片，叶背相对。下部叶每杆鲜烟叶重 10~12 kg，中部叶每杆鲜烟叶重 12~14 kg，上部叶每杆鲜烟叶重 14~16 kg。针长 14 cm 的烟夹，每夹鲜叶重 15~18 kg。⑤精细操作，防止损伤，编（夹）烟时应在阴凉处进行，地面铺席或架凳操作。日晒、沾土、在地面拉动摩擦等易使烤后叶片挂灰、色暗、颜色不净。⑥先优后劣，鲜烟分类后，先编（夹）成熟度好、素质好的鲜烟，编完后再编其次质量的鲜烟，最后根据烤房容量再编（夹）较差的鲜烟。首先要保证质量好的鲜烟能装入烤房。如果采收鲜烟大于烤房容量，要果断放弃最次的鲜烟，不可强行装炕，造成整炕烘烤质量下降。

（二）合理搭配装炕

合理装炕就是依据密集烤房的特性，把鲜烟合理地装在烤房中；相同素质的鲜烟在烤房内，每一片叶所受温度湿度、叶间风速合适且相对一致是烤后烟质量均衡的基础。装烟过密，排湿不顺，易形成挂灰、蒸片甚至糟片；装烟过稀，烤房内湿度难以维持容易烤青；同一座烤房内装烟密度不均匀，会造成烤房内通风不均匀，温湿度相差过大，给烘烤造成困难。同时,由于密集烤房一端送风、一端排风、强制循环的特性,烤房内挂烟层间、同层区位间温度和湿度会有一定差异,温度最高区域与最低区域在定色阶段甚至达到了温度差 4~5 ℃,同素质鲜烟在不同的区域烤后结果也会有差异。

另外,在多炕同时采收,鲜烟分类后装不同的烤房对烤后质量也产生一定的影响。据陈晓红研究,将一次采收 2 炕的烟叶,分为两大类:一类为成熟度好、素质好的鲜烟装为一炕;一类为过熟、欠熟、病残叶等素质较差的鲜烟装一炕,与不进行分类同装两炕的烘烤结果对比,中部叶的上等烟比例高出 10.1%,下部叶上等烟比例高出 4%,下、中、上三个部位均价和产值均有不同程度提高,外观质量也有较大的提升,烘烤成本有所下降。因此,合理装炕对于提升烤后烟叶质量及质量均质化会产生积极的影响。

合理搭配装炕技术方法:①装烟要密,"装烟如同装水",装烟要达到一定的数量才能保证和维持炕内的水分,利于烟叶充分变黄,过稀会导致叶片水分散失过快,烤后易出青烟,但也不能过密,以免造成通风排湿不畅。正常情况下装烟室长 8 m 宽 2.7 m、三层挂烟梁的密集烤房,装鲜烟 4 500~5 000 kg。使用烟杆时,相邻两杆中心间距 8~12 cm,下部叶 8 cm,中部叶 10 cm,上部叶 12 cm,涝天、叶大、含水多的叶片适当少装,反之要相应多装。②装烟要匀,同一挂烟层不但杆距要匀,而且不同层之间数量要均匀一致,避免不同层叶片间风速不一致,影响烘烤质量。若出现装烟数量稍有不足时,不可盲目加大杆距,应适当空出靠门口位置,空缺地方用木板填塞严实,避免形成通风短路,排湿不匀。③同炕同质,同一烤房内的鲜烟素质要均衡,烟叶品种、部位、成熟度、营养水平、叶片大小等基本一致。一次采收可装多炕者,可先选鲜烟素质接近的装一炕,鲜烟素质较差的另外装炕。④位置合理搭配,利用密集烤房不同棚次温度差和风速差的特性,把过熟、含水多的鲜烟装在高温棚位置,以利及早定色;把成熟度稍欠、内含物较多的鲜烟装在低温棚位置,以利充分变黄;适熟叶、质量较好的鲜烟装在中间棚次,以利适时变黄定色;通过合理调配装烟位置,可实现保住好烟、提升差烟的烘烤效果。⑤装烟时间一致,同一烤房所装的烟叶,应是同一天采收的烟叶,编烟、装炕尽可能在一天内装完,避免因时间不一造成所装鲜烟有所差异。⑥确保观测准确,靠近观测窗、炕门口的样杆要事先选定,对全炕烟叶具有代表性,确保观测准确,防止观测失准而造成烘烤失误;同时避免常开大门进行观测,导致炕内温度不稳而影响烘烤质量。

三、青杂烟原因分析

提高烟叶烘烤质量的均匀性烘烤设备是保障,烟叶成熟采收是基础,烘烤工艺是核心。烘烤结果是田间正常成熟烟叶质量的体现,理论上讲通过合理的烘烤方法可全部烤出烟叶应达到的品质,但实际烘烤结果说明还未能实现,如 2016 年和 2017 年全国平均烘烤损失率 10.16%,黄淮烟区达到了 17.1%,准确掌握烘烤工艺和操作依然是提高烟叶品质的重要途径之一。

从河南烟叶调往工业企业的烟叶原料来看,烟叶质量存在的主要问题之一是含青(青黄、浮青、青筋、青斑、青痕等)含杂(挂灰、蒸片、洇筋、烤红等),这些叶片不但严重影响烟叶质量的均质性,而且使吸食质量变得香气少杂气重,可用性差。因此,正确分析青杂烟产生的原因,找出解决的办法,采取相应的技术措施,才能提高烟叶质量均质化程度。

（一）叶片含青

叶片含青原因：①采收烟叶成熟度不够，主要是对各部位成熟烟叶特征把握不准，采收未充分成熟的叶片，使烟叶在炕内不能彻底变黄或不敢彻底变黄。②鲜叶分类不到位，不同成熟度的烟叶编（夹）在一起，同杆烘烤，变黄差异较大，造成成熟度欠缺的叶片变黄不足，形成含青。③配炕烟叶素质差别较大，同炕烟如装有不同地块、不同部位、不同鲜烟素质的烟叶，烘烤工艺操作难以把握，造成部分含青。④机械损伤，鲜烟在采收、运输、存放、装炕过程中受到机械损伤和太阳灼伤，受害部位细胞失水提前干燥，烤后出现局部不规则的青色，形成青痕。⑤烤房密封不严，尤其是装烟大门，常年失修易跑风漏气，造成炕内湿度过低，烟叶不能充分变黄。⑥起火温度过高，点火后很快升温超过38 ℃，容易使顶棚的高温区叶基部位未及时变黄，造成叶基部含青。⑦变黄期变黄程度不够，变黄时间短，转火过早，变黄不充分，且升温较快，易造成叶基和叶背含青。⑧定色期时间短升温速度快，在45～50 ℃期间停留时间过短，叶片未达到黄片黄筋温度超过50 ℃，形成青筋、浮青和回青，尤其是上部烟叶，表面看到变黄程度达到了要求，但叶内变黄程度较轻，提温过早更易形成浮青。

（二）叶片挂灰

挂灰分为热挂灰、冷挂灰和饿挂灰。热挂灰是烟叶烘烤过程中猛升温，叶内细胞水分强行排出，细胞破裂，产生点状或斑块状黑褐色；冷挂灰是烟叶烘烤过程中降温幅度过大，烤房内的水汽在叶面上凝结为细小水珠，产生棕色化反应，变成黑褐色斑点或斑块；饿挂灰是指烟叶在烘烤中干物质消耗过度受损，但又达不到糟片的程度，表现出叶片呈现点片状黑褐色。

叶片挂灰原因：①烟叶成熟过度，过熟烟叶内含物消耗过多，组织疏松，细胞间隙大，烘烤时很容易使养分进一步消耗枯竭，表现出黑点和黑斑形成挂灰。②烘烤中变黄过度，烘烤前期烟叶变黄过度未及时定色，引起干物质过度消耗而形成挂灰，表现在叶尖叶缘较严重，其他部位较轻。③定色期升温过快，烟叶在定色期水分较多的情况下升温过快，叶内水分强行排出，细胞破裂，引起棕色化反应形成挂灰。④定色期掉温幅度过大时间过长，烤房内的水汽在叶的表面凝结为水珠，大量放热烫伤叶组织形成挂灰。⑤鲜烟素质差异，下部叶干物质含量少，烘烤中消耗较快，易产生饿挂灰；上部叶组织紧密结合水多，排出较慢，易产生热挂灰；长期干旱影响的叶片，营养物质与水分不协调，烟叶小而厚，易形成挂灰和含青；烟叶在田间受风互相摩擦致伤，烤后易出现挂灰；烟叶受蚜虫、烟粉虱等刺吸害虫危害，烤后易在危害部位形成挂灰。

（三）叶片蒸片

蒸片与糟片相比，颜色呈褐色，叶片尚有一定的弹性。叶片蒸片原因：①定色期升温过猛、湿球温度过高，定色阶段在烟叶含水尚多时猛升温，叶内水分大量汽化而不能及时排出，造成湿球温度异常偏高（定色期湿球温度在41 ℃以上），且时间过长（超过3 h），易造成蒸片。②叶片未全部干燥进入干筋期，定色后期，55 ℃前叶片未全部达到干燥（尤其是叶基部）进入干筋阶段，易造成叶基部蒸片。③编烟过密，装烟过稠，随温度的升高水分大量汽化，编烟过密、装烟过稠使叶片间隙通风不良，排湿不顺，形成蒸片甚至全炕蒸片。④烤房排湿不良，烤房排湿不良或大量排湿时用低挡风速，造成通风排湿不畅，也易形成蒸片。

(四)叶片烤红与色暗

烤红是烟叶中的胡萝卜素和叶黄素在高温高湿下氧化分解,红色物质(主要是多酚和氧化芦丁)表现出来的结果。烤红烟有闻香但吸食无味。烤红产生原因:①干筋期温度过高,超过 75 ℃时,易形成斑点斑块状的烤红。②干筋期湿度过高,湿球温度超过 43 ℃时,易产生通身烤红的叶片。

烤后烟叶色暗除与鲜烟本身素质有关外,更主要的是与烘烤中温湿度掌握有很大的关系:①定色期湿球温度过高,如湿球温度超过 41 ℃,水汽排出缓慢,水汽在已经或正在干燥的烤房环境中停留的时间过长,就易形成颜色暗淡。②定色期湿球不稳,忽高忽低,主要是温度在 45~55 ℃之间,湿球温度忽高忽低,造成水分汽化与排出动态失衡,易形成色泽不鲜亮。③干筋期进风口和排湿口全封闭,尤其在干筋后期和停火前,进风口和排湿口全封闭,易使水汽在烤房内进一步循环,使得烤干的叶片鲜亮度下降。

四、降青减杂烘烤技术操作

烤后烟出现青杂,既有烤房、采收、运输、编烟、装炕等方面的原因,更主要的是烘烤操作失误造成的。降青减杂烘烤技术的核心,一是采用适宜的烘烤工艺,总体上把握烘烤方向;二是明晰烘烤中产生青杂的原因,重点把控易出现青杂的烘烤节点;三是要判断准确,使变黄与干燥相适宜;四是精心操作,保证烘烤工艺正常运行。

三段式密集烤房烘烤工艺是河南省烟叶目前通用的烘烤工艺,此工艺技术是根据鲜烟素质和特性,结合烟叶密集烘烤研究成果而形成的一套简化烘烤方法。其关键核心是"低温中湿慢变黄,中湿定色慢升温,变速通风慢排湿,关键节点稳时间,微风干筋保香气",强调烟叶在低温充分变黄、转化,形成更多的香气前提物质,延长干球温度 54 ℃时间,增加香气物质形成量,尽量降低烟叶干筋温度,减少香气物质挥发散失。

三段式密集烤房烘烤工艺把烘烤过程分为变黄、定色、干筋三个大的阶段,每个阶段又分为升温阶段和稳温阶段。烘烤工艺基本模式如图 5-5 所示。

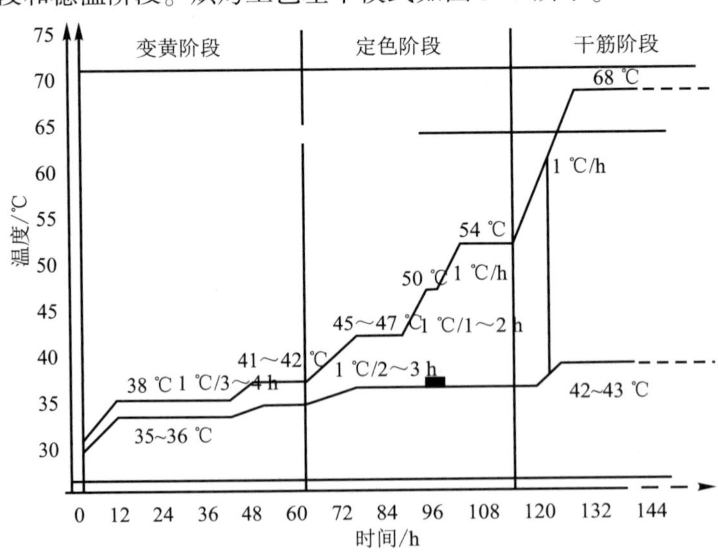

图 5-5 三段式密集烤房烘烤工艺模式

(一)变黄阶段

(1)温度范围　36~42 ℃,点火或通电开启热泵主机,升至42 ℃,可分36 ℃、38 ℃和42 ℃三个稳温小阶段。

(2)主要任务　烟叶大量变黄,适度失水,形成大量香气前提物质。变黄阶段在创造条件促进烟叶变黄的同时,还要使烟叶适度失水,确保失水程度与变黄程度相协调,打好烟叶外观质量基础和定色基础。

(3)烟叶变化程度指标　在变黄阶段结束前,要达到两个指标。一是烟叶叶面基本变黄或全黄(黄片青筋或黄片黄筋);二是烟叶充分凋萎塌架,主脉变软(全叶失水30%~40%)。

(4)基本操作

1)装炕结束后清扫烤房地面,清除进风道、排风道、回风道等杂物,关严炕门及外进风门。

2)点火或通电开启热泵主机时同时启动循环风机,先用高速挡,2~3 h后调换到低速挡连续运转,以每小时1 ℃的升温速度,升温至35 ℃(高温棚次,下同),稳定6 h左右,然后继续升温至38 ℃,干湿差2 ℃左右,保持稳定,等待高温棚次烟叶变黄与凋萎,稳定时间一般20 h左右,具体时间长短以烟叶变化达到要求为准。

3)待高温棚次达到黄片青筋、凋萎发软后,转换风机风速为高速。同时以每小时0.3 ℃的速度升温,升至42 ℃稳定,湿球保持稳定在38 ℃左右,等待低温棚次的烟叶变黄凋萎。

4)待低温棚次烟叶达到大部分黄片黄筋、凋萎发软后,升温进入定色期。

(5)变黄阶段降青减杂技术要点

1)不装热炕:装炕前要大开炕门、进气窗、排气窗,启动风机运转,尽量使炕内温度接近室外温度,避免装热炕造成叶片含青。

2)装炕后要及时点火烘烤,不可在点火前烟叶在炕内停留时间过长,以免鲜烟起温发热,形成花片糟叶。

3)注意点火后在35 ℃时要短暂停留一段时间,避免高温棚次在升温过猛情况下产生青尖和青把。注意:变黄温度不可过低,温度过低,低温棚次烟叶发凉不变黄、不凋萎,后期易形成青糟烟。

4)避免"硬变黄"烟叶出现,"硬变黄"烟叶是指在烟叶变黄后仍处于膨胀不发软状态的烟叶,此现象对烟叶烘烤质量威胁很大,轻者导致烟叶叶色发暗挂灰,重者导致烟叶烤糟。产生硬变黄的主要原因:一是点火后闷炕变黄,烤房内烟叶一直处于高湿状态,由于排湿过晚形成"硬变黄";二是烤房在排湿过程中出现问题,烤房内水分不能及时排出而形成"硬变黄"。

5)适当延长变黄时间,把握好转火时机,从38 ℃转42 ℃重点是看高温棚次的烟叶,兼顾其他棚次;从42 ℃进入定色阶段是看低温棚次,兼顾其他。转火过早,烟叶未达到一定的变黄程度,进入定色阶段后定色过早,易产生烟叶含青;转火过晚,烟叶变黄过度,易产生挂灰。

(二)定色阶段

(1)温度范围　42~54 ℃。可分45~47 ℃、50 ℃和54 ℃三个稳温小阶段。

(2)主要任务　叶片烟筋全黄定色,干片增香。进入定色阶段有三个基本任务:一是叶片变黄扫尾,把在变黄阶段还未完全变黄的叶片使之在定色阶段前期完全变黄;二是促使烟筋完全变黄,在变黄阶段因温度较低,烟筋变黄较为困难,转入定色阶段后,利用较高的温度促使烟筋全部变黄;三是把烟叶已经变黄的色泽和优良品质性状及时固定下来。同时要防止多酚氧化酶的氧化作用导致烟叶由黄转褐色。

(3)烟叶变化程度指标　45~47 ℃,使高温棚次烟叶达到黄筋黄片小卷筒,50 ℃前使低温棚次烟叶达到黄筋黄片小卷筒,54 ℃时稳定,使全炕烟叶达到大卷筒。

(4)基本操作

1)烟叶变化达到要求后提高温度,进入定色期,风机继续高速运转。以每小时0.3~0.5 ℃的升温速度逐渐升至干球温度45~47 ℃,湿球温度37~39 ℃保持稳定,“黄烟等青烟,黄片等青筋”,达到高温棚次烟叶黄片黄筋小打筒;低温棚次烟叶9~10成黄,充分塌架并勾尖卷边。该阶段保持时间依烟叶变化确定,最低12 h,也可达48 h以上。

2)然后以每小时0.5 ℃的升温速度升至干球温度50 ℃,湿球温度38~39 ℃。保持4~12 h,使低温棚次的烟叶完全黄片黄筋、小打筒。循环风机升温阶段高速运转,稳温阶段叶阻大时高速运转,叶阻小时低速运转。

3)之后再以每小时1 ℃的升温速度升至干球温度54 ℃,湿球温度保持38~39 ℃,稳定至各棚烟叶全部大打筒,保持时间12 h以上。

(5)定色阶段降青减杂技术要点　定色阶段是整个烘烤过程中最重要的阶段,也是较难控制把握的阶段,大多数烤后烟出现的含青含杂,就出自此阶段。

1)升温要慢　定色阶段50 ℃前,每提高1 ℃的温度,要用时2~3 h。进入定色阶段,烟叶还含有较多的水分,定色阶段要排出鲜烟叶原始水分的40%~50%,如果升温过快,势必导致烟叶内水分汽化加快,造成烟叶细胞破裂,细胞内物质外渗,在多酚氧化酶的作用下变为褐色,形成挂灰。此外,升温过快,叶片部分含绿还未充分变黄,也易形成烤后含青。

2)升温时要“稳湿球、升干球”　在烟叶水分还较多的情况下,湿球基本上代表烟叶的温度,稳定烟叶温度可使烟叶活性保持相对恒定,内在成分变化也比较稳定。如果升温时干湿球同步上升,烟叶温度增加,易导致细胞膜破裂,造成烤后颜色发暗或挂灰。

3)注意温度节点与叶片干燥程度的对应关系　叶片水分较多而温度较高时易产生蒸片,注意:高温棚次烟叶达不到小卷筒、低温棚次烟叶达不到勾尖卷边,温度不超过50 ℃,全炕烟叶达不到大卷筒,温度不超过54 ℃。

4)防止浮青和回青　定色阶段45~47 ℃是安全定色温度,在此时期叶片未充分变黄的部分还可继续变黄,已变黄的部分安全定色。因此,在此温度段要大胆延长时间,保证叶片充分变黄。此外,提温前要进入烤房仔细观察,把有代表性的叶片最好拿到烤房外进行查看,以免由于在烤房内判断不准而造成烘烤失误。

5)防青筋　一般情况下,温度超过50 ℃青筋很难变黄,因此,注意烟叶达不到黄片黄筋时,温度不超过50 ℃。

6)避免潜在青杂风险　在54 ℃时充分延长时间,一般在12 h以上,既促进了烟叶香气物质形成和积累,又可减少部分区域叶片未完全干燥带来的挂灰、蒸片风险。

(三)干筋阶段

(1)温度范围　54~68 ℃。可分 60 ℃和 68 ℃两个稳温小阶段。

(2)主要任务　烤干主筋,同时减少香气散失。

(3)烟叶变化程度指标　烟叶全部干燥。

(4)基本操作

1)定色结束后,以每小时 1 ℃的升温速度将炕内温度升至 60 ℃,湿球升至 41 ℃保持稳定,稳定 6~10 h,使主脉半干。

2)然后以同样的升温速度升温至 68 ℃保持稳定,湿球稳定在 42 ℃,使全炕烟叶主脉全干。此期风机低速转动。

(5)干筋阶段降青减杂技术要点

1)防洇筋　干筋期温度不能掉温,如掉温幅度较大,主筋内的水分会渗透在叶片内,形成洇筋。

2)防烤红　湿球不要超过 43 ℃,干球不要超过 70 ℃,以免出现烤红。

3)防闷色发暗　湿球过高,易出现叶色发暗,因此干筋阶段湿度要控制在 42 ℃以内。同时要避免停火时紧闭排湿窗和立刻关闭风机,以防烤房内局部温湿度上升产生烤红。

4)防香气散失　干筋期应保持风机低速转动,干筋后及时停火,以防叶片油分和香气散失。

五、降青减杂烘烤技术的灵活应用

烘烤的基本原则是看鲜烟素质制定烘烤工艺。在实际烟叶生产中,往往受到烟株营养、管理、气候条件等方面的影响,鲜烟素质会有较大的差异,因此,要根据不同的烟叶素质采取相应的变通烘烤工艺,才能达到烘烤质量均匀目的。

烘烤工艺的操作原则有两个。一是“四看四定”原则,即看鲜烟质量定烘烤技术,看烟叶变化定所需要的干湿球温度,看干球温度高低定烧火大小,看湿球高低定进风门开度大小。二是“四严四灵活”原则,即烘烤技术应用同鲜烟叶素质相适应要严,具体掌握要灵活;干湿球温度与烟叶变化相适应要严,各阶段维持时间长短要灵活;确保干球温度在规定范围内要严,烧火大小要灵活;各阶段湿球温度适宜且稳定要严,进风门开度大小要灵活。在烘烤中灵活应用的核心就是根据烟叶的部位、营养、鲜烟素质等,适当调整干湿球温度和变黄干燥进程,使变黄与干燥相协调,达到烤好的目的。

(一)变黄阶段干湿球温度的调整

正常情况下变黄稳温段的干球温度为 38 ℃。但烟叶含水少、易烤青、外界气温较低、装炕过稀的情况下,可采用稍低的温度(35~37 ℃),以利保湿变黄;烟叶含水较多、叶组织紧密、难以失水凋萎的烟叶,可采用较高的温度(39~40 ℃),以利脱水凋萎变软;对水分过多、叶片干物质含量较少、易烤黑的烟叶,则要采取“先拿水、后拿色”的方法,先闷炕快速升温到 40~42 ℃,稳定几个小时后大量排湿,然后降温到 38 ℃再进行正常烘烤。

湿球温度的掌控也要根据烟叶素质而定。干球温度 38 ℃时,正常烟叶干湿球差一般在 2 ℃;身份厚、含水少、变黄慢、易烤青的烟叶,掌握干湿球差 1 ℃左右;含水多,易烤黑的烟叶，干湿球差可适当拉大，达到 3 ℃左右。

（二）变黄进程的调整

下部叶、含水较多、干物质欠充实的烟叶，38 ℃变黄到 7~8 成就可转火升温，在42 ℃时稳定，烟叶变黄到 8~9 成黄时转火升温至 45~47 ℃稳定，使烟叶黄片黄筋；中部叶、含水适宜、干物质充实的烟叶，38 ℃变黄到 8~9 成再转火，在 42 ℃稳定，使烟叶变黄到大部分黄片青筋再升温至 46~48 ℃稳定，使烟叶黄片黄筋；上部叶、含水较少、片较厚的烟叶，在 38 ℃要充分延长变黄时间，使烟叶变黄到 9 成黄，然后转火到 42 ℃稳定，使烟叶变黄到黄片黄筋，然后慢升温到 48 ℃左右，保持使全炕烟叶黄片黄筋。

六、特殊类型烟叶降青减杂烘烤

河南烟叶一般从 7 月上旬开始烘烤，直至 9 月下旬甚至 10 月上旬烘烤结束，时间跨度较长。其间往往受到降雨时空分布不合理、温度急剧变化、光照条件不正常等非人为因素的影响，造成烟叶不能正常生长发育和成熟落黄，形成诸如旱黄烟、返青烟、后发烟等特殊类型的烟叶。这些烟叶烘烤特性较差，烘烤过程不易把握，烤后易出现含青含杂。因此应根据这些特殊类型烟叶的自身素质条件，采取相应的采烤策略，才能实现降青减杂的烘烤目的。

（一）旱黄烟

旱黄烟是由于烟叶长期受到严重干旱，烟叶“未老先衰”，不等到真正成熟就提前落黄的烟叶，系干旱胁迫下的假熟，并非真正的成熟落黄。若解除干旱，烟叶仍会返青并恢复生长。因此，应及时灌溉使其恢复生长，等真正成熟落黄后再采收烘烤。若无灌溉条件，应尽可能推迟采收，等待降雨。若烟叶已出现枯尖焦边，应及时采收烘烤，避免更大损失。

（1）烘烤特性　内含物欠充实，叶片结构紧密，保水能力强，脱水较困难，烟叶较难变黄和变黄速度慢，容易出现烤青和挂灰。

（2）采收装炕　旱黄烟含水少，采收时应在清晨采烟，尽量采“露水烟”，增加烟叶含水量；编烟易稀，装炕易满，以利烟叶保湿变黄；由于旱黄烟在变黄期脱水较慢，而在定色期脱水集中，装烟时也不宜过密，以防“闷炕”。

（3）烘烤要点

1）高温拿水增湿度　宜控制较高的起火温度，变黄前期干球温度控制在 39~40 ℃一段时间，促使烟叶脱出适量水分，增加烤房湿度。

2）中温高湿促变黄　烟叶发软后，再适当降低温度到 37~38 ℃，稳定温度变黄，注意保湿，保持干湿差 0.5~1 ℃，防止烟叶失水过多而难以变黄。

3）转火时变黄程度要略低　转火定色时，烟叶变黄程度应比正常烟叶略低一些，失水程度略高一点，一般烟叶变黄达到九成黄，叶片充分塌架，主脉二分之一变软即可转火定色。

4）低湿定色延长时间　在 48 ℃关键节点延长一段时间，控制湿球略低，保持在 37~38 ℃，保证烟筋和叶片局部含青部位在含水较多时变黄，同时变黄后又能够及时排出水分定色。50 ℃之前湿球温度保持 38 ℃，50 ℃之后湿球温度适当升高，控制在 39 ℃左右。

(二)返青烟

返青烟是指已接近成熟或已经成熟的烟叶,受到较长时间降雨影响,重新返青发嫩,失去成熟特征。返青烟最好等天晴之后,烟叶再次表现成熟落黄特征时采收烘烤,若天气连阴下雨,拖延时间可能使烟叶在田间无烘烤价值时,也要及时采收。

(1)烘烤特性　返青烟叶绿素和蛋白质明显增加,而碳水化合物明显减少,化学成分不协调,烟叶水分多而保水能力强,烘烤时变黄和脱水都困难,变黄后变黑速度也较快,易烤性和耐烤性都较差,烤后易出现含青、含杂和糟片。

(2)采收装炕　天气连阴下雨,盼晴无望时要及时采收,采收时最好抓住在不下雨、叶片无明水的下午时采收,以减少叶片含水。编烟装炕时宜稀,通常装炕是正常的6~8成。

(3)烘烤要点　采用“高温变黄、低温定色、边变黄边定色”的技术思路。一般变黄温度控制在40 ℃左右,干湿差温度保持在4 ℃,加速烟叶失水速度,防止硬变黄。转火定色时,烟叶变黄程度应比正常烟叶略低,失水干燥程度略高,防止后期定色困难形成挂灰或糟片。45~47 ℃应稳温延长时间,控制湿球37 ℃左右,直至烟叶全黄,叶片勾尖卷边小卷筒。

(三)后发烟

后发烟主要是由于大田烟株生长前期干旱,肥效未充分发挥利用,中后期遇雨水较多而形成烟叶后发。

(1)烘烤特性　烟叶身份较厚,干物质积累较多但内含物欠协调,叶片结构相对较为紧密,烘烤中烟叶易出现挂灰、青筋、红棕等现象。

(2)采收装炕　后发烟因季节推迟而难以真正成熟,有时会出现顶叶先熟,而被顶叶遮蔽的下面烟叶却迟迟不能落黄;有时叶面落黄不均匀,叶尖部分落黄而基部呈现绿色,或叶片发黄而筋不发白。采收时应根据成熟特征、叶龄、气候综合考虑,可打乱正常采收程序;做到“熟一片采一片、上边熟采上边、下边熟采下边”;天气晴好尽量推迟采收使成熟特征表现明显,如遇恶劣天气(如大风、强降温等)应及时采收避风险。后发烟成熟度差异较大,要注意分类采收、分类编烟和合理装炕。

(3)烘烤要点　变黄期,先在36 ℃稳定一段时间,保持干湿差1.5 ℃,使叶尖变黄发软;然后慢升温至38 ℃,保持干湿差2~3 ℃,延长时间使叶片基本变黄发软;再慢升温至41 ℃,保持湿球37 ℃左右,使烟叶完全变黄凋萎。定色期,慢升温至46~48 ℃,湿球继续稳定在37 ℃左右,充分延时,使烟叶边变黄边干燥,至烟叶黄片黄筋小打筒。

第八节　均质化生产机械作业

烟草机械化代表着现代烟草农业的发展方向,也是烟叶均质化生产重要的技术措施。在烟叶生产的育苗、土壤耕整、施肥施药、烟苗移栽、打顶留叶、采收烘烤等不同环节有许多可选用的烟草机械,使用机械作业不但可提高劳动效率,减少用工节省成本,而且还可通过农机与农艺融合,实现烟田管理与烟株生长的均匀性。本节结合烟叶生产实际,根据项目成果及其他烟草机械等方面的研究,简述烟叶均质化生产机械作业技术要求与应用配套机械设备。

一、均质化生产机械作业技术要求

(一)烟田规划与耕整

1.烟田规划

烟田最好连片成方,地块宽度不限,长度以 80~170 m 为宜,并提高土地利用率。交通便利,土壤适宜,相对平整。水源水质灌溉条件良好,50~60 亩地一眼深井或一处灌溉水源,满足喷灌、滴灌等节水灌溉系统水肥一体化配套需要。烟田四周要根据实际地理情况开设排水沟渠,达到旱能浇涝能排。土地实行园田化规划,实现烟田沟渠、烟田道路配套。地头预留 6 m 左右宽的机械作业带,满足各种大中小型机械作业和配套灌溉设备要求。建立烟田基本信息系统并编码建档,包括烟田编码、面积、分布、基础设施、配置机械设备数量等。

2.烟田整地

在前茬收获后未上冻前(无绿肥烟田),适时用卫星平地机平整土地,然后土地深翻(深度 30~35 cm)。绿肥掩青烟田,10 月 20 号之前完成播种,第二年 3 月 10 日到 3 月 20 日之前完成掩青,掩青两周后,3 月底之前完成旋耕。耕地应适时,深耕不乱土层,且深浅一致,为烟株根系生长创造疏松通透的土壤环境。需要配套大型通用型拖拉机、激光整地机、旋耕机、翻转犁等机械。

3.施肥起垄

施肥主要肥料类型为芝麻饼肥、复合肥或混配肥、硫酸钾及磷肥。遵循“控氮稳磷增钾”和增施有机肥的原则,确定不同肥料条施用量,肥料充分混匀。根据农田墒情,冬前或来年 3 月实施起垄施肥。作为基肥的肥料在起垄过程一次施入,肥料深度 15~20 cm,肥料幅宽 20 cm 左右。起垄要求垄距 110~130 cm,垄底宽 85~95 cm,垄高 20~30 cm,垄体呈圆弧形,垄体平直、饱满均匀、虚实适当。采用的施肥起垄机械为多行或单行起垄施肥机,配备 37.5 千瓦以上拖拉机与卫星定位导航系统。

(二)苗床机械剪叶

剪叶是为了实现移栽时烟苗大小及健壮程度整齐一致。5 片真叶第一次剪叶,时间在 4 月上中旬;第二次第三剪叶在烟苗 7~8 真叶时,时间在 4 月下旬。剪叶根据烟苗长势与大小,确定剪叶次数,一般 2~3 次。若烟苗达不到机械移栽要求的烟苗高度,第二次剪叶可适当推迟 3~5 d,利于拔茎增高;若出现烟苗等地的情况,应加强断水与剪叶控制烟苗生长。剪叶易造成病害,剪叶时要进行刀片消毒,并防止碎叶遗漏在苗床中。

(三)机械移栽与覆膜

1.机械移栽

苗龄不超过 60 d,颜色浓绿,真叶 7~8 片,茎高 6~8 cm,茎围 2~2.4 cm,茎部纤维化程度高有韧性,根系发达,无病害,群体整齐健壮。机械移栽要求垄体大小均匀,垄沟平直,土壤疏松无大“坷垃”,地头预留 1.5~2 m 宽调头空间,田间无作业障碍物,土壤水分适宜。机械移栽作业时选用高茎无病壮苗,不伤苗,烟苗移栽直立度好,行直株匀,封土严实,无倒伏无缺苗,栽植率≥98%,株距 50~60 cm,移栽深度 10~15 cm,作业效率 1.5~

2.5 亩/h。要根据土壤水分情况浇灌适量定根水，每穴 250~600 mL，为防治病虫害定根水可配用杀虫剂及防治病害农药。河南烟叶适宜栽期为 4 月 15 日到 5 月 10 日，连片烟田需要 5~7 d 时间完成移栽。机械移栽需要配置多行或单行移栽机、拖拉机、运苗车。机械移栽人员配置为拖拉机手 1 人，移栽投苗人员 1~3 人，运水运苗 1 人。

2.机械覆盖地膜

采用单行覆膜机械，地膜宽度 80~90 cm，厚度大于 0.8 mm。覆膜拉紧压实，覆盖整齐规整，覆膜后膜面裸露宽度 40 cm 左右，以确保光照面积，发挥覆膜效果，且膜面完整无破损。在烟叶移栽后当天覆膜，应与烟苗移栽同步进行，集中连片烟田一般 5~7 d 完成覆膜。采用抗风覆膜机，用 16 kW 以上动力拖拉机牵引。机械覆膜一般由一人驾驶拖拉机单人完成。机械覆膜后地膜边覆盖不严或由机械拉伤地膜处，应及时人工修整覆盖；移栽烟苗后覆盖地膜的烟田，应及时人工掏苗，烟苗四周用土封严压实，防止四周通风散墒。

(四)田间管理机械作业

1.机械揭膜清膜

使用的机械为揭膜清膜机。按适宜揭膜时机及时揭膜，并将残膜全部清除出烟田。揭膜要做到三看：一看地温，地表温度晴天稳定在 28 ℃以上时揭膜培土；二看烟株长势，烟株达到团棵开始进入旺长（移栽后 35~45 d）揭膜；三看节令，在雨季来临之前揭膜有利于烟田土壤吸纳雨水；若缓苗期发现烟苗发育迟缓、有根茎类病害烟田，应尽早揭膜高培土。

2.机械中耕培土除草

（1）机械中耕　使用的机械为小型或微型中耕机。天旱时，应及时中耕保墒；雨后或灌溉后应及时进行中耕松动表土，防止土壤板结，促进根系生长。中耕培土时，尽量减少对根系伤害，以减少病原物从伤口侵入。中耕深度为根部 10 cm 范围内，浅耕深度 3~5 cm，垄体与垄沟深耕深度 10~15 cm，疏松土壤，提高地温。

（2）机械培土　使用的机械为中耕培土机。揭膜后培土高度应根据烟株的长势、土壤结构、土壤墒情、当地气候灵活掌握。培土要与茎基部紧密结合，做到垄体充实饱满，以利于生长不定根。培土应选择晴天，雨天或土壤湿度过大时不宜进行。培土后要做到沟直、沟平、土碎无杂草，排水通畅，灌水方便。

（3）机械除草　中耕培土除草农艺操作可选用多功能田间作业平台或单一的培土机械或中耕培土除草多功能一体机械，结合中耕培土完成除草，除草时要把杂草茎和根消除干净。在中耕培土除草过程中，应注意风向及不伤烟苗，操作人员熟悉机械操作要求，保证机械与人员的安全性。

3.机械喷洒农药

烟田喷洒农药的机械有人背式高效弥雾机，牵引长臂伸缩式喷洒机械、自动行走式喷洒机械、植保无人机等不同类型。烟田喷洒农药主要用途分为防治病虫害、烟田除草及烟草化学抑芽，不同用途使用的农药与方法各不相同。对于烟叶病虫害防治，在施药前应根据烟田病虫害的种类准确判断，然后再选择效果好、残留相对少的农药；不同的病虫害有不同的最佳防治时间，不同的农药也有不同的药效时间，如菌类病害在烟田病虫害监测的基础上，一旦达到防治标准就要采取防治措施。为提高机械喷洒农药均匀性，喷洒时应注意行走速度与风力大小。

4.机械打顶

打顶机械主要为打顶植保一体机，该机械不同烟区使用的型号与类型各不相同，但打顶的方式方法基本相似，均为旋转刀片切割。机械打顶效果与烟田烟株高低均匀性有直接关系，烟株高低一致机械作业后，烟株打顶高低均匀性基本一致。根据烟田烟株生长情况及现蕾开花时间，及时完成烟田机械打顶。打顶高低应根据烟田情况，确定打顶留叶的多少，一般保留 20 cm 长以上的顶叶，留叶 18~22 片，机械打顶应结合施用抑芽剂同步完成。

（五）机械采收装箱装炕

1.采收前准备

采用自走式烟叶采摘机，一般配备驾驶员 1 人、烟叶转运车驾驶员 1 人、转运车驾驶人员要有相应运输工具的驾驶资格。采收之前采摘机驾驶员应对采摘机各系统进行全面检查，由技术主管对烟叶采收区域、田块顺序、运输、装箱进行系统安排，提出要求，进行分工，明确责任。备好转运车辆和称重器材，备足彩条布、塑料布等，用于烟叶运输遮阳及防止转运途中烟叶洒落。

2.机械采收

在计划采收前的 2~3 d，选择不同的田块，按对角线方式选定 3~5 个点，每个点考察 10 株适采烟叶数量，求算单株平均适采叶数以及每亩和整片大田适采叶数。采摘机开始作业前，驾驶员会同烟叶生产技术人员共同商定烟叶采摘数量（高度）。具体采收时间应根据烟叶成熟情况、天气情况、烘烤设备容量、机械作业效率灵活确定，确保当天采收烟叶当天装炕烘烤。

3.大箱装烟与装炕

大箱烘烤每箱装烟量为 400~600 kg。在此范围内，烟叶大宜稀装，烟叶小宜密装；水分大的烟叶宜稀装，水分小的烟叶宜密装；不耐烤的烟叶宜稀装，耐烤的烟叶宜密装。通常下部烟叶每箱装烟叶 400 kg 左右，中部叶每箱装 450 kg 左右，上部叶每箱装 550 kg 左右。装箱时要把烟箱周围和四角压实，预防烘烤时漏风，烟叶装满后插针固定。

烟箱使用叉车提起后，使大箱的轮子放在装烟室的导轨内，然后人工将大箱向前推至隔热墙靠紧。接下来装第二个第三个大箱。烟箱与侧墙间用密封条贴合。烟箱与烟箱之间推紧挤实，炕门与烟箱之间密封严实。一座烤房装 10 个大箱，大箱装入后如有空隙需用微孔材料密封，确保烟箱内烟叶通风均匀。

二、均匀化作业机械设备

（一）土地耕整机械

1.无人自动驾驶系统

无人自动驾驶系统能实现土地耕整智能化精准化，提高了机械作业效率与作业效果，是机械作业智能化配套设备。当前常用的是联适导航北斗自动驾驶 AF302 系统，主要包括 T100 智能定位显示终端一体机、大扭矩驱控一体电机 EMS2、姿态传感器、高精度 GNSS 定位测量天线等。

T100 智能定位显示终端一体机，具有强大稳定可靠的车规级处理器，CPU 为 ARM Cortex-A7；符合 IP65 技术规范，适应野外恶劣的作业环境；超强的 4 核处理器，主频 1.5 GHz，板载 2 GB 内存，16 GB 存储；通信接口丰富，可满足的应用需求包括 CANBus、Serial、LTE 等；防水式 U 盘数据接口，U 盘可直接插拔；系统支持 9～36 V 电压输入，车辆点火时不重启，具有过流过压保护等功能；内置双卡 4G 全网通模块；1 寸电容式触摸屏，支持手指触摸，分辨率 1 280×720P，亮度 750 nits，强光下可视。技术参数：功耗≤12.0 W，供电电压 9～36 V，工作温度-40～70 ℃，存储温度-45～80 ℃，物理尺寸 224 mm×160 mm ×45 mm，撞击和振动 MIL-STD-810G。

大扭矩驱控一体电机 EMS2，具有电机扭矩大、体积小、重量轻、精度高；直径 41 cm 方向盘，操作体验舒适；外置喇叭开关，支持优先手动解除状态；支持 IP67 级防尘防水，适合农业工业等恶劣作业环境；工作时噪音小，发热量低；内置编码器，可进行软硬件通讯，支持 RS232、CAN 等通信；技术参数：电机电气参数额定转速 100 r/min，电机电压供电范围 8～16 V，ModBUS 通信接口。直径 178 mm，高度 81 mm，质量 5.4 kg，存储温度-45～150 ℃，作业温度-40～105 ℃。

姿态传感器具有强大稳定可靠的陀螺仪芯片，精度高，符合 IP65 技术规范，适应野外恶劣的作业环境；系统支持宽电压输入 9～36 V，具有过流过压保护等功能；安装固定方便，螺丝固定孔设计，多轴高精度数据采集。技术参数：滚俯仰偏航范围±200 °/s，零偏不稳定性<10 °/h，零偏稳定性<0.5 °/s，精度结果<0.02 °/s。传输频率范围 5～50 Hz，工作温度-40～80 ℃，功耗<250 mW，输出频率 1～200 Hz。

高精度 GNSS 定位测量天线，是接收北斗卫星导航定位系统（BDS），美国全球定位系统（GPS）、俄罗斯格洛纳斯卫星导航系统（GLONASS）等信号专用天线。天线部分采用多馈点设计方案，实现相位中心与几何中心的重合，将天线对测量误差的影响降低到最小；天线单元增益高，方向图波束宽，确保低仰角信号的接收效果，在一些遮挡较严重的场合仍能正常收获信息；带有抗多径扼流板，有效降低多径对测量精度的影响。技术参数：频率范围 GPS 为 L1/L2/L5，BDS 为 B1/B2/B3；GLONASS 为 L1/L2；阻抗 50 Ω；极化方式为右旋圆极化，天线轴比≤3 dB；水平面覆盖角度 360 ℃；输出驻波≤2.0；最高增益 5.5 dBi；相位中心误差±2 mm；工作电压 3.3～12VDC；工作电流≤45 mA；天线尺寸 φ152×63 mm；工作温度-40～+85 ℃。高精度 GNSS 定位测量天线见图 5-6。

图 5-6 高精度 GNSS 定位测量天线

2.激光平地机

随着技术水平的发展,激光平地的应用范围更加广泛。在农业生产中可节约能源,降低生产成本,提高土地整理质量,能为农业机械土地耕作与田间管理作业提供良好的基础条件。激光平地机由激光发射器、接收器、桅杆、控制箱、液压伺服系统和刮土铲组成。激光发射器发射一束极细的能旋转360°的光线,为整个平地场地提供一个恒定的标高基准,接收器接收到激光信号后不断给控制器发送标高信息,液压系统收到来自控制器的修正信号后,提升或降低平地铲,实现平地作业。一款小型激光平地机见图5-7。

图5-7　一款小型激光平地机

3.耕地机械

耕地机械按工作原理分为铧式犁和圆盘犁,其中铧式犁应用最广泛。铧式犁是以犁铧和犁壁为主要工作部件进行土地耕翻和碎土作业的一种犁。铧式犁的种类有多种分类方式,按与拖拉机挂接形式分为牵引犁、悬挂犁和半悬挂犁。

牵引犁一般与拖拉机单点挂接,拖拉机的挂接装置对犁只起牵引作用。在工作或运输时,其重量均由本身具有的轮子承受。耕地时,借助机械或液压机构来控制地轮,从而达到控制耕深及水平面的目的。牵引犁的机构复杂,重量大,机动性差,但工作深度稳定,入土性能好,多与大马力拖拉机配套。牵引犁示意图见图5-8。

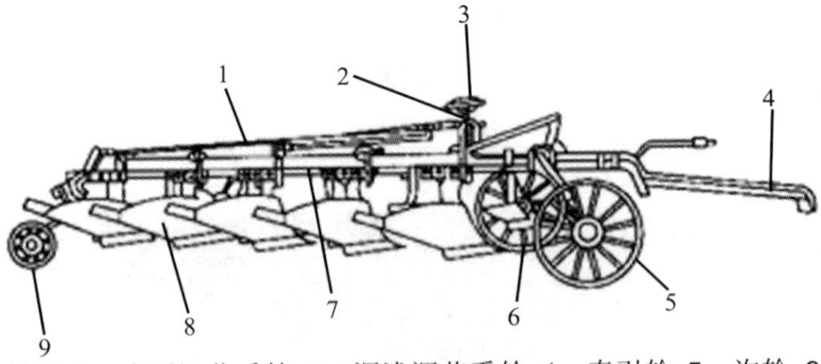

1—尾轮拉杆;2—水平调节手轮;3—深浅调节手轮;4—牵引轮;5—沟轮;6—地轮;7—犁架;8—犁体;9—尾轮

图5-8　牵引犁示意图

悬挂犁通过悬挂架与拖拉机的三点悬挂机构连接,靠拖拉机的液压提升机构升降。在运输状态时,拖拉机的液压悬挂机构将整台犁升起,全部重量由拖拉机承受,其结构紧凑、重量轻、机动性强,应用广泛,但入土性能不如牵引犁,多与中小马力拖拉机配套。其机构如图 5-9 所示。当拖拉机液压悬挂机构采用高度调节耕作时,限深轮用来控制耕深。

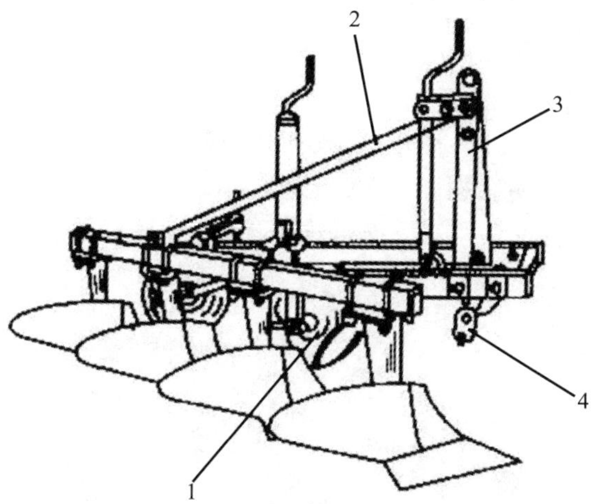

1—限深轮;2—中央支杆;3—悬挂架;4—悬挂轴

图 5-9 悬挂犁示意图

半悬挂犁与拖拉机以三点或两点挂接。它是在悬挂犁基础上发展起来的新机型。所配的犁体较宽、纵向长度大,解决了悬挂犁纵向操作稳定性问题。半悬挂犁的前部像悬挂犁,但本身还具有轮子,以便运输时承受机具的部分重量,减轻拖拉机悬挂所需的提升力。该犁兼有牵引犁与悬挂犁的优点,比牵引犁结构简单、重量轻,机动灵活,比悬挂犁配置更多犁体,稳定性和操向性好。半悬挂犁示意图见图 5-10。

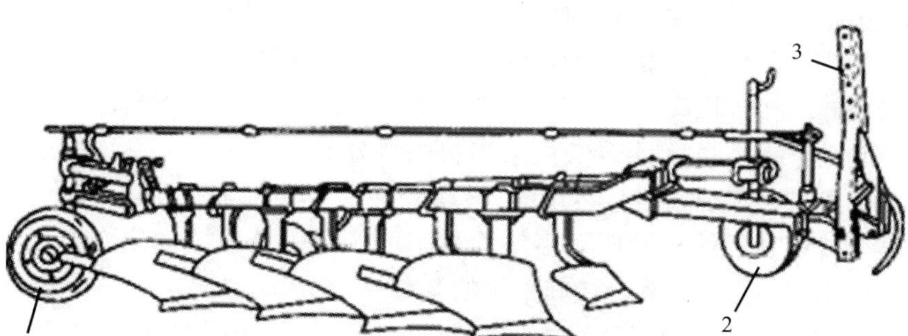

1—尾轮;2—地轮;3—悬挂架;4—耙地机械

图 5-10 半悬挂犁示意图

常用机械有圆盘耙、钉齿耙,其中圆盘耙应用最为广泛。圆盘耙主要用于犁耕后的碎土和平地。按与拖拉机的挂接方式圆盘耙分为牵引、悬挂和半悬挂三种型式。如按圆盘耙适用的土壤类型,可分为重型、轻型和中型三种。重型耙一般多是牵引或半悬挂式,轻型和中型耙则三种型式均有。

钉齿耙用于耕后松碎土壤和平整地面，破碎雨后地表的结壳，以减少水分的蒸发。钉齿耙按其结构特点分为直齿耙、弹齿耙和网状耙。由于耙的入土能力主要取定于耙重，所以可根据钉齿耙的重量分为轻型、中型和重型三种。弹齿耙仅用于石砾地，因其过度破坏土壤和成本较高应用很少。网状耙的钉齿用弹簧钢丝弯制而成，每个齿都是互相铰接的，因此适应地形能力较强。直齿耙按其钉齿的入土角能否调整分为调节式和固定式两种。河南省主要采用直齿固定式轻型耙。

（二）施肥起垄机械

该机械为复合联合作业机具，同时完成施肥与起垄，为起垄施肥整形一体机，由拖拉机牵引提供动力。整机主要有机架、三点悬挂、起垄犁刀、肥箱、排肥装置、分层施肥装置、整形装置、地轮传动装置等组成。为了便于机具设计和维护，整机分为四大模块：旋耕模块、起垄模块、施肥模块和整形模块，结构如图 5-11 所示。

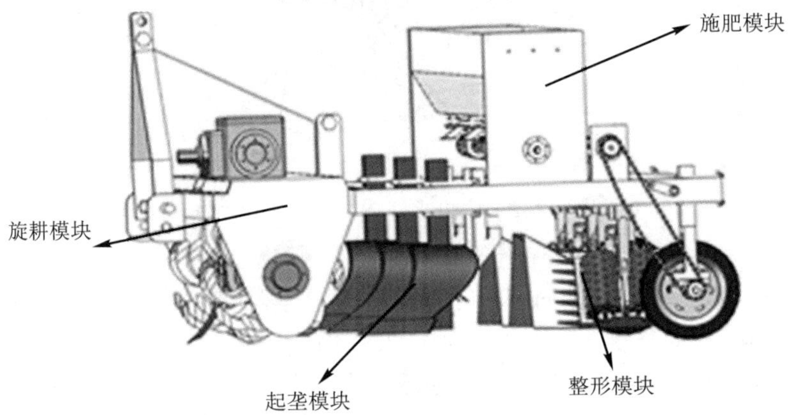

图 5-11　起垄施肥整形一体机示意图

烟草起垄施肥整形一体机经拖拉机后悬挂系统三点悬挂连接，由拖拉机提供前进动力。首先由旋耕机对烟田土壤进行破碎处理，然后由前端宽幅起垄犁将经过旋耕破碎后的土壤进行垄体的初步积聚，一次作业可同时形成两行垄体；同时排肥装置在地轮外接链轮作用下转动进行排肥，经分层施肥装置将肥料分层排入垄体底部。经过起垄犁工作后初步形成的垄堆会出现塌缩与不规整，最后经整形压实装置对垄体进行压实整形，形成最终垄体等待移栽。该机械四大模块均采用可调节安装模式固定在机架上，实现垄距、垄体尺寸、不同施肥深度和分层施肥量的调节。

烟草施肥均匀性是影响烟叶均质化生产的主要因素，为提高施肥的精准度与均匀性，减少断条率，提高不同肥料同时施用的匀度，避免粉状与颗粒肥料混合后经同一种排肥装置出现排肥不均现象，河南省许昌市烟草公司对肥料的排肥装置模块进行了完善设计研究，采用仿形技术设计了立式蜂窝煤形排肥盘，排肥盘上有数量相等且均匀分布的大小孔，同时安装排肥孔控制板，通过控制箱体孔与排肥盘孔的有效接触面积控制排肥量；粉状与颗粒肥料设计两个排肥装置，分别排肥施用，机具外端两个施肥装置对应用量多颗粒较大的有机肥，具内端两个施肥装置对应施肥量相对少颗粒小的复合肥、钾肥与磷肥起垄施肥整形一体机主要技术参数见表 5-34。

表 5-34 起垄施肥整形一体机主要技术参数

参数	数值
整机尺寸(长/mm×宽/mm×高/mm)	1 560×2 850×1 260
配套动力/kW	36.78~66.20
挂接方式	后三点悬挂
整机质量/kg	780
起垄垄顶宽和垄底宽/mm	340~380/650~750,可调
起垄高度/mm	240~300,可调
行距/mm	1 100~1 300,可调
起垄行数/行	2
施肥行数/行	4
施肥深度/mm	100~250,可调
工作宽幅/mm	2 200~2 600
作业速度/($km \cdot h^{-1}$)	1.8~3.9

(三)育苗机械

1.智能装盘播种机

该机械主要用于标准化育苗大棚或集中育苗点烟草包衣种子自动装盘播种作业(某个机型见图 5-12)。该机械结合漂浮育苗生产特点及生产实际需要创新设计,集基质装填、基质刮平压穴、播种、淋水裂解、种子覆土五项功能作业于一体,播种质量好、智能化程度高。适用于不同型号的烟草盘式播种(穴位整齐排列),也可适用于其他农作物的盘式播种。采用模块化分体设计,拆装简单,便于移动,运输方便。

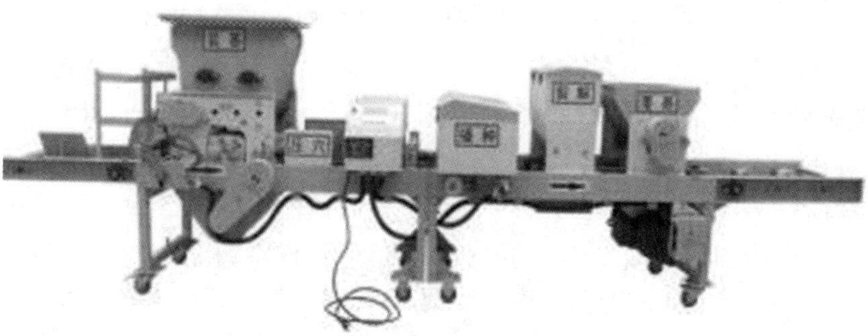

图 5-12 智能装盘播种机

(1)性能特点 ①高效率、低耗能、安全性好:配套动力 220 V,750 W,机器内设电压保护系统,能确保机器不会烧毁电机,工作效率 500 盘/h 左右。②设计独特:下料装置设计与机电一体智能化控制有机结合,使基质装填量、覆基量实现线性可控,适应多种基质的装填;采用模块化设计,各功能模块拆装方便,利于安装调试、检修等工作。③精量播种:采用滚筒式点播技术和在线实时监控技术,可实现单或双粒精量定位播种,精度达 95%以上。

(2)作业参数 该机械作业效率 400~600 盘/h,空穴率低于 5%,种子破损率低于 2%。播种方式为直落点播,采用淋水裂解方式保证包衣种子裂解。适用于苗盘规格为 160~220 穴漂浮育苗盘,传输方式为皮带或链条。采用该机械播种作业比人工作业效率提高 100 倍左右,极大地降低了用工量,播种质量也比较好。

2.烟苗剪叶机

该机械是利用程控系统控制行走方向,使用高速风叶旋转达到烟草育苗剪叶效果的机械(某个机型见图 5-13)。适用于工场化烟草育苗棚内使用。剪叶效率高,比普通烟苗剪叶机效率提高 50%。设计精巧、操作简单,在非固定性轨道上移动,苗床间转移灵活方便。能灵活调整剪叶高度,剪后烟苗整齐均匀,剪叶质量高。刀口能自动消毒,杜绝操作人员及外界环境接触刀口烟苗感染病害。

图 5-13 烟苗剪叶机

剪叶效率 1 300~1 800 盘/h。剪叶高度 20~300 mm,采用轨道+遥控方式行走,废料袋容量 55 L,剪叶宽度 450 mm,额定功率 0.54 kW,额定电压 220 V,工作转速 2 800 r/min,消毒方式为自动刀片消毒。

(四)烟苗移栽机械

1.三行牵引移栽机

该机械根据我国烟叶覆膜垄栽种植农艺要求而研制。适合于大面积平地垄上烟苗移栽作业。采用双地轮中置驱动结构设计,移栽行距、株距,移栽浇水量可调,可同时完成开沟、定植、浇水、覆土镇压等移栽作业。配套牵引动力 25.7~36.8 kW,行走一趟移栽 3 行,效率 4.5~6 亩/h,操作需要 4 人,一人动力操作,3 人投苗移栽(某款机型见图 5-14),烟苗适宜高度 8~12 cm,每株浇水量 200~600 mL,移栽株距 400~750 mm,移栽深度 50~150 mm。移栽器采用导苗管式，开沟器采用船刀式，连接方式为三点悬挂，机械外形尺寸 1 740 mm×2 910 mm×1 560 mm。

图 5-14　三行牵引开沟式移栽机

该机械移栽时需要垄体大小与垄型均匀，才能保证行走速度匀，实现移栽后烟苗间距均匀，烟苗直立。由于该机械在作业过程中，实施开沟移栽，对垄体破坏较大，为了提高烟苗成活率，移栽后需要及时对烟苗补水与封土，并及时整理垄体维持垄型。同时，由于浇水量较少，移栽对土壤墒情要求较高，土壤墒情较差时烟苗成活率降低。

2.牵引式铺膜机

该机械为三点悬挂式覆膜专用机械，配有滴灌带铺设装置，适用于烟苗移栽前或移栽后垄上覆膜作业（某个机型见图 5-15）。整机结构简单，使用方便，效率高，适用于平原及丘陵烟区。

图 5-15　牵引式铺膜机

该机械可一次完成铺膜、压膜、覆土并能铺设滴管带，并能根据薄膜的宽度调整安装结构。采用浮动式海绵轮压膜设计，抗风效果好，且能随垄型紧压薄膜，薄膜破损率低，覆土量可调。另配有滴灌带铺设装置，能一次进行多种作业。该牵引式铺膜机需要 11~26 kW的机械动力牵引，作业效率为 6~10 亩/h，铺膜宽度 600~1 000 mm；铺膜压土厚度≥25 mm。

(五)植保及打顶机械作业

1.植保打顶机

植保与打顶功能复合成植保打顶机,作业中可根据用途分别实现植保与打顶。该机械在引进、借鉴国外植保打顶机技术的基础上,结合国内平原地区诸如烟叶、玉米、棉花等高秆作物种植农艺需要研发而成。某款机型见图 5-16。该机械适用于多种农作物,特别适用于高秆农作物,具有植保喷雾、打顶抑芽等模块化功能,可实现一机多用,有效提高了利用率。

图 5-16 植保打顶机

植保喷雾模块采用横向喷杆与竖直喷杆组合的立体喷杆,实现对烟叶全方位喷雾。打顶抑芽模块由打顶和喷施抑芽剂两个模块功能组成,一次作业 2 行,可实现打顶后及时喷洒抑芽剂。整机采用 74.5 kW 三高压共轨发动机、液压系统驱动,实现行走、转向、轮距调整、喷雾、喷杆升降、喷杆收展、打顶、打顶升降、药水搅拌、药箱冲洗等操作。结合各种电气及自动控制模块,作业时能对各个动作进行精确控制与调整。配备有密封驾驶室、集成操作模块、空调系统及辅助驾驶系统,可实现轻松舒适作业。外形尺寸长×宽×高为 5 620 mm×2 800mm×3 640mm。发动机额定转速 2 400 r/min,后轮距 2.1~2.7 m ,轴距 3.04 m,田间通过高度≥170 cm,行走速度 0~20 km/h,转弯半径≤6 m,药箱容积1 000 L,植保幅宽 12 m, 喷雾效率 60~70.5 亩/h,打顶行数 2 行,打顶效率 12~15 亩/h。

2.植保无人机

植保无人机由飞行平台、导航飞控、喷洒机构三部分组成,通过地面遥控或导航飞控实现喷洒作业。无人植保机目前在小麦、水稻等连片规模化种植作物上大面积应用,烟草上也已推广使用。植保无人机和传统人工喷雾植保器械相比,具有作业效率高、作业安全、不损坏作物、适应性好、使用方便等优点。通常无人机飞防作业效率在 300~400 亩/d,是传统人工喷雾(10~15 亩/d) 的 20~30 倍。

(1)药剂选用与配比　植保无人机飞防作业采取的是低容量、高浓度喷雾方式。飞防植保的喷雾粒径较小,不能选用粉剂类剂型,应选用水基化剂型, 如水乳剂、微乳剂、乳油、悬浮剂、水剂等。

(2)作业条件　风力对于雾滴的沉积与飘移具有重大影响,2~3 级以内的微风有利于雾滴沉积且飘移距离较小,3 级以上风速会造成雾滴沉积减少且雾滴飘移增加。所以植保无人机应在 3 级以内风速下作业,以免产生飘移问题。温度对于药液的效果至关重要,低温有可能导致药效不佳。而温度较高,将造成药液蒸发加快,雾滴的沉积量极少。因此烟田飞防时应选择在 15~30 ℃的温度范围内进行作业。禁止在 0 ℃以下和 35 ℃以上田间作业。

(3)作业参数 ①飞行高度:在一定范围内,雾滴的沉积效果(或者有效喷幅)随着飞行高度的增加而增大,飞行高度越高,雾滴的蒸发、飘移风险就越大。植保无人机防治烟田病虫害的推荐飞行高度为 1.5~2 m。在烟田进行飞防时应根据烟叶生长发育期和病虫害发生的种类,选择不同飞行高度。团棵至旺长期防治烟青虫和病毒病时飞行高度为1.5~1.8 m,成熟期防治叶斑类病害时飞行高度为 1.8~2.0 m。②飞行速度:飞行快慢直接影响到雾滴穿透性、飘移性,随着飞行速度的提高穿透性将会降低,雾滴在烟田中下部的沉积减少,而雾滴的飘移将会增加。烟田防治病虫害适宜飞行速度为 2.5~4.5 m/s。速度过快时,亩药液量降低,喷雾质量下降,影响防治效果。在烟田病虫害防治过程中,当需要将药液喷施到中下部叶片时,应适当减小雾滴粒径,降低作业速度,保障作业良好效果。③亩用药和用水量:植保无人机烟田亩用药量与常规喷雾防治用药量相当,用水量为 1~1.2 L/亩,用水量过低会影响防效。④作业间距:通常在执行作业之前,先进行设置,以便生成航线。为了避免重喷、漏喷,通常作业间距等于有效喷幅。植保无人机喷幅与飞行高度、飞行速度密切相关,当飞行高度在 1.5~2.0 m 之间时,高度越高喷幅越宽;当飞行速度在 2.5~4.5 m/s 之间时,飞行速度越快喷幅越宽。某款植保无人机见图 5-17。

图 5-17 植保无人机

(六)自走式两行烟叶采收机

该机型在引进、借鉴国外双行烟叶采收机技术的基础上,结合国内平原烟区烟叶农艺研发创新而成(某款机型见图 5-18)。

图 5-18　自走式人机结合烟叶采收机

1.性能特点

①主要用于平原烟区烟叶采收，可实现 1 人操作设备，一次采收 2 行烟叶。②整机采用高地隙三轮框架结构，集行走、转向、烟叶采收、烟叶传送、烟叶收集与运输等功能于一体，是一款高效集成的烟叶采收设备。③整车采用全液压系统，各个功能动作均采用液压元件驱动，结合各种电气及自动控制模块，能对各个动作进行精确的操作控制与调整。④配备有密封驾驶室、集成操作模块、空调系统及辅助驾驶系统等，可实现轻松舒适作业，是一款集机械、电气、液压、自动化控制等先进技术的大型烟叶采收机械。

2.技术参数

整机重量 5 890 kg，发动机功率 74.5 kW，额定转速 2 400 r/min；外形尺寸长×宽×高为 8 600 mm×3 310 mm×4 100 mm；后轮距 2.4 m，轴距 3.46 m。作业行数 2 行，田间通过高度≥170 cm，烟箱容重 600～1 000 kg，行走速度 0～20 km/h，转弯半径≤6 m，作业效率 9～12 亩/h，采净率≥95%，破损率≤5%。

(七)大箱烘烤

大箱或箱式烘烤是采用网箱散装烟叶，网箱装入烤房内直接进行烘烤的一种烘烤方式。与常规挂杆烘烤相比，增加了装烟密度，减少了编烟、解烟过程，大幅度节省了装炕时间及用工；大箱烘烤装烟密度较大，叶间风速较低，烘烤后的烟叶结构疏松、油分增加、叶色均匀，内含物质分解转化率高，化学成分更趋协调，提高了烟叶质量的均匀度；大箱烘烤的推广应用，可促进烟叶标准化、规模化、机械化生产。

1.装烟网箱

每座烤房配置 10～12 个网箱。箱体规格为 2 600 mm×780 mm×1 700 mm，主框架为厚度 2 mm 以上钢板制成的方管，钢网网眼规格为 100 mm×100 mm，脚轮采用直径为 120 mm的尼龙定向轮或铸铁滚轮。插扦钢针用直径 8 mm 圆钢制作，每根插针长度 760 mm，每箱插入钢针 60～65 根。装烟网箱外型见图 5-19。

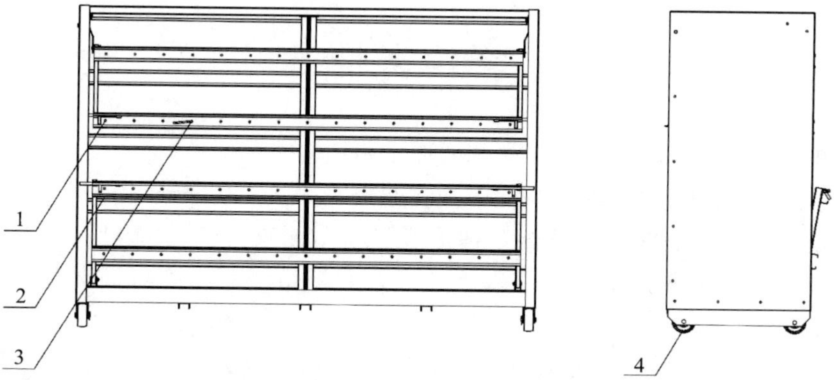

1—网箱上门框;2—网箱下门框;3—烟针;4—滚轮

图 5-19　装烟网箱外型图

2.装烟操作

将采收的烟叶通过传送装置均匀装入网箱,装箱时要到边到角,做到"密、满、匀"。重量达到设置数量要求时,关闭箱体门,插入金属插针固定烟叶。然后将烟箱竖直放置,用叉车把烟箱运至烤房门,由人工沿导轨将烟箱推进烤房内,箱与箱之间不能留有空隙。装烟数量下部烟叶每炕控制鲜烟 4 000 kg、中部烟叶 4 500 kg、上部烟叶 5 500 kg 左右。

3.烘烤工艺

大箱烘烤气流循环阻力大,箱内各层间温差较大,烘烤操作应放慢升温速度,以利于箱内烟叶间气流流通与水分排出。控制好 38 ℃、42 ℃、45~48 ℃三个关键温度点,38 ℃稳温 24~30 h,使大箱底部烟叶变黄 6 成左右;42 ℃稳温 20~24 h,使下层烟叶达到黄片青筋;45~48 ℃稳温 10~12 h,烟叶 9~10 成黄黄片黄筋。变黄期和定色期升温阶段以每 2~3 h 升 1 ℃的速度升温,干筋期升温阶段以每小时升 1~2 ℃的速度升温。具体操作中,还应结合不同部位烟叶烘烤特性灵活合理调整温度湿度及烘烤时间。

参考文献

[1] 刘国顺.烟草栽培学[M].北京:中国农业出版社,2003.

[2] 韩锦峰.烟草栽培生理[M].北京:中国农业出版社,2003.

[3] 王彦亭,谢剑平,李志宏.中国烟草种植区划[M].北京:科学出版社,2010.

[4] 崔庆军.论产品质量均质化——基于卷烟行业视角[J].经济与管理,2010,24(04):57-60.

[5] 孙学永,林国平,祖朝龙,等.品种及平衡施肥量对初烤烟叶化学成分的影响[J].烟草科技,2002(03):6-8.

[6] 朱佩,申国明,张继先,等.种植密度对烤烟养分吸收与烟叶质量的影响[J].安徽农业科学,2020,48(21):23-26.

[7] 李艳红,何彬.配方打叶原料均质化的研究与实践——以云南省烟草烟叶公司配方打叶原料细分探索为例[J].昆明学院学报,2020,42(06):22-25.

[8] 肖如武,陈越立.烟叶配方打叶均质化控制技术探讨[J].科技信息,2012(17):2.

[9] 邱承宇,李洪涛,苏海建,等.卷烟叶组配方稳定性研究[J].中国科技信息,2018(22):67.

[10] 彭静,郭磊,彭琼,等.不同灌溉方式对烤烟的生长及品质的影响[J].植物生理学报,2013,49(1):53-56.

[11] 李强,周冀衡,何伟,等.中国主要烟区烤烟氯含量区域特征研究[J].中国土壤与肥料,2010(2):49-54.

[12] 张翔,范艺宽,黄元炯,等.烤烟吸收氯的主要来源及其在体内分布的研究[J].土壤肥料,2006(2):62-64.

[13] 崔丙慧,李想,尹建霞,等.基于实现烟叶“均质化”生产目标下的精益管理模式探讨[J].农业开发与装备,2017(8):136-137.

[14] 薛超群, 蔡宪杰, 宋纪真,等.基于主成分分析和聚类分析的烤烟烟叶外观特征区域归类[J].烟草科技,2018, 51(6): 34-41.

[15] 闫新甫,罗安娜.全国烟叶等级质量变化及成因分析[J].中国烟草学报, 2010, 16(1): 67-71.

[16] 卫盼盼,马建勋,陈清,等.不同省份烤烟质量均匀性评价[J].湖南农业科学, 2013,(21): 16-19.

[17] 李庆祥,梁淼,刘向真,等.打叶复烤各工序对烟叶糖碱比稳定性的影响[J]. 湖南农业大学学报(自然科学版),2019, 45(3): 269-272.

[18] 沈晗,杨凯,马思旺,等.基于平库条件的配方打叶复烤均质化技术[J].烟草科技,2019,52(12): 79-85.

[19] 王戈,徐玮杰,张鑫,等.基于烟叶颜色、光谱特性表征的打叶复烤均质化加工技术[J].烟草科技,2020,53(5): 71-76.

[20] 王宏铝,王筑临,许小双,等.基于在线烟碱预测模型的烟叶复烤均质化加工[J].烟草科技,2015,48(6): 73-77.

[21] 王瑞新.烟草化学[M].北京:中国农业出版社,2003.

[22] 朱忠,冼可法,杨军.烟叶成熟度与其化学成分的相关性研究进展[J].烟草科技,2002(8):33-35。

[23] 许自成,黄平俊,苏富强,等.不同采收方式对烤烟上部叶内在品质的影响[J].西北农林科技大学学报(自然科学版),2005,33(11):13-17.

[24] 梁斌,蔚应俊,周应兵.烤烟上部叶滞销的原因及农业生产对策[J].安徽农业科学,2002,30(2):285-286.

[25] 纪成灿,王胜雷,许锡祥.提高上部叶可用性和降低上部叶比例的农业措施[J].中国烟草科学,2001,22(4):19-22.

[26] 孟智勇,马浩波,李彦平,等.密集烘烤定色升温方式对烤烟质量及中性致香物质含量的影响[J].河南农业科学,2012,41(8):57-61.

[27] 邓小华,周冀衡,陈新联,等.湖南烟区烤烟内在质量量化分析与评价[J].烟草科技,2007(8):12-16.

[28] 邓小华,陈冬林,周冀衡,等.湖南烤烟烟碱含量空间分布特征与香吃味的关系[J].中国烟草科学,2009,30(5):34-40.

[29] 陈广晴,牛莉莉.以"中华"品牌为导向的河南浓香型烟叶化学成分评价[J].江西农业学报,2014,26(10):85-88.

[30] 蔡宪杰,郭芳阳,郑劲民.品牌导向型基地烟叶生产技术指南[M].郑州:河南科学技术出版社,2020.

[31] 魏建辉,李跃峰.许昌烤烟生产[M].香港:香港天马图书有限公司,2004.

[32] 叶协锋.浅析基本烟田建设[J].中国烟草学报,2010,16(04):71-76.

[33] 陈华,赵文军,王正旭,等.不同轮作模式下氮素调控对烤烟产质量及氮肥利用的影响[J].河南农业科学,2021,50(09):87-95.

[34] 郭芳阳,吴照辉,阎小毛,等.不同轮作模式对烤烟前茬土壤养分、根系活力及烟叶质量的影响[J].河南农业科学,2017,46(05):45-50.

[35] 刘巧真,郭芳阳,吴照辉,等.烤烟连作土壤障碍因子及防治措施[J].中国农学通报,2012,28(10):87-90.

[36] 刘巧真,吴照辉,闫小毛,等.玉米烤烟统筹施肥对烤烟生长发育及品质的影响[J].河南农业科学,2014,43(12):51-55.

[37] 禚其翠,宋文静,董建新,等.不同前作对烟田土壤养分、酶活性及烤烟生长的影响[J].中国烟草科学,2018,39(01):64-71.

[38] 徐洪志,伍勇,曾川,等.油蔬两用油菜品种筛选标准初探[J].中国种业,2013(09):48.

[39] 陈永海.薹油两用油菜不同时期摘薹对产量性状及经济效益的影响[J].安徽农学通报,2016,22(15):50-51.

[40] 刘巧真,郭芳阳,阎小毛,等."冬牧70"处理方式对土壤改良和烟叶产质量影响[J].

中国农学通报,2021,37(34):29-33.

[41] 管孝艳,王少丽,高占义,等.盐渍化灌区土壤盐分的时空变异特征及其与地下水埋深的关系[J].生态学报,2012,32(04):198-206.

[42] 李瑞丽,刘玉叶,李文伟,等.利用近红外光谱技术快速检测配方烟丝掺配均匀性[J].食品与机械,2019,35(05):83-87.

[43] 郝浩浩,许自成,吴俊林,等.不同移栽方式对烟叶移栽环节及品质的影响[J].现代农业科技,2020(01):1-3,6.

[44] 孔银亮,夏阳,张晓娟.烤烟育苗新方式的筛选与研究[J].中国烟草科学,2010,31(01):28-31.

[45] 孔银亮.膜下小苗移栽对预防病毒病、烟草生长发育及经济性状的影响[J].烟草科技,2011,No.290(09):75-80.

[46] 杨园园,穆文静,王维超,等.不同移栽期对烤烟农艺和经济性状及其质量特色的影响[J].河南农业大学学报,2013,47(05):514-522.DOI:10.16445/j.cnki.1000-2340.2013.05.017.

[47] 刘国顺,习向银,时向东,等.烤烟漂浮育苗中烟苗的基本生长规律[J].华北农学报,2003(03):36-40.

附　图

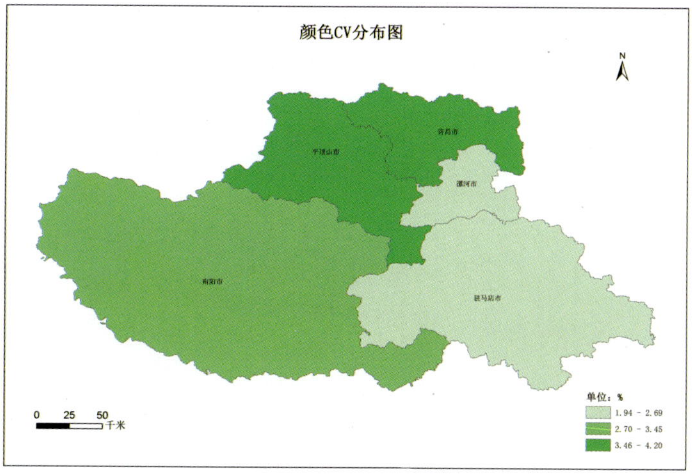

附图 1　五产区叶片颜色 CV 分布图

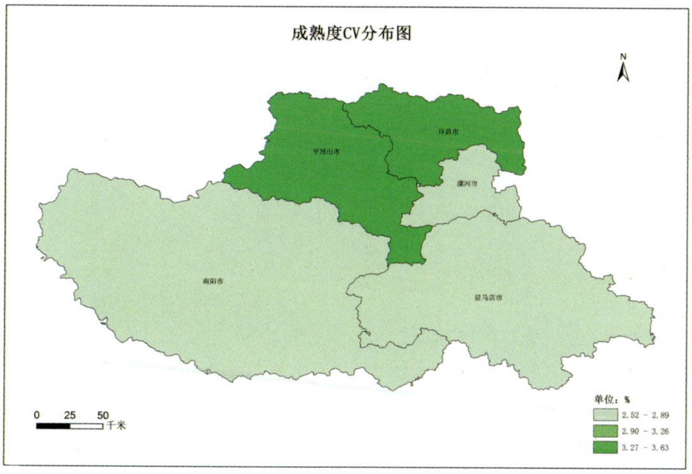

附图 2　成熟度 CV 分布图

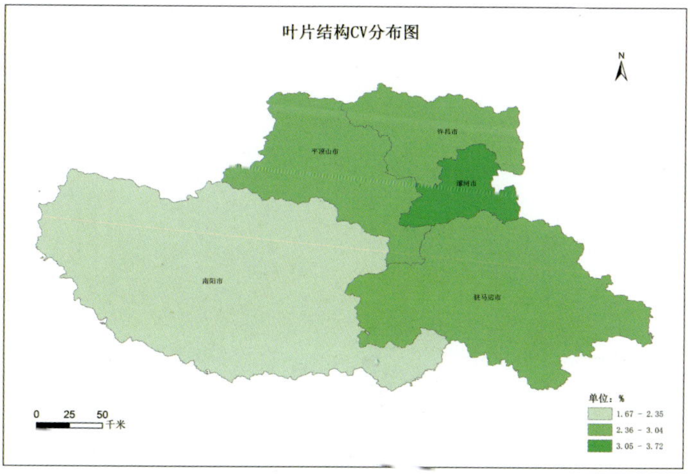

附图 3　叶片结构 CV 分布图

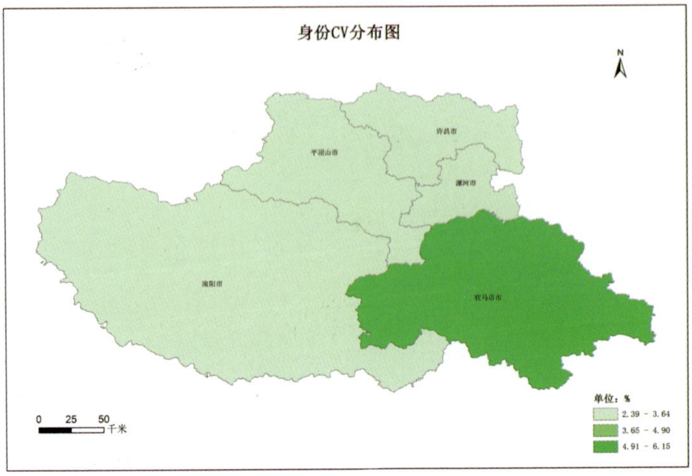

附图 4　叶片身份 CV 分布图

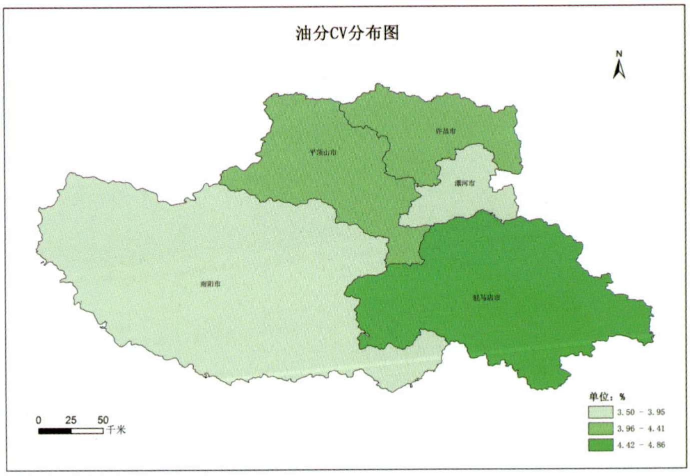

附图 5　叶片油分 CV 分布图

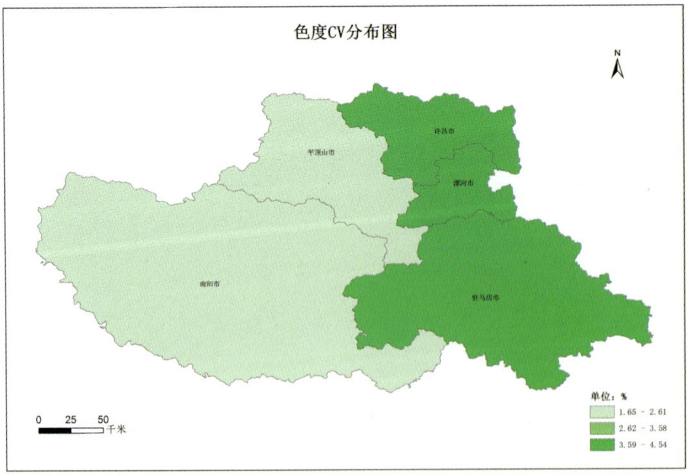

附图 6　叶片色度 CV 分布图

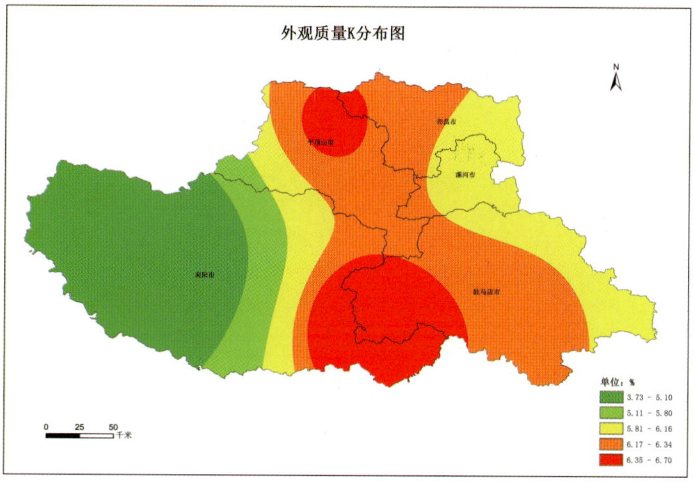

附图 7　外观质量 **K** 分布图

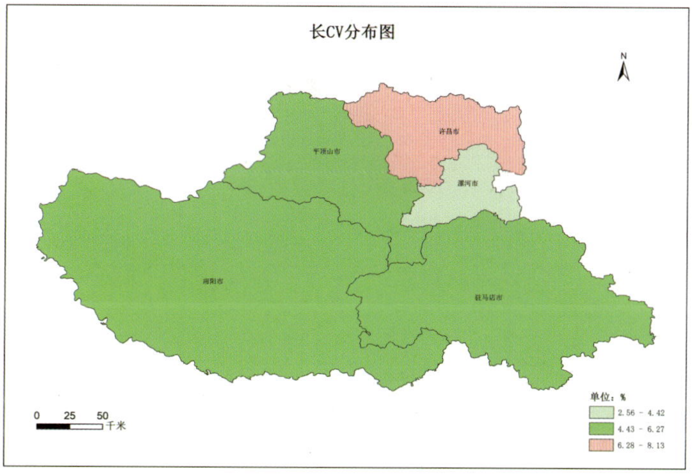

附图 8　叶片长度 **CV** 分布图

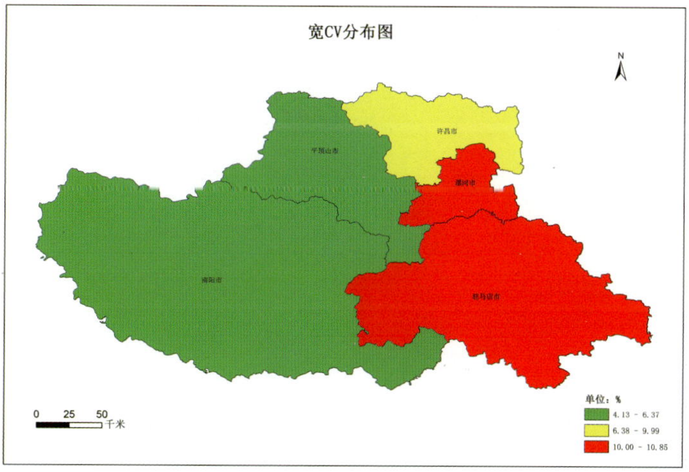

附图 9　叶片宽度 **CV** 分布图

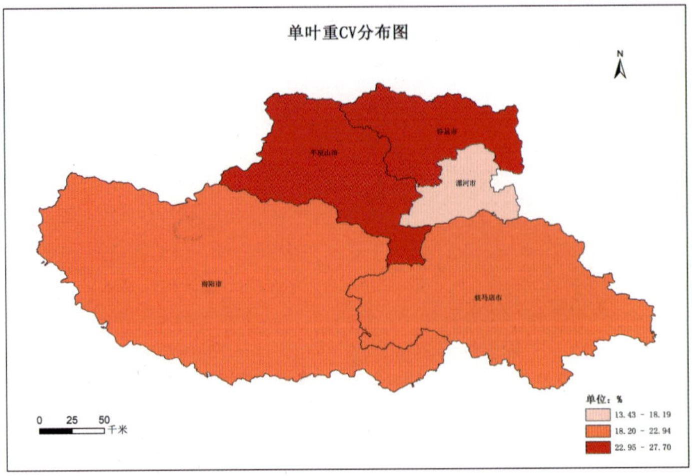

附图 10　叶片单叶重 CV 分布图

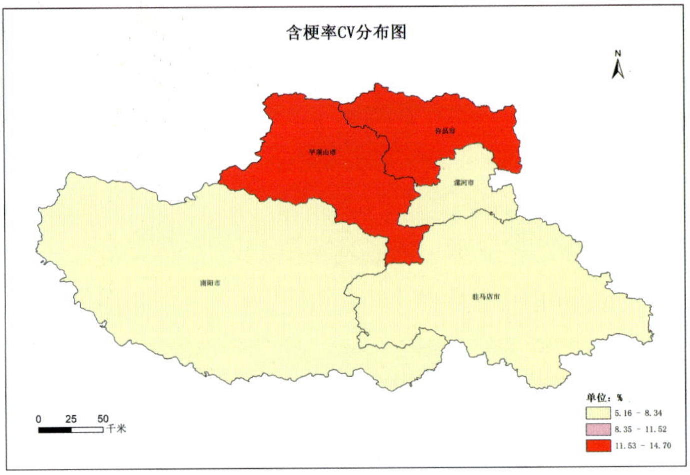

附图 11　叶片含梗率 CV 分布图

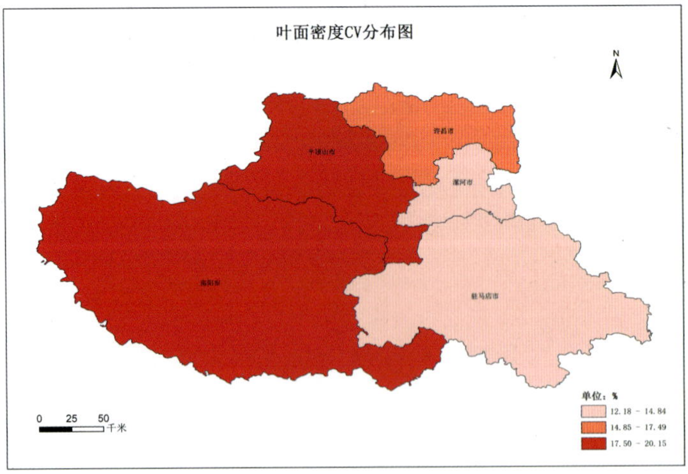

附图 12　叶面密度 CV 分布图

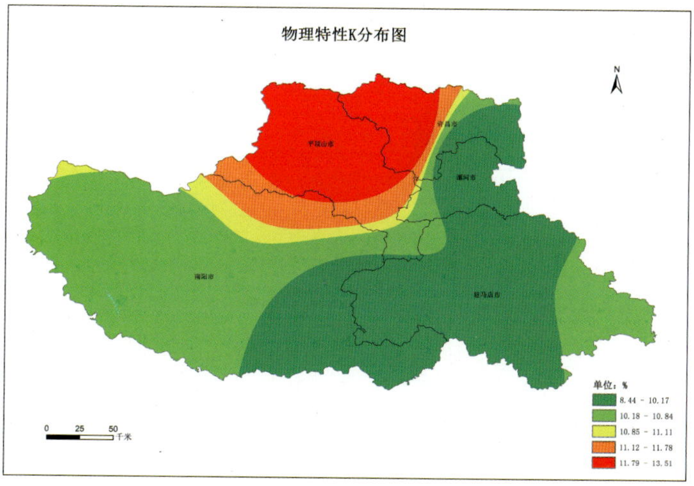

附图 13　物理特性 K 分布图

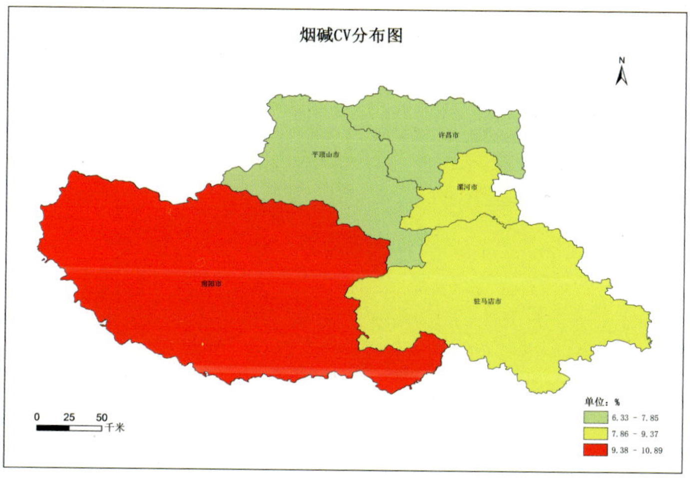

附图 14　烟碱含量 CV 分布图

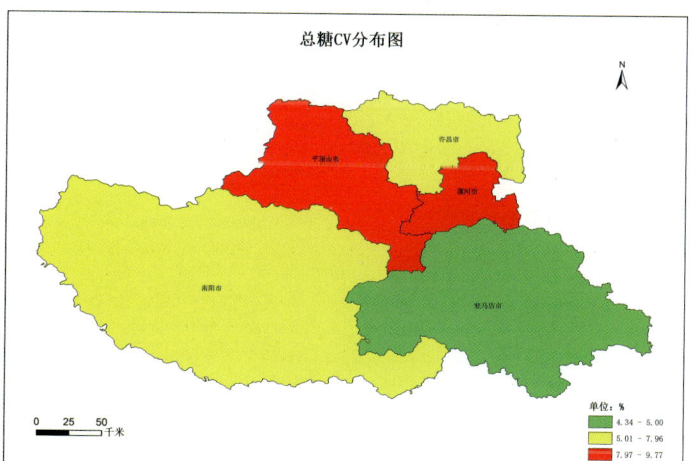

附图 15　总糖含量 CV 分布图

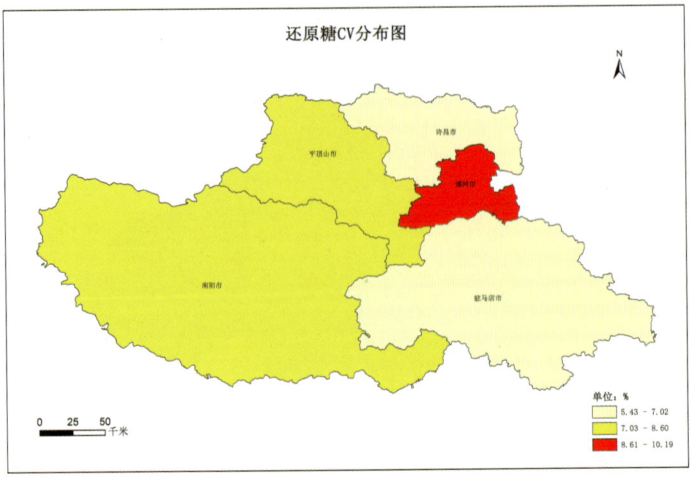

附图 16　还原糖含量 CV 分布图

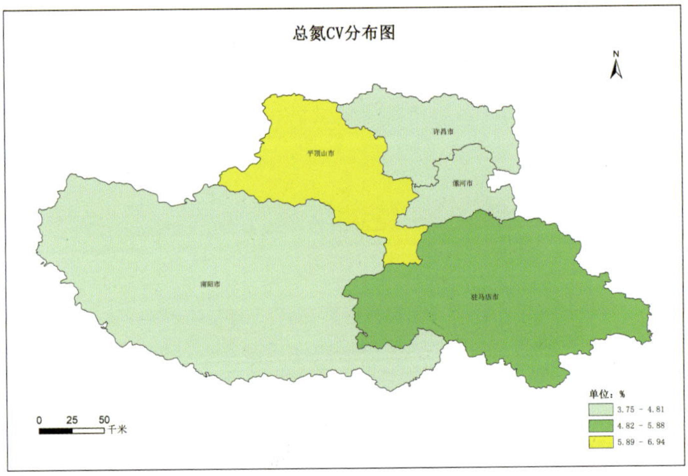

附图 17　总氮含量 CV 分布图

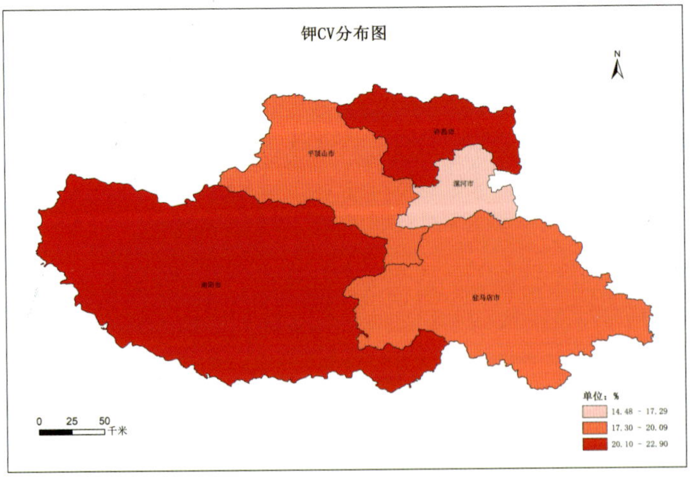

附图 18　钾含量 CV 分布图

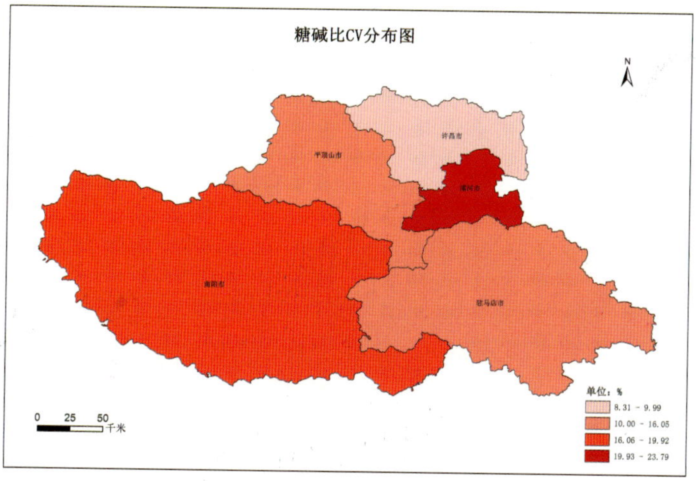

附图 19　糖碱比 CV 分布图

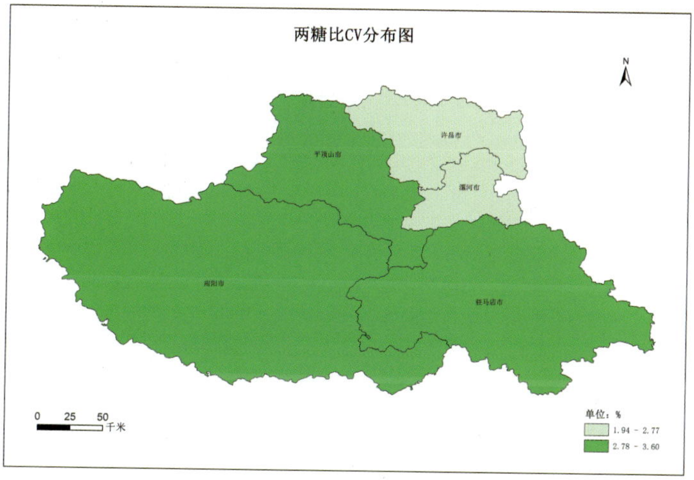

附图 20　两糖比 CV 分布图

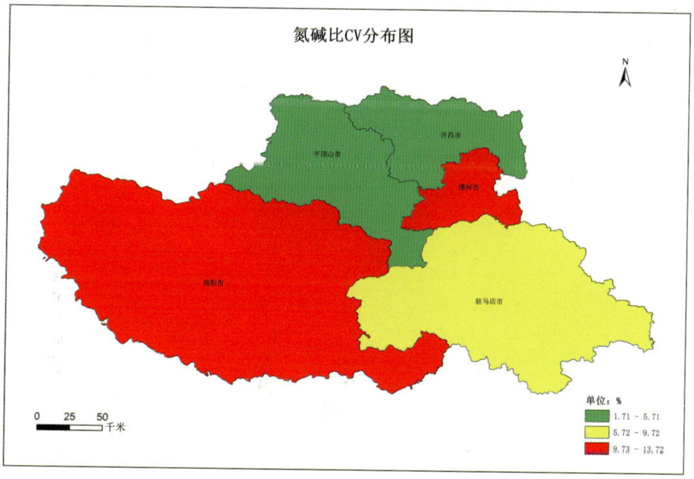

附图 21　氮碱比 CV 分布图

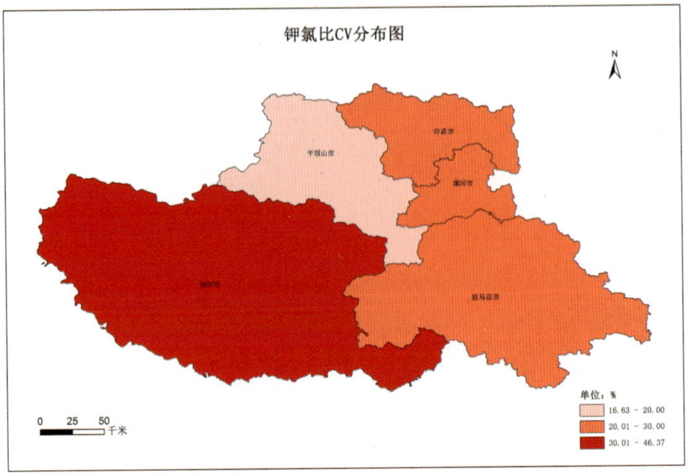

附图 22　钾氯比 CV 分布图

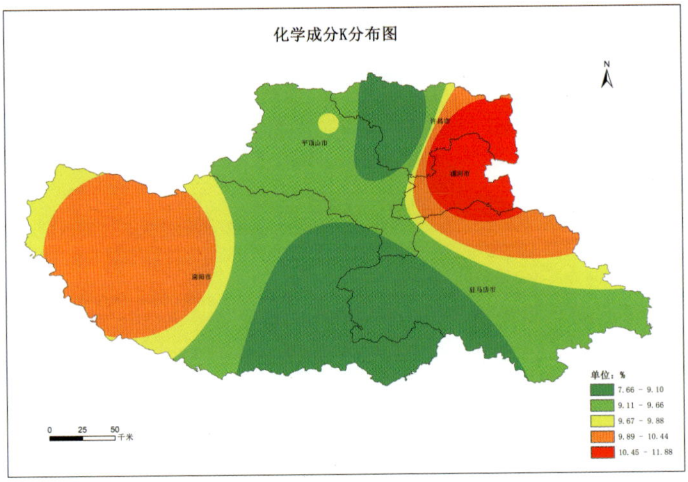

附图 23　化学成分 K 分布图

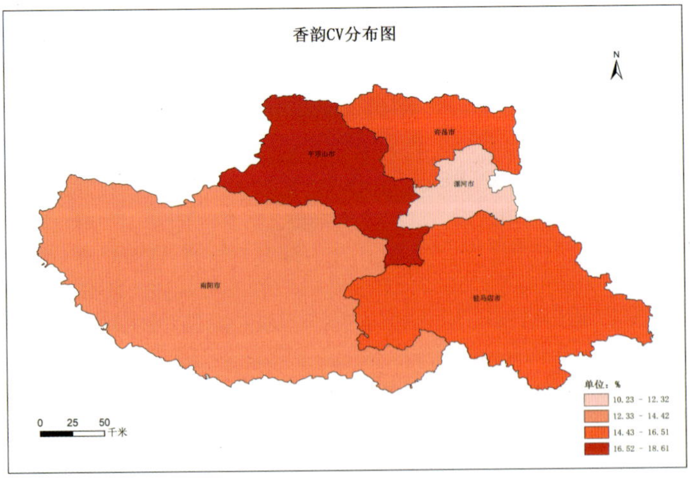

附图 24　香韵 CV 分布图

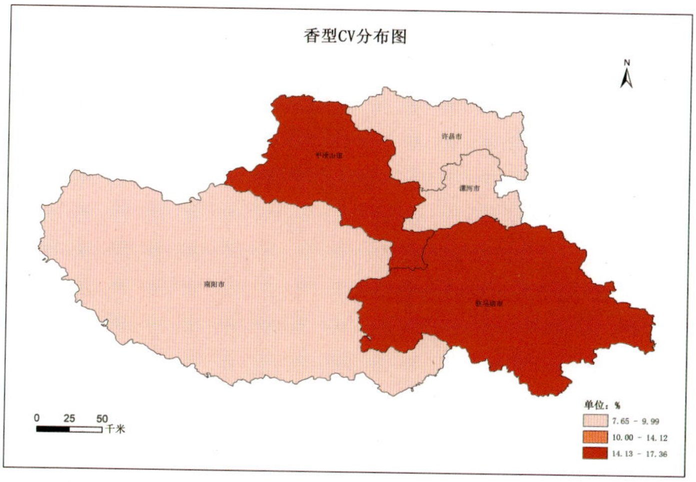

附图 25　香型 CV 分布图

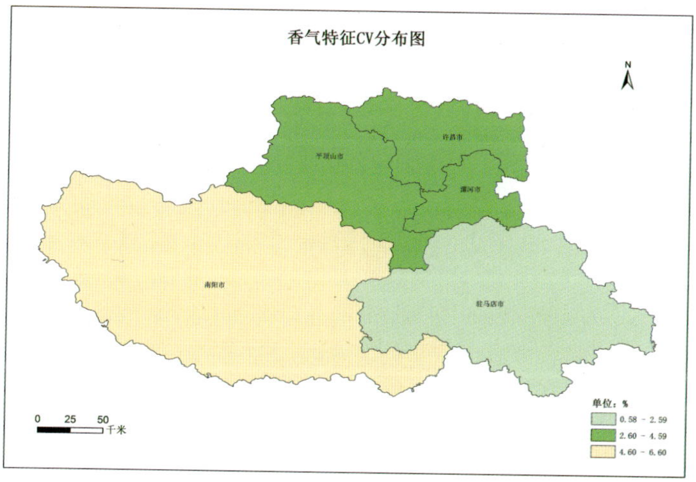

附图 26　香气特征 CV 分布图

附图 27　浓度 CV 分布图

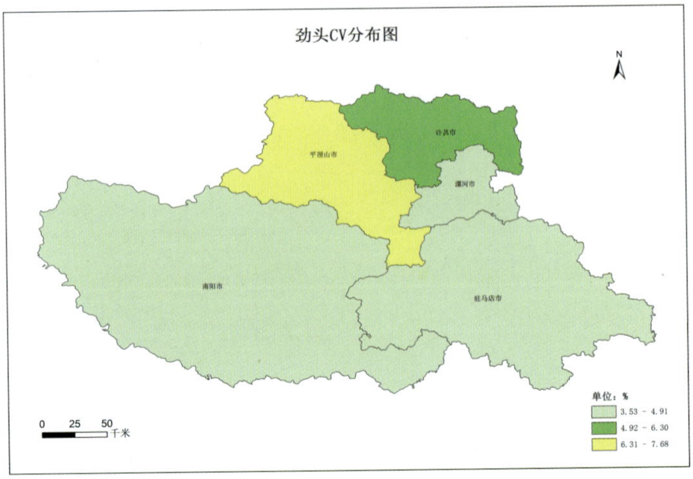

附图 28　劲头 CV 分布图

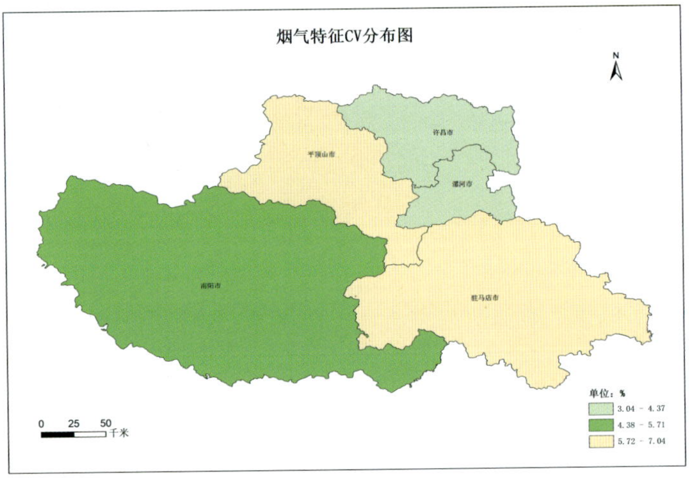

附图 29　烟气特征 CV 分布图

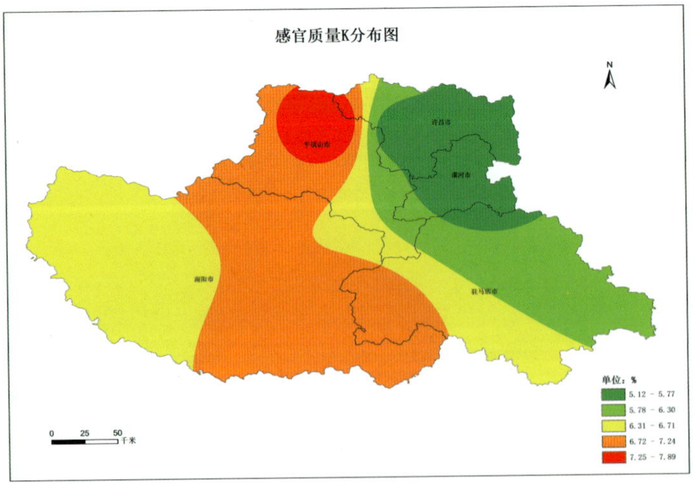

附图 30　感官质量 K 分布图

均质化苗床管理　培育优质壮苗

绿肥翻压掩青　土壤肥力均匀调控

均质化田间作业

卫星导航机械施肥起垄作业

牵引式 3 行烟叶移栽机作业

自走臂展式烟叶植保机作业

植保无人机作业

烟田覆膜机作业

烟叶采收机作业

烟株生长发育均匀一致

单株营养均衡协调(左团棵期,右旺长期)

团棵期

旺长期

现蕾期

成熟期

烟田成熟落黄一致

均质化精准采收烘烤